即戦力にならないと
いけない人のための

Java入門

Java8対応

エンタープライズシステム開発
ファーストステップガイド

竹田 晴樹、渡邉 裕史、佐藤 大地、
多田 丈晃、上川 伸彦 [著]

本書内容に関するお問い合わせについて

このたびは翔泳社の書籍をお買い上げいただき、誠にありがとうございます。弊社では、読者の皆様からのお問い合わせに適切に対応させていただくため、以下のガイドラインへのご協力をお願い致しております。下記項目をお読みいただき、手順に従ってお問い合わせください。

●ご質問される前に

弊社Webサイトの「正誤表」をご参照ください。これまでに判明した正誤や追加情報を掲載しています。

  正誤表　http://www.shoeisha.co.jp/book/errata/

●ご質問方法

弊社Webサイトの「刊行物Q&A」をご利用ください。

  刊行物Q&A　http://www.shoeisha.co.jp/book/qa/

インターネットをご利用でない場合は、FAXまたは郵便にて、下記"翔泳社 愛読者サービスセンター"までお問い合わせください。
電話でのご質問は、お受けしておりません。

●回答について

回答は、ご質問いただいた手段によってご返事申し上げます。ご質問の内容によっては、回答に数日ないしはそれ以上の期間を要する場合があります。

●ご質問に際してのご注意

本書の対象を越えるもの、記述個所を特定されないもの、また読者固有の環境に起因するご質問等にはお答えできませんので、予めご了承ください。

●郵便物送付先およびFAX番号

送付先住所　〒160-0006　東京都新宿区舟町5
FAX番号　　03-5362-3818
宛先　　　　（株）翔泳社 愛読者サービスセンター

※本書に記載されたURL等は予告なく変更される場合があります。
※本書の出版にあたっては正確な記述につとめましたが、著者や出版社などのいずれも、本書の内容に対してなんらかの保証をするものではなく、内容やサンプルに基づくいかなる運用結果に関してもいっさいの責任を負いません。
※本書に掲載されているサンプルプログラムやスクリプト、および実行結果を記した画面イメージなどは、特定の設定に基づいた環境にて再現される一例です。

※本書に記載されている会社名、製品名はそれぞれ各社の商標および登録商標です。

はじめに

　本書をお手にとって頂きありがとうございます。

　本書は、Javaをいきなりやることになった新卒の人や、Java以外の言語の使用経験しかない人など、Javaの初心者なのに業務アプリケーション（ビジネスで使われるアプリケーション）の開発で、即戦力にならないといけない人たちに向けての書籍です。

　標準のJavaでできることはもちろん、データベース操作のためのSQLやよく使われるライブラリの使い方など、Java業務アプリケーションの開発に必要とされる基礎知識全般について学んでいくことを目的としています。

★ ★ ★

　本書は、株式会社ビーブレイクシステムズの社員で作る執筆チームにより書かれました。執筆チームは、最新技術の研究と宣布を目的とした有志の集いです。チームといっても、階級なしフルフラットでスタンドアロンなメンバーの集まりです。

　興味関心が合えばチームとして活動しますが、基本的にはそれぞれが勝手に研究／執筆プロジェクトを立ち上げ、いつの間にか誰かがどこかに寄稿しているといった感じです。そんな中、メンバーの1人、長谷川智之氏が立ち上げた企画が本書を書くきっかけとなりました。長谷川氏は諸事情で本書の執筆には参加していませんが、彼が作った道があって、本書の執筆が始まりました。

　原稿作成にあたっては、出版社／編集の方々に、いろいろとご迷惑をおかけしつつ進めてきました。最後までお付き合い頂き、感謝申し上げます。また、広報チームの協力をはじめとした会社のバックアップのもと、本書の完成を見ることができました。協力してくれた方々に感謝いたします。

　本書の執筆にあたっては、特に休日はいろいろなことを犠牲にして取り組んできました。筆が進まず悶々としていたこともありました。そんな著者をサポートし、見守ってくれた家族／友人には、本当に感謝しています。ありがとうございました。

2016年6月
著者一同

本書を読む前に

対象読者

- 今までJavaでの経験がまったくない人
- Java以外の言語しか経験がないJava初心者で、Javaを使った業務アプリケーションの開発をすることになった人
- システム開発会社でプログラミングを職務として行う予定の初学者
- 上記を指導するシステム開発会社の教育担当社員
- 将来システム開発を志す人

動作／検証環境

本書では、以下の環境で動作を確認しています。

- Windows 10
- JDK 8
- Eclipse IDE for Java EE Developers（4.5.1）

本文で紹介しているショートカットやOSの設定名などは、Windows環境を前提として記載しています。

サンプル

本書で紹介しているサンプルプログラムは以下のURLからダウンロードできます。

http://www.shoeisha.co.jp/book/download/9784798144078

目次

はじめに iii
本書を読む前に iv

CHAPTER 1　Javaを始めるための基礎知識　　1

1.1　導入　　2

1.1.1　Javaとは 2
1.1.2　なぜJavaなのか 3
1.1.3　Javaのアプリケーション作成 4

1.2　開発環境の構築　　6

1.2.1　必要な環境 6
1.2.2　JDK（Java Development Kit）のインストール 6
1.2.3　Eclipseのインストール 10

1.3　Javaの基本　　22

1.3.1　基本文法 22
1.3.2　パッケージ 32
1.3.3　アクセス修飾子 36
1.3.4　キーワード 37
1.3.5　識別子 38
1.3.6　コメント 40
1.3.7　static変数とstaticメソッド 42

1.4　基本的な計算（四則演算）　　46

1.4.1　Javaの主な演算と制御 46
1.4.2　算術演算 46

v

1.5　型　56

- 1.5.1　基本データ型 56
- 1.5.2　参照型 59
- 1.5.3　インスタンス 61
- 1.5.4　ラッパークラス 62
- 1.5.5　定数 63

1.6　比較演算　64

- 1.6.1　主な比較演算子の種類 64
- 1.6.2　参照型の比較 65
- 1.6.3　String（文字列）の比較 67
- 1.6.4　型の比較（instanceof 演算子）...................... 68
- 1.6.5　論理演算 69

1.7　条件分岐　72

- 1.7.1　if文 72
- 1.7.2　switch文 76
- 1.7.3　for文 79
- 1.7.4　while ／ do-while文 81
- 1.7.5　break ／ continue 84
- 1.7.6　return文 90

1.8　クラスとインターフェイス　91

- 1.8.1　オブジェクト指向構文 91
- 1.8.2　Java言語でのカプセル化 97
- 1.8.3　Java言語での継承 98
- 1.8.4　継承とコンストラクタ 102
- 1.8.5　Java言語での多態性 105
- 1.8.6　インターフェイス 109
- 1.8.7　委譲 111
- 1.8.8　継承と委譲のデメリット 113

1.9　総称型　116

- 1.9.1　総称型が登場する前 116
- 1.9.2　型安全 119
- 1.9.3　総称型をクラス定義に使う 119

1.10 ラムダ式について（Java 8 の新機能） 121

- 1.10.1 ラムダ式の基本構文 121
- 1.10.2 匿名クラスとは 122
- 1.10.3 ラムダ式を使う 123

CHAPTER 2 基本的なプログラムの知識ユーティリティ 127

2.1 文字列操作 128

- 2.1.1 文字列の基礎知識 128
- 2.1.2 文字の連結 129
- 2.1.3 文字列の整形 132

2.2 日時の操作 140

- 2.2.1 日時データを扱うクラス 140
- 2.2.2 現在日時を使った日時データの操作 140
- 2.2.3 Date-Time API の基礎知識 148

2.3 集合体について 156

- 2.3.1 配列 156
- 2.3.2 コレクション 159
- 2.3.3 ArrayList クラス（List の実装） 161
- 2.3.4 HashSet クラス（Set の実装） 168
- 2.3.5 HashMap クラス（Map の実装） 172

2.4 Apache-Commons 177

- 2.4.1 外部ライブラリを利用するためのツール Maven 177
- 2.4.2 Apache-Commons の導入 181
- 2.4.3 Apache-Commons の利用方法 183

CHAPTER 3 データベース 185

3.1 データベースとは 186

- 3.1.1 データベースとは 186

vii

	3.1.2	データベースの種類と特徴	188
	3.1.3	関係データベース	192
	3.1.4	データをファイルに保存することの問題点	197
	3.1.5	データベース設計	200
	3.1.6	データベースの操作	203

3.2　データベース環境の構築　　206

	3.2.1	PostgreSQLのダウンロード	206
	3.2.2	PostgreSQLのインストール	209
	3.2.3	PostgreSQLの動作確認	213
	3.2.4	環境変数の設定	215

3.3　SQLの基本　　216

	3.3.1	SQLの実行の方法	216
	3.3.2	psqlを使った接続と切断	216
	3.3.3	データベース	218
	3.3.4	テーブル	222
	3.3.5	インデックス	227
	3.3.6	ロールと権限	228
	3.3.7	選択（SELECT）	231
	3.3.8	条件指定（WHERE句／HAVING句）	234
	3.3.9	挿入（INSERT）と更新（UPDATE）	239
	3.3.10	削除（DELETE ／ TRUNCATE）	241
	3.3.11	結合	242

3.4　データベースの接続　　248

	3.4.1	Javaを使ったデータベース接続	248
	3.4.2	開発環境の構築	249

3.5　トランザクション　　263

	3.5.1	トランザクション管理	263
	3.5.2	ロック	265
	3.5.3	Javaにおけるトランザクション管理	268

3.6　パラメータ付きSQLの処理　　275

	3.6.1	プリペアードステートメント	275
	3.6.2	プリペアードステートメントの利用例	275

3.7　ORMで快適データベースプログラミング　279

- 3.7.1　ORM（Object-relational mapping） 279
- 3.7.2　DAO（Data Access Object）とDTO（Data Transfer Object）... 280
- 3.7.3　JPA（Java Persistence API） 285

CHAPTER 4　テキストの入出力　305

4.1　テキストファイルの読み込み　306

- 4.1.1　ファイルの文字を1文字ずつ読み込んでいく方法 306
- 4.1.2　テキストを1行ずつ読み込む方法 308
- 4.1.3　テキストを一度にすべて読み込む方法（1） 311
- 4.1.4　テキストを一度にすべて読み込む方法（2） 313

4.2　テキストファイルの書き込み　315

- 4.2.1　FileWriterクラスを使用したファイル書き込み 315
- 4.2.2　BufferedWriterクラスを使用したファイル書き込み 317
- 4.2.3　Filesクラスによるファイル書き込み 320

4.3　CSVファイルの入出力　322

- 4.3.1　CSVファイルの読み込み 322
- 4.3.2　CSVファイルへの書き込み 325

4.4　XMLの扱い　328

- 4.4.1　XMLとは 328
- 4.4.2　XMLの構造 328
- 4.4.3　XMLファイルの読み込み 330

4.5　ログの出力　337

- 4.5.1　JavaのロギングAPI 337
- 4.5.2　ログレベル 338
- 4.5.3　ログの出力先.. 339
- 4.5.4　ログ出力のフォーマット 339
- 4.5.5　ログ出力を制御するプロパティファイル 340
- 4.5.6　コンソールへのログ出力 342

4.5.7 プログラム内部からプロパティを設定してログ出力 344
4.5.8 プロパティファイルを使用してログ出力 346

CHAPTER 5 スレッド 351

5.1 マルチスレッド処理とは 352

5.1.1 スレッドとは 352
5.1.2 マルチスレッドとは 353
5.1.3 より高度にマルチスレッド処理を制御する方法 355

5.2 スレッドセーフとは 359

5.2.1 スレッドセーフではない場合の実例 359
5.2.2 スレッドセーフなプログラムにするには 361

5.3 Stream APIの並列処理 369

5.3.1 Stream APIとは 369
5.3.2 Stream APIとラムダ式 372
5.3.3 Stream APIを使う時の注意点 373

COLUMN Webアプリケーション 376

CHAPTER 6 テスト 377

6.1 テストの基礎知識 378

6.1.1 テスト工程とは 378
6.1.2 単体テスト 380
6.1.3 結合テスト 385
6.1.4 統合テスト（システムテスト）...... 386
6.1.5 その他のテスト 386
6.1.6 単体テストの手法 387

6.2 JUnit 390

6.2.1 環境構築 390
6.2.2 テスト対象クラスの作成 390

6.2.3	テストクラスの作成	394
6.2.4	テストの実行と結果の読み方	398
6.2.5	デバッグの方法	401
6.2.6	アノテーション	403
6.2.7	Assertクラス	406
6.2.8	Matcherクラス	408

6.3　よく使うテストツール　409

6.3.1	モックライブラリ（JMockit）	409
6.3.2	データベース関連の拡張ライブラリ（DbUnit）	418
6.3.3	静的テスト	428

CHAPTER 7　チーム開発　433

7.1　チーム開発とは　434

7.1.1	チーム開発とは「複数人が共同で成果物を作り上げること」	434
7.1.2	チーム開発のポイント	435

7.2　成果物の管理――バージョン管理　437

7.2.1	バージョン管理システム＝成果物を管理するための手段	439
7.2.2	Subversionの操作例	443
7.2.3	バージョン管理システム利用の注意点	446
7.2.4	バージョン管理システムがない場合	448

7.3　過程の共有――チケット管理　451

7.3.1	「過程の共有」のためのモチベーション	452
7.3.2	チケット管理システム＝過程を共有するための手段	454
7.3.3	Redmineの操作例	455
7.3.4	チケット管理システムがない場合	458

7.4　作業の自動化――CI（継続的インテグレーション）　461

7.4.1	自動化のメリット	462
7.4.2	CIツール＝作業を自動化するための手段	463
7.4.3	CIを実現するためのシステムがない場合	467
	COLUMN　自動化の歴史	468

7.4.4	まとめ	469

索引 470
著者紹介 483

CHAPTER 1

Javaを始めるための基礎知識

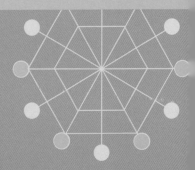

1.1 導入

本節では、そもそも Java（ジャバ）とはなんであるかを簡単に紹介します。業務アプリケーションの開発でなぜ Java が選ばれることが多いのか、Java の魅力について少しでも感じていただけたらと思います。

1.1.1 Java とは

Java とは、1995 年にサン・マイクロシステムズ社（2010 年にオラクル社によって吸収合併）よりリリースされたプログラミング言語です。Java にはいくつか特徴がありますが、大きな点として、次のような 2 つの特徴を持っています。

- 仮想マシンで動作する
- オブジェクト指向である

Java は**仮想マシン**で動作します。仮想マシンとは、ソフトウェアとして提供され、コンピュータ上で仮想的に動作するマシンのことです。特に、Java が動作する仮想マシンのことを **JVM**（Java Virtual Machine）と呼びます。

Java のプログラム	Java のプログラム	Java のプログラム	Java のプログラム
JVM （Java の仮想マシン）		JVM （Java の仮想マシン）	
OS （Windows、Linux、Mac OS など）			
パソコン （CPU、メモリなど）			

図：JVM は OS の上で動作する

また、Javaは**オブジェクト指向**と呼ばれるソフトウェア開発方法の考え方をもとに、設計されています。オブジェクト指向とは、現実世界のモノに見立てて、プログラムを作成する考え方です。

> **NOTE　オブジェクト指向**
>
> 　オブジェクト指向は、業務アプリケーション開発など大規模開発での不便な点を解決するために考え出されました。大規模開発では、多くの人が同時にプログラムを作成します。オブジェクト指向以前のプログラミング言語での開発では、各自のプログラム経験や考え方によって実装方法がさまざまで統一感がなく、作成者以外がプログラムを見た時に読みにくいプログラムができてしまうことがありました。読みにくいプログラムは機能の変更や再利用をしようとした時に、読みやすいものと比べて開発効率が悪くなってしまいます。
>
> 　オブジェクト指向ではある程度まで実装の方法を統一することができるようになるため、作成者以外でもプログラムが読みやすくなります。そのことから機能の変更や再利用が容易になり、開発の効率が上がります。
>
> 　このようなメリットからオブジェクト指向の考え方は近年のプログラミング言語には、ほぼ取り入れられています。より詳しいオブジェクト指向の考え方については 1.8 節であらためて解説します。

1.1.2　なぜ Java なのか

　前項で Java の特徴を紹介しましたが、これらが業務アプリケーション開発にとってどのようなメリットがあるのでしょうか。仮想マシン（JVM）で動作すること、オブジェクト指向言語であることの 2 つの観点から紹介します。

仮想マシンを使うメリット

　OS には Windows や Linux、Mac など、さまざまな種類がありますが、それぞれ OS が提供している機能を使用するための方法が異なります。

　従来は、この違いをプログラム側で吸収する必要がありました。つまり、OS ごとにプログラムを別々に用意する必要があったのです。この作業には多くの時間がかかり、業務アプリケーションを作成する企業にとっては、大きな負担となっていました。

この問題を、Javaでは JVM を使って解決しています。OS ごとの違いをプログラムではなく JVM で吸収することで、プログラムではこの違いを意識することなく、業務アプリケーションを作成できるようになっています。

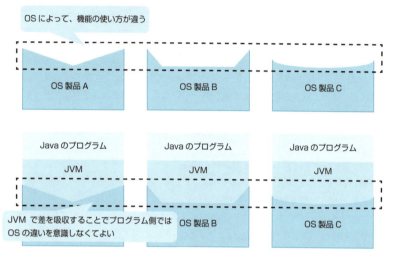

図：JVM で OS ごとの違いを吸収する

オブジェクト指向言語であることのメリット

オブジェクト指向は、大人数での開発に向いています。1つの機能をいくつもの小さなプログラムに分けられるようになっているしくみや、プログラムの作り方のルールをある程度まで強制的に守らせるしくみなど、大人数が同時に開発するために便利な機能が用意されています。

業務アプリケーションは、その規模の大きさから大人数での開発になりがちです。その際に、この特徴は大きなメリットとなります。

1.1.3　Java のアプリケーション作成

Java で作成されたアプリケーションは、1つ以上のクラスファイルから構成されます。

クラスファイルとは、コンピュータが処理しやすい形式で書かれたファイルで、

人間が理解できる形で書かれたソースファイルをもとに作成されます。クラスファイルのような、コンピュータが処理しやすい形式のことを**バイトコード**とも呼びます。

ソースファイルからクラスファイルを作成するには、Java コンパイラによる**コンパイル**という作業が必要です。コンパイルとは、人間が理解できるソースファイルを翻訳してコンピュータが処理可能なバイトコードに変換することです。翻訳作業をするアプリケーションが **Java コンパイラ**です。

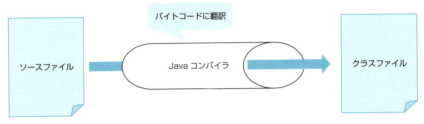

図：クラスファイルの作成

1.2 開発環境の構築

本節では、Javaで業務アプリケーションを開発するための開発環境を準備します。

Javaのアプリケーション開発では、**統合開発環境**（IDE）を使って作業することがほとんどです。統合開発環境とはアプリケーションの開発をサポートする環境で、本書では多くの現場で使われている **Eclipse**（エクリプス）を選んでいます。

本節では、Javaの開発環境を整え、サンプルのアプリケーションを作成し、それを実行することを目標とします。

1.2.1 必要な環境

本書では、Windowsを前提に手順を解説します。インストールするのは、以下のソフトウェアです。

- JDK 8
- Eclipse IDE for Java EE Developers（4.5.1）

なお、Eclipseに関しては、今回は日本語化を行っていません。日本語化されたEclipseを使っている場合、ボタンなどの名称が異なるので注意してください。

日本語化していないのは、文献（特に海外の文献）などを読む際にEclipseのメニューやボタンが英語表記の場合がよくあるので、慣れていると分かりやすいためです。日本語化した方が使いやすい人は、日本語化しても問題ありません。

1.2.2 JDK（Java Development Kit）のインストール

Javaで開発するには、**JDK（Java Development Kit）**と呼ばれるJavaアプリケーションの開発ツールの集まりをインストールする必要があります。JDKは、Java言語で書かれたソースファイルをコンパイルするなど、Javaアプリケーションを作成する際に使うものです。JDKは、インストーラを使って簡単にインストールできます。

また、JDKのインストーラは、併せて**JRE（Java Runtime Environment）**と呼

ばれる環境も同時にインストールします。JREには、Javaアプリケーションを作成する機能は含まれておらず、実行する機能のみを持っているソフトウェアです。

JDKインストーラを実行する際には、管理者権限が必要です。インストール前に管理者権限を持っているかを確認してください。

[1] JDKのダウンロード

JDKをインストールするには、まず、JDKのインストーラをダウンロードする必要があります。JDKインストーラのダウンロードサイトのURLは、以下の通りです。

```
http://www.oracle.com/technetwork/java/javase/downloads/index.html
```

リンクが切れている場合には、「JDK ダウンロード」で検索すると、［Java SE ダウンロード - Oracle］というオラクル社のJDKのダウンロードページが出てくるので、そこから移動してください。

今回は、執筆時の最新版であるJDK 8をインストールします。

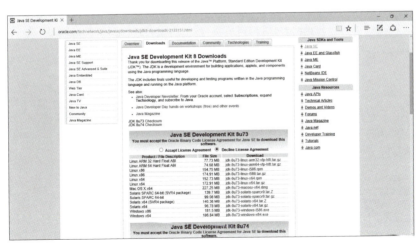

図：ダウンロードページ

次に、ラジオボタンから［Accept License Agreement］を選択してライセンス契約に同意した上で、手もとの環境に適したJDKのインストーラをダウンロードし

てください。例えばPCのOSがWindowsの64bit版の場合は「Windows x64」、Windowsの32bit版の場合は「Windows x86」を選択します。

　ライセンス契約に同意できない場合は、JDKのインストーラをダウンロードできません。

[2] JDKのインストール

　インストーラをダウンロードしたら、次にJDKをインストールします。

　ダウンロードしたインストーラを実行してください。今回は、特に設定を変更せず、デフォルトのままインストールします。インストーラが起動したら、[次] ボタンを押してください。

図：起動後の画面

　本書では、デフォルトのフォルダにJDKをインストールすることを前提に話を進めます。ただし、インストール先を変えても開発にはあまり影響がありません。もしインストール先を変えたい場合は、[変更...] ボタンを押して、インストール先を指定してください。

図：インストール先の設定

JDK のインストールが完了すると、次は JRE（Java Runtime Environment）をインストールします。これは、Java で作成されたアプリケーションを実行するための環境です。
　インストールが終了したら、［閉じる］ボタンを押してインストーラを終了します。

[3] インストール後の確認

　インストールが完了したら、Java のバージョンを確認してみましょう。まず、ウィンドウズキーと R キーを同時に押して、［ファイル名を指定して実行］ウィンドウを開きます。［名前］に「cmd」と入力し、［OK］ボタンを押します。

図：ファイル名を指定して実行

　開いたウィンドウ（**コマンドプロンプト**と呼びます）に、「java -version」というコマンドを実行することで、バージョンを確認できます。

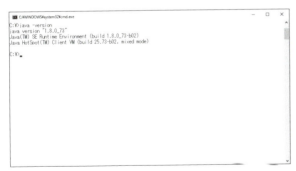

図：バージョンの表示

　JDK 8 をインストールした場合は、「java version 1.8.0」と表示されたら問題なくインストールが完了しています。更新パッチが含まれている場合は「java version 1.8.0_xx」（xx は 2 桁の数値）と表示されます。

> **NOTE　Java のバージョン表記**
>
> 　ここで、JDK 8 をインストールしたのに、「java version 1.8.0」と、バージョンが 8 ではなく 1.8 と表示されることに、疑問を持つ人もいるかと思います。
> 　これは、以前の Java では大きなバージョンアップがあっても、1.2、1.3 のように 2 番目の数値を増やしていたのですが、1.5 にバージョンアップするタイミングで、1.5 ではなく 5 というようになりました。
> 　しかし、内部では 1.5 と、以前と同じバージョン管理を行っており、それが現在も続いています。このため、JDK8 をインストールしていても、バージョンの表示では 1.8 と表示されるようになっているのです。
> 　Java のバージョンをまとめると以下のようになります。
>
> 表：Java のバージョン一覧
>
> | 名前 | 製品バージョン | 開発者バージョン | 公開年 |
> | --- | --- | --- | --- |
> | JDK 1.0 | 1 | － | 1996 |
> | JDK 1.1 | 1.1 | － | 1997 |
> | J2SE 1.2 | 1.2 | － | 1998 |
> | J2SE 1.3 | 1.3 | － | 2000 |
> | J2SE 1.4 | 1.4 | － | 2002 |
> | J2SE 5.0 | 5 | 1.5 | 2004 |
> | Java SE 6 | 6 | 1.6 | 2006 |
> | Java SE 7 | 7 | 1.7 | 2011 |
> | Java SE 8 | 8 | 1.8 | 2014 |

1.2.3　Eclipse のインストール

　Java のアプリケーションを開発する上で、テキストファイルを編集し、コマンドラインからコンパイルして、更に、コンパイル後にできたクラスファイルを実行する、という作業を毎回手動で行うのは手間ですし、開発効率もよくありません。

　また、業務アプリケーションの開発では、規模が大きくなれば、作成するソースファイルの数も増えていき、人が手動で作業していると、人為的なミスが発生する可能性が高くなります。例えば、ソースコードを編集している時にスペルミスがあっても、コンパイルしてエラーが出るまでそのミスに気付くことは難しかったり、ソースファイルの数が多くなるとすべてをコンパイルするのに、かなりの労力が必要になったりします。

そのような開発上でのわずらわしさを改善するため、Javaでは統合開発環境（IDE）と呼ばれる環境が無償で手に入り、多くの現場で使われています。例えば、ソースコードの編集中に途中まで入力した単語（クラス名など）を自動補完できたり、スペルミスを発見したり、すべてのソースファイルを一括してコンパイルできたりと、開発効率を格段に上げてくれます。

本書では、それらの統合開発環境の中でも、多くの現場で使われているEclipseを選んでいます。それでは、Eclipseのインストールを行いましょう。

[1] Eclipseのダウンロード

Eclipseは、次のURLからダウンロードできます。

```
https://www.eclipse.org/downloads/
```

Eclipseには使用する目的ごとにさまざまな種類がありますが、今回はJavaで開発するので、「Eclipse IDE for Java EE Developers」をダウンロードして使用します。

ダウンロードページの「Eclipse IDE for Java EE Developers」の欄からWindowsの種類に合わせて、32bit版の場合は32bitのリンク、64bit版の場合は64bitのリンクを押します。そして、その先のページの［DOWNLOAD］ボタンからファイルを入手してください。

[2] Eclipseのインストールと起動

Eclipseのインストールは、ダウンロードした圧縮ファイルを解凍し、任意のフォルダにeclipseのフォルダを置くだけで終了です。eclipseフォルダの中にあるeclipse.exeを実行すると、Eclipseが起動します。

[3] Eclipseの初期設定

Eclipseを起動したら、最初にEclipseが使うワークスペースをどのフォルダにするか聞かれます。**ワークスペース**とは、Eclipseで開発を行う際のファイルを生成する場所です。

フォルダ名に空白や日本語が含まれないのであれば、デフォルトのままで問題はありません。空白や日本語が含まれる場合は、それらの文字が含まれない別の場所にワークスペース用のフォルダを作り、そこを指定するようにしてください。特に、ユーザ名に空白が含まれていたり、日本語だったりした場合、ワークスペースにも空白や日本語が含まれてしまうので、要注意です（その場合、Eclipseのプラグインによっては指定したフォルダが認識できずに使えなくなる可能性があります）。

　また、このダイアログの左下のチェックボックスにチェックを入れることで次回から同じワークスペースを使うようになり、ダイアログが初期起動時に表示されないようになります。

図：ワークスペースの指定

　起動後、Welcomeページが表示されます。このWelcomeページを閉じると、Eclipseで開発できるようになります。

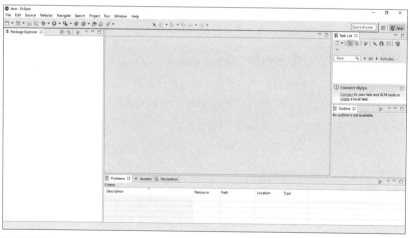

図：開発画面

ここで、Eclipseの設定を確認してみましょう。本書では、Java 8の機能も使っていくことを想定しているので、使われるJREがJava 8のものであることを確認します。
　Eclipse上部のメニューから［Window］→［Preferences］で、Eclipseの環境を設定するための［Preferences］ダイアログを開きます。

図：［Preferences］ダイアログの開き方

　［Preferences］ダイアログを開いたら、左ペインの［Java］→［Installed JREs］を開いて、どのJREを使っているか確認します。今回はJRE 8を使っているので問題ありませんが、もし異なるJREを使っている場合には、右にある［Add...］ボタンから、利用したいJREのフォルダを指定します。

図：使用している JRE の設定

　また、本書では Java のソースコードは UTF-8 で記述していくので、Eclipse のデフォルトの文字コード[*]を変更します。

　デフォルトの文字コードを変えるには、先ほどの［Preferences］ダイアログから［General］→［Editors］→［Text Editors］→［Spelling］を開きます。中ほどの［Encoding］欄からラジオボタンで「Other」を選択して、右の選択ボックスから「UTF-8」を選択します。

図：文字コードの指定

---

[*]　コンピュータ上で文字を利用するために割り当てられる番号（コード）のことです。国際化対応した UTF-8 をはじめ、Shift-JIS、EUC-JP などが有名です。

14

設定できたら、[Apply] ボタンを押して変更を登録し、最後に [OK] ボタンを押して、環境設定を終了します。

[4] プロジェクトの作成

Eclipse で Java のコードを開発するには、まずプロジェクトを作成する必要があります。メニューから [File] → [New] → [Java Project] を選び、[New Java Project] ウィザードに従って新規のプロジェクトを作成します。

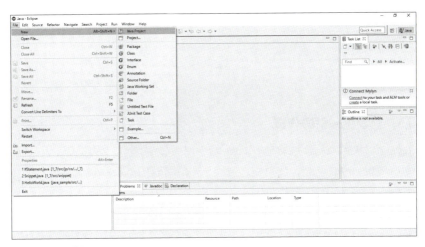

図：メニューの選択

[New Java Project] ウィンドウが開いたら、[Project name] 欄に「java_sample」と入力します。他の設定はそのままで、[Finish] ボタンを押します。

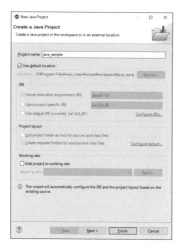

図：プロジェクト名の指定

[5] パッケージの作成

　Javaアプリケーションでは他のJavaアプリケーションに同名のクラスファイルがある可能性が高いので、お互いのクラスファイルを区別するための識別名として、パッケージ名を使っています。

　パッケージの詳細については後ほど説明しますが、次の手順でクラスを作成する際に、パッケージを指定しないと、「パッケージがないクラスの作成は推奨されていない」と警告が表示されます。そもそも、業務アプリケーションを作る際はほとんどの現場でパッケージによるクラス管理をしているので、ここで一度パッケージの作り方を経験しておきましょう。

　パッケージを作成するには、メニューから [File] → [New] → [Package] を選び、[New Java Package] ウィザードに従って新規のパッケージを作成します。

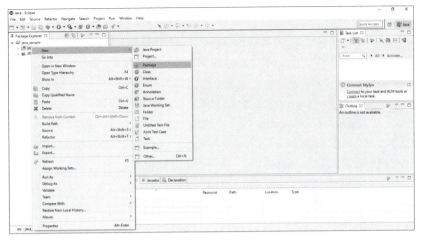

図：メニューの選択

今回は「Name」(パッケージ名)に「jp.co.bbreak.sokusen._1._2」と入力します。

図：パッケージの作成

パッケージを作成できたら、Eclipse の起動時に指定したワークスペースにあるプロジェクトの src フォルダを見てください。そこに「jp¥co¥bbreak¥sokusen¥_1¥_2」と、パッケージ名のピリオドごとに階層化されたフォルダができていることが確認できます。

このことから、パッケージ名はルートとなるフォルダからのフォルダ階層を表現していることが分かるかと思います。

[6] クラスの作成

パッケージを作成したら、次は Java のクラスを作成します。Eclipse では Java のクラスといっていますが、実際は .class クラスファイルを作成するための .java ソースファイルが作成されます。

後からクラスについても説明しますが、ここでいうクラスとはソースファイルで「class」と宣言したもののことです。Java アプリケーションは、このクラスが1つ以上集まって構築されているのです。クラスとは、Java アプリケーションが実際に行う処理が設定されている部品です。

このクラスだけでなく、拡張子が「.class」であるクラスファイルも、クラスと呼ぶことがあるので紛らわしいのですが、ここでは class 宣言したものを「クラス」といい、実際に作成された拡張子「.class」であるファイル自体を「クラスファイル」として区別します。

それでは、Java のクラスを作っていきましょう。Java のクラスは、メニューから［File］→［New］→［Class］を選び、［New Java Class］ウィザードに従って新規のパッケージを作成します。あるいは、作成したパッケージを右クリックし、コンテキストメニューの［New］→［Class］を選択しても構いません。

［Name］の欄に「HelloWorld」と入力し、画面下部の［public static void main(String[] arg）］のチェックボックスにチェックを付けます。他はデフォルトのままで、［Next］ボタンを押します。

図：クラス名の指定

クラスが作成されると、クラスのソースファイルが開きます。ソースファイルの上部に「package jp.co.bbreak.sokusen._1._2」と、パッケージの宣言が追加されています。この宣言は、クラスがどのパッケージに属するのかを表すものです。

次に、ソースファイルの太字の部分に、以下のソースコードを追加してください。

リスト：HelloWorld.java

```java
package jp.co.bbreak.sokusen._1._2;

public class HelloWorld {

  public static void main(String[] args) {
    System.out.println("Hello World!!");
  }
}
```
①

[7] Javaアプリケーションの実行

ソースファイルを作成できたら、Javaアプリケーションを実行します。Javaアプリケーションは、Javaのクラスにあるmainメソッド（上のリストの①の部分）を基点に実行されます。プロジェクトを選択した状態で、ツールバーの［Run］→［Run Configurations...］を選択します。

図：メニューの選択

［Run Configurations］ウィンドウの左側の「Java Application」をダブルクリックすると、指定しているクラス（HelloWorld）の内容が記述された状態の実行構成（実行のための設定）が作成されます。

図：実行構成

　［Run］ボタンを押した後、［Console］ビューに処理結果が表示されたら、正しくサンプルが実行できています。

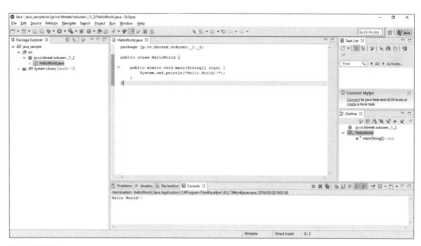

図：実行結果

同じJavaクラスを実行するには、緑色のrunアイコンから先ほど作成した「HelloWorld」を選択します。

図：runアイコン

1.3 Java の基本

前節では、Java で開発するための準備として開発環境を構築しました。正しく環境が構築できたかを確認するために、プログラム言語の世界では慣例となっている Hello World を表示するアプリケーションを作成し、実行しました。

しかし、今から Java を勉強する人にとっては、このソースコードが何を表しているのかが気になることかと思います。そこで本節では、Java のプログラミングについて基本的な文法を学んでいきます。

1.3.1 基本文法

Java では、ソースを記述する際に留意すべき、いくつかの表記ルールがあります。実際にソースコードを読んだり書いたりする前に、最低限知っておいた方がよい Java の書式について見ていきます。

Java の書式

Java のソースコードは、主に次の 3 つの要素によって記述されています。

- Java が指定しているキーワード
- ソースコードを書く人が自分で名付ける名前（識別子）
- 何らかの役割を持つ記号（演算子など）

Java で指定されているキーワードを**予約語**と呼びます。予約語は、コンパイル時にプログラムを解析するのに使われる単語であったり、true ／ false ／ null など、既にその単語自体にプログラム上の意味がある値を表します。そのため、それらと 1 字 1 句同じ単語を、識別子として指定することはできません。

識別子とは、ソースコードを書く人が名付ける名前のことです。例えば、プログラムで「○○が△△を□□する」ような処理を書く際に、この「○○」や「△△」や「□□する」に対して、それぞれ「何を表すのか」や「何をするのか」などの意味を人が読んで分かるようにプログラム言語で許されている文字を使って命名し

ます。

　また、計算、条件の判定などに使われる記号のことを、**演算子**と言います。よって、記号は「_」と「$」を除いて、識別子として使うことはできません。

　そして、それらのキーワードと識別子と演算子を、Javaの文法に則ってつなぎ合わせることで、Javaの**文**を作ります。更に、いくつかの文を集めて**ブロック**を作り、Javaのアプリケーションを作成していきます。

文とブロック

　Javaのソースコードには、文と、複数の文をまとめたブロックとが含まれます。

　文では単語や記号を組み合わせて、値を設定したり、処理を呼び出すために使われます。最後に「;」（セミコロン）で終わらなければなりません。

　ブロックは、これらの文を束ねて、順に配置することで、1つの大きな処理の流れや、文が影響する範囲を表現します。{}（波カッコ）で括った範囲がブロックです。

　例えば、「人」というブロックに

- 「名前」と「趣味」の値が設定された文
- 「自己紹介する」ことと「挨拶をする」ことを表す処理のブロック

があった場合、以下のように表現できます。

リスト：ブロックと文

```
人 {
  名前は「○○」;
  趣味は「××」;

  自己紹介する {
    挨拶をする;
    名前をいう;
    趣味をいう;
  }

  挨拶をする {
    挨拶の言葉は「こんにちは」;
    挨拶の言葉をいう;
  }
}
```

ブロック内の文には、それぞれ有効範囲が設定されています。ブロック内から同じ階層、もしくは、その外側にある文やブロックを参照することは可能ですが、内側のブロックにある文を外側のブロックから参照することはできません。

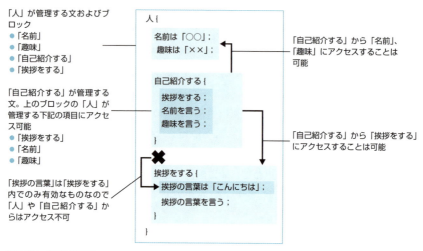

図：ブロックの有効範囲

ソースコードの構造

Java のソースコードを単純に見ると、以下のような構造で記述されています。

- そのソースコードが何を表すのかの宣言
- 宣言のブロック内に、値を設定するための変数を定義
- 同じく宣言のブロック内に、変数の値を使った処理を記述

変数とは、言うなれば、プログラムの中で値を受け渡すための箱です。プログラムの中で計算したり、加工したりした値を一時的に保存しておくために利用します。変数の宣言、処理の記述はなくてもソースコードは成り立ちますが、まずは、この3つで構成されるのが基本です。そして、今回の「人」サンプルを、これら3つの構成要素で例えると次のようになります。

表：「人」サンプルの構成要素

構成要素	サンプルでの対象
ソースコードが表すものの宣言	「人」
変数（値を持つもの）の宣言	「名前」「趣味」「挨拶の言葉」
処理の記述	「自己紹介をする」「挨拶をする」

クラスの宣言

Javaでは、そのソースコードで表すものが何かをブロックで囲んで宣言します。具体的には、

- クラス（class）
- インターフェイス（interface）
- 列挙型（enum）

と呼ばれるものを宣言します。

この中でも、ここではもっともよく使うクラスの記述方法について説明します。他のインターフェイス／列挙型についても、最初にクラスについて学ぶことで、理解しやすくなるはずです。

クラスは、以下の構文で宣言できます。

リスト：クラスの宣言（構文）

```
class クラス名 {
    ...クラスの中身...
}
```

クラスを宣言するブロックでは、classキーワードを先頭に、半角スペースで区切ったその後に、クラス名を指定します。

このように宣言されたclassブロックの配下で、クラスで保持すべき変数や処理を記述することにより、クラスの性質や挙動を紐付けることができます。先ほどの例であれば、「人」クラスは「名前」と「趣味」という変数を持っており、処理として「自己紹介する」「挨拶をする」などの機能を持つことになります。

変数の設定

Javaアプリケーションは、変数を使って値を保持します。変数に値を設定するには「=」を使って「=」の左側に変数の名前を、「=」の右側に設定する値を記述します。これを**代入**といいます。

以下は、変数を宣言するための構文です。

リスト：変数の宣言（構文）
```
変数の型 変数名 = 値；
```

変数の型とは、その変数がどのような値を持てるのかを表す情報です。数値や文字、クラスなどを指定できます。型を宣言することで、その変数には決められた型の値しか設定できなくなります。

変数に値を設定した後は、変数を指定することで値を取得できます。

値を設定せずに、以下のように記述することもできます。

リスト：変数の宣言（値を代入しない場合）
```
変数型 変数名；
```

この場合、その変数の型が持つデフォルト値（＝何も設定されていない場合に設定されることが決まっている値）が自動的に設定されます。

先ほどのサンプルで例えると、「名前」と「趣味」には文字列[*]を設定するので、Javaの文字列クラスを表すStringを使って型を指定します。文字列値を設定するには、Javaでは値の前後を「"」（ダブルクォーテーション）で囲まなければなりません。

以上を踏まえて、先ほどの「名前」変数を設定すると、次のように記述できます。

リスト：「名前」変数の設定
```
String 名前 = "○○"；
```

変数の型を指定しなければならないのは、最初に変数名を宣言する時だけで、後

---

[*] プログラミングの世界では、1文字だけしか表せない型を「文字（character）」といい、何文字でも表せる型を「文字列」といいます。

で値を変えたい場合は、以下のように書きます。

リスト：変数の値を変更
```
変数名 = 値;
```

　値の部分に計算式など何らかの処理を入れた場合、変数には、処理結果が値として設定されます。例えば、変数「計算結果」に「1 + 1」の計算結果を設定する場合は、次のように書きます。変数型は、数値型の1つであるintとします。

リスト：計算結果を数値型intに格納する
```
int 計算結果 = 1 + 1;
```

　以上の理解を、先ほどの「人」クラスで表現すると、

- 名前
- 趣味
- 「挨拶をする」の中にある「挨拶の言葉」

を文字列の変数と見なせます。これをJavaの書式に当てはめて書き直すと、以下のようになります。

```
人 {
   名前は「○○」;
   趣味は「××」;

   自己紹介する {
      挨拶をする;
      名前を言う;
      趣味を言う;
   }

   挨拶をする {
      挨拶の言葉は「こんにちは」;
      挨拶の言葉を言う;
   }
}
```

```
class 人 {
   string 名前="○○"
   string 趣味="××"

   自己紹介する {
      挨拶をする;
      名前を言う;
      趣味を言う;
   }

   挨拶をする {
      string 挨拶の言葉="こんにちは";
      挨拶の言葉を言う;
   }
}
```

図：変数部分を書き換えた後

サンプルでの「名前」と「趣味」は、クラスの状態を表す変数です。このようにクラスのブロックで直接宣言された変数を**フィールド**と呼びます。

メソッドの記述

Javaのアプリケーションは、何らかの処理が含まれます。処理の中には、「1 + 1」のように処理を表す記号を使って表現する「式」と、いくつかの処理をまとめた「メソッド」があります。

メソッドは、処理を記述した文を順に記述してブロックで囲んだもので、以下のように表します。

リスト：メソッドの宣言（構文）
```
戻り値 メソッド名 ( 引数の型 引数名 ) {
    ... メソッドの内容 ...
}
```

戻り値（もどりち）は、数値や文字列、クラスなど、メソッドの実行結果を表すデータの型を指定します。もしメソッドの結果を返す必要がない場合は、「void」キーワードを設定します。

引数（ひきすう）とは、メソッドに値を受け渡すために使われる変数のことで、メソッドの丸カッコ「()」で定義されます。引数は1つも指定しないことも、複数指定することも可能です。引数がない場合はメソッド名の後に「()」のみを書き、複数設定する場合は引数の型と引数名のセットごとに「,」（カンマ）で区切ります。引数は、メソッドを呼び出す際に値を渡すのに使われます。

メソッドのブロックの中には、具体的な処理を表すための文を順に記述します。もしもメソッドが処理結果を返す必要がある場合、処理の末尾にreturn文を書きます。

リスト：return文（構文）
```
戻り値 メソッド名 ( 引数の型 引数名 ) {
    ... 任意の処理 ...
    return 処理結果 ;
}
```

メソッドが処理の結果を返す必要がない場合は return 文も書く必要はありません。その場合、戻り値の型の部分には void（＝戻り値がないという意味）と書きます。ただし、処理を途中で終了したい場合、終了したい箇所に「return;」と処理結果なしの return 文を書くことで、メソッドを強制的に終了できます。

それでは、先ほどのサンプルを、メソッドの書式を使って表現してみましょう。ここでは「〜を言う」という処理を、実行している端末に文字列を出力するための「System.out.println」に置き換えています。現段階では「System.out.println」は文字列を出力する文とだけ覚えておいてください[*]。

```
class 人 {
    string 名前 = "○○"
    string 趣味 = "××"

    自己紹介する {
        挨拶をする；
        名前を言う；
        趣味を言う；
    }

    挨拶をする {
        string 挨拶の言葉 = "こんにちは"；
        挨拶の言葉を言う；
    }
}
```

```
class 人 {
    string 名前 = "○○"
    string 趣味 = "××"

    void 自己紹介する(){
        挨拶をする；
        System.out.println(名前);
        System.out.println(趣味);
    }

    void 挨拶をする(){
        string 挨拶の言葉 = "こんにちは"；
        System.out.println(挨拶の言葉);
    }
}
```

図：文字列出力に置き換え後

可変長引数

引数の型が同じものが複数個続く場合、引数の型の後に「...」（ピリオドを3つ続けたもの）を付けることで、0〜複数個の引数を指定することが可能になっています。これを**可変長引数**といい、下記のように記述できます。

リスト：可変長引数（構文）
```
戻り値 メソッド名 ( 引数の型 ... 引数名 ) {
```

---

[*] 「System」というクラスが持つフィールド（型は別のクラス）の「out」を取得して、その out が持つ「println」という文字列を出力するためのメソッドを呼び出しています。

```
    ... 任意の処理 ...
}
```

この場合、受け取った引数は配列（後述）という同じ型の値を1つにまとめたものとして扱われます。このメソッドを呼び出す側は、可変長引数に対して何個でも同じ型の値を渡せるようになります。値は、カンマ区切りで表します。もちろん、値を渡さないことも可能です。

リスト：呼び出し例
```
メソッド名();
メソッド名(値1);
メソッド名(値1, 値2, 値3);
```

「...」が付いた引数の他に、他の型の引数を渡したい場合もあります。その場合、「...」が付いた引数を使える箇所は、メソッドの最後の引数だけです。

リスト：可変長引数は最後に定義する
```
戻り値 メソッド名 ( 引数1の型 引数名1, 引数2の型 ... 引数名2 ) {
    ... 任意の処理 ...
}
```

コンストラクタ

Javaでは、**コンストラクタ**という特殊なメソッドが用意されています。コンストラクタでは、一般的なメソッドと違い、戻り値を宣言せず、メソッド名をクラス名と同一にします。コンストラクタは、以下の書式で宣言できます。

リスト：コンストラクタの宣言（構文）
```
クラス名 ( 引数の型 引数名 ) {
    ... 任意の処理 ...
}
```

クラスを利用するにあたっては、まずnewキーワードでクラスから新しいインスタンスを生成するのが基本です。**インスタンス**とは、クラスで定義されている内容を実体化し、アプリケーションの中で利用できるようにしたものです。オブジェク

トと呼ぶ場合もあります。例えるならば、インスタンスの生成とは、クラスという設計書からインスタンスという実物を作成するようなものです。アプリケーションからも、（クラスではなく）インスタンスに対して値の設定や処理を行います。

　そして、このインスタンス生成に際して呼び出されるのが、コンストラクタです。その性質上、コンストラクタでは、生成するインスタンスの初期設定を行うのが一般的です。具体的には、呼び出し側から引数経由で値を受け取ることで、クラスが持つフィールドに値を設定して初期化します。

　なお、コンストラクタは省略が可能です。省略された場合、内部的には、引数なしのコンストラクタが暗黙的に作成されており、実行時に呼ばれるようになっています。

　それでは、先ほどのサンプルにコンストラクタを追加して、インスタンスの生成時に「名前」と「趣味」を設定できるようにしてみましょう。コンストラクタを記述する前はいくつインスタンスを作っても、すべて同じ「名前」と「趣味」の値しか持てませんでしたが、コンストラクタを設置することで、インスタンスごとに名前と趣味を設定できるようになります。

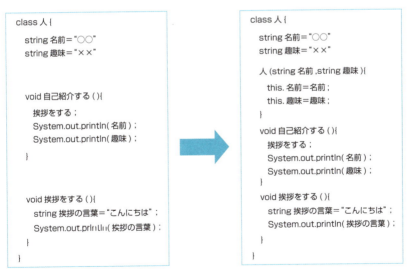

図：コンストラクタを追加後

　このクラスからインスタンスを生成するには、以下のようにします。

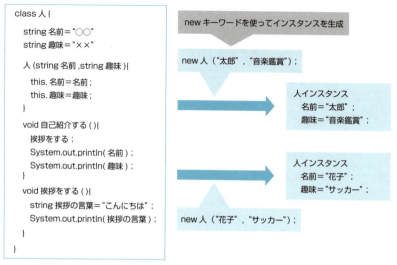

図：人インスタンスを生成

ここでは同じ人クラスから、以下の異なるインスタンスを生成しています。

- 名前が「太郎」で趣味が「音楽鑑賞」の人インスタンス
- 名前が「花子」で趣味が「サッカー」の人インスタンス

1.3.2 パッケージ

アプリケーションの規模が大きくなってくると、作成するクラスの数がどんどん増えていき、ある程度の単位で、それらのクラスをまとめる必要が出てきます（例えば、似たような機能を持ったクラスを集める、などです）。この際に利用するしくみが、**パッケージ**です。

パッケージとは

パッケージとは、分類したクラスの集まりをフォルダ単位に分けて管理するしくみのことです。パッケージは、基点となるフォルダから対象のフォルダまでの構成を、フォルダごとに「.」（ドット）で連結した名前で表します。

パッケージ名は、名前空間＊として、他のパッケージとの識別に使われます。そのため、パッケージはアプリケーション内で一意となるよう命名しなければなりません。

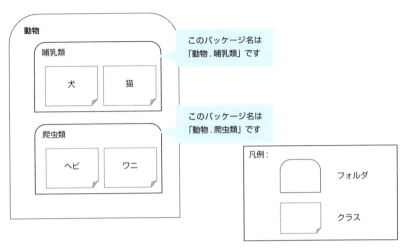

図：パッケージのイメージ

では、なぜパッケージが必要になるのでしょう。

例えば、大規模なアプリケーションを作成する場合、無数のクラスファイルが作成されるため、クラスの名前が重複してしまうことがあります。その際、パッケージを変えることで、クラスの違いを識別できるようにします。パッケージが異なれば、同じ名前を持つクラスを複数作成できるのです。

例えば、先ほどの「動物.哺乳類」「動物.爬虫類」のパッケージと、「犬」や「猫」などのクラスを持つアプリケーションに、新たに「ぬいぐるみ」パッケージの「犬」「猫」「ヘビ」「ワニ」のクラスを追加することもできます。

＊　名前をキーとして、他と同じ名前が発生しないようにするための領域です。

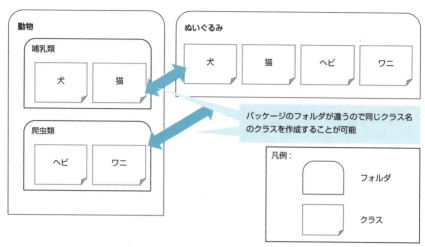

図：パッケージの追加

　業務アプリケーションの場合、パッケージは他のアプリケーション（特にサードパーティの Java 製品）と区別するため、全世界で唯一無二のものになるように設定しなければなりません。

　アプリケーションの規模も大きくなるため、ライブラリと呼ばれる「道具の集まり」を使うこともあります。その際にも、業務アプリケーション本体のクラスと、それらライブラリのクラスとを区別できるようにしなくてはいけません。

　そのため、Java では慣例的に会社のホームページに使われているドメイン名を逆にしたものがパッケージ名の最初の部分として使われます。例えばドメインが sample.jp の場合、jp.sample と頭に付けたパッケージが作られます。ただしパッケージ名は「-」（ハイフン）を許可していないので、ドメインにハイフンが含まれる場合は「_」（アンダーバー）を代わりに使います。

パッケージの宣言

　パッケージは、ソースファイルの最初に宣言しなければいけません。構文は、以下の通りです。

リスト：パッケージの宣言（構文）

```
package パッケージ名;
```

インポート文

Javaでは、現在のパッケージとは異なるパッケージのクラスを使いたい場合、「どのパッケージのどのクラスを呼び出したいのか」を区別するため、以下のような書式でクラス名を表す必要があります。

リスト：パッケージ名を含んだクラス名の指定
```
パッケージ名.クラス名
```

例えばデータ型がjava.util.Dateの場合、Dateクラスを示すために、「java.util.Date」と書かなければなりません。しかし、このように毎回パッケージ名を含んだクラス名を記述するのは面倒ですし、コードが読みにくくなってしまいます。

これを解決するために、Javaでは他のパッケージのクラスをimport文で宣言できます。インポートしたクラスは、以降、クラス名だけを記述すればよくなります（＝パッケージまで記述する必要はありません）。import文の書式は、以下の通りです。

リスト：import文（構文）
```
import パッケージ名.クラス名;
```

先ほどのjava.util.Dateをインポートする場合は、以下のように書きます。

リスト：java.util.Dateのインポート
```
import java.util.Date;
```

「*」を使って、以下のように記述することで、そのパッケージ内のすべてのクラスをインポートすることも可能です。ただし、Eclipseを使っている場合には、import文を自動で生成できるので、あまり使うことはないでしょう[*]。

リスト：パッケージ内のすべてのインポート
```
import パッケージ名.*;
```

なお、「*」を使った書式はパッケージ内のクラスだけを指します。その下の階層

---

[*] Eclipseで開発している場合、Ctrl + O（アルファベットの「O」）でimport文を自動生成できます。

にあるパッケージは含まれません。例えば、先ほどの java.util.Date を呼び出すために、次のような import 文を書くことはできません。

リスト：NG なケース
```
import java.*
```

また、例外的にインポートが不要なケースがあります。java.lang パッケージがそれです。このパッケージのクラスは、よく利用するという理由から、インポートしなくてもクラス名だけで使うことが可能です。

1.3.3 アクセス修飾子

Java では、**アクセス修飾子**を利用することで、フィールドやメソッド、クラスなどが「他のクラスからアクセスできるかどうか」を制限できます。アクセス修飾子には、以下のようなものがあります。

表：アクセス修飾子

修飾子	概要
public	どのクラスからでもアクセスできる
protected	パッケージ内のクラス、および、継承したクラスまでアクセスできる
（修飾子なし）	パッケージ内のクラスまでアクセスできる
private	自分自身のクラス内でしかアクセスできない

これらの修飾子を、クラス／フィールド／メソッドの宣言と共に記述することで、アクセスされる範囲を制限できます。

リスト：クラスの場合（構文）
```
アクセス修飾子 class クラス名 {
    ... クラス本体 ...
}
```

リスト：フィールドの場合（構文）
```
アクセス修飾子 データ型 データ名;
```

リスト：メソッドの場合（構文）

```
アクセス修飾子 戻り値の型 メソッド名（引数の型 引数名）{
    ...メソッド本体...
}
```

ただし、クラスの場合、public しか指定できません *。

1.3.4 キーワード

Java では、いくつかの単語はソースコードを解析するのに必要な意味を持っているため、識別子として使えないようになっています。例えば、class はクラスの宣言をするための特別な意味があります。このようなキーワードのことを**予約語**と言います。

予約語は、識別子として使うと、コンパイルエラーになります。ただし「class1」のように、予約語を含んだ名前は問題ありません。

予約語

予約語には、以下のようなものがあります。

表：型を表すもの

byte	short	int	long	float
double	char	boolean	void	

表：クラスやパッケージに関係しているもの

class	interface	enum	package	import
extends	implements	this	super	new

表：修飾子を表すもの

public	protected	private	static	final
abstract	native	volatile	transient	synchronized
strictfp				

---

* 修飾子そのものを省略することは可能です。また、インナークラス（クラスの中に作られたクラス）など、特別なクラスでは private も可能です。

表:演算に関係しているもの

if	else	switch	case	default
for	while	do	break	continue
return	instanceof	assert		

表:例外処理に使われるもの

try	catch	finally	throw	throws

表:予約語として定義されているがJavaでは未使用なもの

const	goto

　Eclipseで開発している場合には、予約語を入力すると、赤紫色の太字で表示され、記述していけない箇所に記述していると、その単語の下に波線が付いて、エラーであることを通知してくれます[*]。その際は、識別子を別の名前にしてください。

図:識別子に予約語を使った場合

予約語以外の識別子として使えない単語

　Javaでは、true / false / null は、既にその単語自体に意味があるため、キーワードとして使うことはできません。

1.3.5 識別子

　Javaで指定しているキーワードや記号の他に、クラス名や変数名などソースコードを書く人が付ける名前があります。これを**識別子**と呼びます。ソースコードを読む際に、そのクラスやデータ／メソッドが何を表しているのか、人が分かりやすいように命名します。

　業務アプリケーションを開発する場合、不特定多数の人が別々にソースコードを

---

[*] 色は、デフォルトの設定の場合です。

書いても、ある程度の統一感があるように、ネーミングルールという、その開発プロジェクトで独自のルールがあることもあります。その際は、決められたネーミングルールに従わなければなりませんが、まずは一般的に、どのように識別子が名付けられているのかを見てみましょう。

識別子として使える文字

識別子として使える文字は制限されています。識別子として使える文字は、以下の通りです。

- アルファベット、Unicode の全角文字、半角カナ（全角の空白も全角文字とみなされます）
- 数字
- _（アンダースコア）
- $（ドル）

ただし、クラス名や変数名など、識別子の最初の文字を数字にすることはできません。また、「$」は Java がコンパイルした際に自動生成したクラスなどで使われることがあるため、人が命名する識別子で使われることは一般的にはありません。

同様に、Java ではクラス名や変数名に日本語を使うこともできますが、業務で使うプログラムではアルファベットと数値のみを使っているところがほとんどです。

また、「_」も識別子として使うことは可能ですが、定数（後述）でないものに対して使うことはまずありません（定数では単語同士のつなぎに使います）。

複数の単語を合わせた識別子の場合、変数では、2つ目以降の単語の最初の文字を大文字にする書式（キャメルケース）を使って命名することが一般的です。例えば、システム日付を表すために、「system」と「date」を合わせた識別子を作成する場合は「systemDate」と名付けます。

大文字と小文字

Java ではアルファベットの大文字と小文字を区別することに注意してください。例えば、識別子に「name」と「NAME」の2つがあった場合、それらはお互い違うものとして認識されます。

空白／タブ文字／改行

Javaでは、半角の空白とタブ文字および改行は、ソースコード上に記述された単語を区切るものとして使われます。ただし、全角の空白は文字と見なされるため、単語同士を全角空白でつなげ合わせても、1つの単語として扱われるので注意してください。

1.3.6　コメント

Javaでは、ソース上にプログラムとして認識されたくない、メモ的な情報を記述するために**コメント**というしくみが用意されています。例えば、何らかの処理を記述した際に、その処理は何をするものなのかを、Java言語ではなく通常使っている言葉で残す場合に使われます。Javaでは、次の3種類のコメントを利用できます。

- 1行コメント
- 複数行コメント
- ドキュメント（Javadoc）用コメント

1行コメント

「//」以降、改行までがコメントとなり、プログラムとして解析されません。例えば以下のように記述した場合、太字の箇所がコメント扱いとなります。

リスト：1行コメント

```
// 1行コメントの例を下記に示します
int index = 0; // ここからの記述はコメント扱いになります
String value = "abc";
```

Eclipseでは、複数行を選択して Ctrl + / を押すと。選択した行をまとめて、1行コメントでコメントアウト* できます。

---

*　記述内容を削除するのではなく、コメント化して実行できなくすることです。

複数行コメント

「/*」と「*/」の間に書いたものをコメントとして扱います。途中で改行が含まれていても有効であり、複数行をまとめてコメントアウトするために利用します。

使わなくなったメソッドを「/*」と「*/」で囲って、一時的に使えなくするような使い方も可能です。次のように記述した場合、太字の箇所がコメント扱いとなります。

リスト：複数行のコメント

```
/*
 * 複数行でのコメントの例になります
 * ここで書いたものはコメントとして扱われプログラムとして解析されません
 */
int index = 0; /* このように 1 行でも可能です */

/* このメソッドは実行されません
public void doSomething() {
    System.out.println(" コメントサンプル ");
}
*/
```

ドキュメント（Javadoc）用コメント

Java には、コメントをもとに、クラスやメソッドなどの仕様についての説明を HTML 形式で出力するしくみがあります。このドキュメントを **Javadoc** と呼びます。

Javadoc ドキュメントのもととなるコメントが、Javadoc 用コメントです。HTML でのドキュメントになるので、このコメントで HTML タグを記述すると、出力されたドキュメントでは文字ではなく、HTML タグとして認識されます。

クラスやフィールド、メソッドの直前に、「/** ～ */」の形式で表します。先ほど作成した HelloWorld アプリケーションに Javadoc 用コメントを挿入すると、以下のようになります。太字の箇所が Javadoc 用コメントです。

リスト：Javadoc 用コメント

```
package jp.co.bbreak.sokusen._1._3;

/**
 * 「HelloWorld!!」と標準出力するクラスです。
 */
```

```java
public class HelloWorld {

    /**
     * HelloWorld クラスを java コマンドから呼ばれた際に実行される処理です。
     *
     * @param args
     *              コマンドライン引数。今回は使いません。
     */
    public static void main(String[] args) {
        System.out.println("Hello World!!");
    }
}
```

　main メソッドのコメントに「@param」というキーワードが出てきます。これは**タグ**と呼ばれるもので、「@ 〜」の形式でコメントに意味を持たせることができます。@param であれば、メソッドで使われている引数の意味を表します。

　Javadoc 用コメントにはいくつかのタグがあります。@param の他によく使われるものとして、メソッドの戻り値を説明するための @return があります。

　業務アプリケーションの開発では、複数人で作業をしたり、開発に関わっていない人がアプリケーションの管理をしたりすることが多いため、他の人との意思疎通が必要になります。また、自分で作成したプログラムでも何年か後で見た際に、どのような意図でそのようなプログラムを書いたのか、忘れてしまうこともあります。

　そこで、Javadoc のコメントを入れておくと、そのプログラムが何をするものなのかを把握しやすくなります。メソッド／フィールドには、最低限、Javadoc 用コメントを入れておくようにしましょう。

1.3.7　static 変数と static メソッド

　これまでは、クラスから生成されたインスタンスが持つ変数やメソッドについて見てきました。これらインスタンスが持つ変数やメソッドは、同じクラスをもとにしていても、内部に保持する変数の値やメソッドの振る舞いは、インスタンスごとに異なります。

　しかし、static 修飾子を付けることで、変数やメソッドをクラスで唯一のものとして扱えるようになります。

static 変数

static 変数（静的変数）は、クラスからいくつインスタンスが作成されてもメモリ領域に1つのデータしか作成されません（定数も同様です）。static 変数は、すべてのインスタンスで同じ値を共有する訳です。static 変数を宣言するには、以下のように記述します。

リスト：static 変数の宣言（構文）

```
static データ型 変数名；
```

例えば、次の例では Dog クラスの static 変数である type に「哺乳類」を代入しています。そのため、どの Dog クラスのインスタンスから type を参照しても、「哺乳類」を取得できます。

また、インスタンスを生成するごとに static 変数 count を加算していくことで、Dog インスタンスがいくつ作成されたのか知ることができます。count が static でない場合、インスタンスを生成するたびに 0 に戻るので、count は 1 にしかなりません。

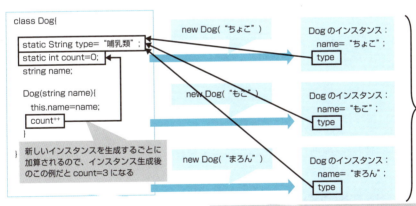

図：static 変数の動作

個々のインスタンスから static 変数を変更した場合、他のインスタンスも同じ変

数を参照しているため、すべてに影響します。

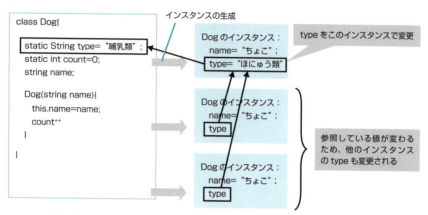

図：static 変数の値を変更した場合

static メソッド

　static メソッドは、インスタンスの状態に関係なく、指定された処理を行うためのメソッドです。static メソッドは、以下のように宣言します。

リスト：static メソッド[*]（構文）
```
static 戻り値の型 メソッド名 ( 引数の型 引数名 ) {
    ... メソッドの本体 ...
}
```

　static メソッドは、クラスの状態（フィールドの値）と関係なく処理を行うため、汎用的に使われる処理を実装するのに、よく使われます。

static 変数やメソッドへのアクセス

　static 変数やメソッドは、インスタンスを生成することなくアクセスできます。static 変数やメソッドへのアクセスは次のようにします。

---
[*]　引数はなくても構いません。また、複数でも指定できます。

リスト：static 変数の場合

```
クラス名.変数名
```

リスト：static メソッドの場合

```
クラス名.メソッド名(引数, ...)
```

　例えば、これまでのサンプルでも登場した「System.out.println」の「out」は、System クラスが持つ static 変数です。PrintStream クラスのインスタンスを返します。「System.out.println」では、PrintStream のメソッドである println を実行しているのです。

　static 変数やメソッドから、static でない変数やメソッドへのアクセスはできません。しかし、逆に static でない変数やメソッドから static 変数やメソッドへのアクセスは可能です。

1.4 基本的な計算（四則演算）

前節では、Javaの基本的な文法について解説しました。Javaのクラスをどのように宣言し、そのクラスでどのようにデータを設定され、処理を実行するメソッドをどのように呼び出すのかについて、理解できたと思います。

本節は、Javaで利用できる基本的な演算を中心に見ていきます。

1.4.1 Javaの主な演算と制御

Javaでは、メソッドの処理内容を記述するために、計算や条件分岐など、さまざまな演算／制御を行います。そして、それらの処理の結果を呼び出し元に返したり、何らかの形で出力したりします。本節からはそうした演算や制御について、次の順番で解説していきます。

1. 算術演算
2. 比較演算
3. 論理演算
4. 制御構文

1.4.2 算術演算

ここでは、簡単なアプリケーションを作成しながら、Javaの基本的な算術演算について見ていきます。

なお、算術演算で10進数の数値を記述した場合、Javaでは、小数点を含まない数値をintとして、小数点を含む数値をdoubleとして扱います。

主な算術演算子の種類

Javaでは、算術演算子として主に次のものが使われます。

表：算術演算子

演算子	概要
+	足し算（加算）
-	引き算（減算）
*	かけ算（乗算）
/	割り算（除算）
%	割り算の余り（剰余算）

Javaでは、これらを使って数値を計算します。

算術演算は、一般的な数値計算の優先順位と同じく、以下の順序で行われます。

- 「( )」で囲まれた式
- 「*」（かけ算）、「/」（割り算）、「%」（割り算の余り）
- 「+」（足し算）、「-」（引き算）

特殊な算術演算子の使い方

Javaでは、一般的な算術演算の記述の他に、プログラミング言語特有の記述方法があります。主なものを、以下に挙げておきます。

リスト：特殊な算術演算子

```
変数 += 変数;    //「+」の他に「-」「*」「/」「%」も利用可能
++変数;         //「++」の他に「--」も利用可能
変数++;         //「++」の他に「--」も利用可能
```

例えば「result += 2」は「result = result + 2」と同じ意味です。つまり、計算前の変数resultが1の場合、演算後は3となります。このような記述は、「+」だけではなく、他の算術演算子の「-」「*」「/」「%」でも利用できます。

「++」は、変数に対して1を加算することを意味します[*]。ただし、「++」を前に書くか後ろに書くかで、計算されるタイミングが変化します。

例えば、「++result」のように、「++」を変数の前に書いたものを、引数としてメソッドに渡した場合、resultは1を加算された状態で渡されます。逆に、「result++」と後ろに書いた場合、resultは1が加算される前の状態で渡されます。そして、引

---

[*] このような演算のことを「インクリメントする」とも言います。また、「--」演算子で、変数に対して1を減算することを「デクリメントする」と言います。

数として渡された後に、1が加算されます。
　同じく、1を減算する「--」演算子もあります。
　それでは、次のサンプルを実行して、算術演算子の動作を確認してみましょう。

リスト：ArithmeticOperator1.java

```java
package jp.co.bbreak.sokusen._1._4;

/**
 * 算術演算子を確認するクラス。
 */
public class ArithmeticOperator1 {
    /**
     * 算術演算を実行し、その内容を確認します。
     *
     * @param args
     *            コマンドライン引数。今回は使いません。
     */
    public static void main(String[] args) {
        // [1] 特殊な計算
        int result = 1;
        result += 2;
        System.out.println("[1] result = 1 → result += 2 → result = " + result);

        // [2] 特殊な計算
        System.out.println("[2] result = 1 → ++result");
        result = 1;
        printValue(++result);
        System.out.println("result = " + result);

        // [3] 特殊な計算
        System.out.println("[3] result = 1 → result++");
        result = 1;
        printValue(result++);
        System.out.println("result = " + result);
    }

    /**
     * 受け取ったvalueを標準出力します。
     *
     * @param value
     *            値
     */
    private static void printValue(int value) {
        System.out.println(" 受け取った値：value = " + value);
    }
}
```

ここでは「++」演算子による計算が行われるタイミングを確認するため、printValue メソッドを作成して、引数に「++」演算子を使ったものを渡しています。そして、その受け取った値を printValue メソッドで表示しています。

これを実行すると、以下の結果が出力されます。

出力結果

```
[1] result = 1 → result += 2 → result = 3
[2] result = 1 → ++result
受け取った値: value = 2
result = 2
[3] result = 1 → result++
受け取った値: value = 1
result = 2
```

この結果によって［2］の ++result では演算子で計算された値が渡され、［3］の result++ では演算子で計算する前の値が渡されていることが分かります。

文字列での + 演算子

「+」演算子は、数値の加算だけでなく文字列を連結させる際にも利用できます。これまでのサンプルでも何度も利用してきました。

ただし、注意点として、文字列の後に「+」の演算子を付けると、それ以降に数値があったとしても、すべて文字列として扱われてしまいます。例で確認してみましょう。

リスト：文字列を「+」演算子で結合した時

```
"1 + 1 = " + 1 + 1
↓以下のように認識される
"1 + 1 = " + "1" + "1"
```

出力される結果は「1 + 1 = 11」という文字列です。もし、数値の計算をしつつ、文字列との連結をさせる必要がある場合は、次のように数値の部分を丸カッコで囲みます。これで、数値として計算させることができます。

リスト：「()」を使うと数値計算になる

```
"1 + 1 = " + (1 + 1)
```

この場合、出力される結果は「1 + 1 = 2」です。

また、文字連結の「+」演算子は左から計算されていくため、文字列の前に数値があると数値の計算として扱われます。例えば、

リスト：左側から計算される

```
1 + 2 + "3"
```

は「123」ではなく文字列の前の数値としての「1 + 2」が評価され、結果として「33」と表示されます。

ただし、この記述だと、仮に何らかの変更があって、数値の前に文字列が来た場合には、意図した値になりません。原則として。文字列内での数値計算は「()」で囲むようにしてください。

では、ここまでの演算を、サンプルでも確認しておきましょう。

リスト：ArithmeticOperator2.java

```java
package jp.co.bbreak.sokusen._1._4;

/**
 * 算術演算子を確認するクラス。
 */
public class ArithmeticOperator2 {

  /**
   * 算術演算を実行し、その内容を確認します。
   *
   * @param args
   *              コマンドライン引数。今回は使いません。
   */
  public static void main(String[] args) {

    // [1] カッコなし
    System.out.println("[1] 1 + 1 = " + 1 + 1);

    // [2] カッコあり
    System.out.println("[2] 1 + 1 = " + (1 + 1));
```

```java
    // [3] 数値が左
    System.out.println(1 + 2 + "3");
  }
}
```

実行結果

```
[1] 1 + 1 = 11
[2] 1 + 1 = 2
33
```

浮動小数点の数値を扱った算術演算の注意点

　これまで見てきたように、算術演算子を利用することで、数値を計算できます。しかし、double や float など浮動小数点数を計算する場合は注意が必要です。

　というのも、浮動小数点の値を計算した場合、誤差が発生し、意図した値にならない場合があるためです。まずは、次のサンプルを実行して、どのような結果になるのかを確認してみましょう。

リスト：ArithmeticOperator3.java

```java
package jp.co.bbreak.sokusen._1._4;

/**
 * 算術演算子を確認するクラス。
 */
public class ArithmeticOperator3 {

  /**
   * 算術演算を実行し、その内容を確認します。
   *
   * @param args
   *             コマンドライン引数。今回は使いません。
   */
  public static void main(String[] args) {

    // [1] 注意点（浮動小数点の計算）
    double resultDouble = 0.0;
    resultDouble = 0.7 + 0.1;
    System.out.println("[1] 0.7 + 0.1 = " + resultDouble);
  }
}
```

これを実行すると次の結果が表示されます。

実行結果
```
[1] 0.7 + 0.1 = 0.7999999999999999
```

これは、Java だけではなくほとんどのプログラミング言語にある問題で、原因はソースコード上で記述された 10 進数を Java の実行環境内で 2 進数に変換して計算していることにあります。このため、浮動小数点の数値では、10 進数と 2 進数との変換の際に誤差が生じてしまうのです。

よって、金額計算など、誤差の発生が許されず、正確な数値を求められる場合、次の BigDecimal クラスを使って計算します。

BigDecimal クラスによる計算

BigDecimal クラスで演算する際には、まず、BigDecimal のコンストラクタに演算対象の数値を文字列として（ダブルクォートで囲ったものを）渡します。演算対象の数値を持つ BigDecimal インスタンスができたら、そのメソッドを呼び出して、演算を実行します。BigDecimal のメソッドは、戻り値も BigDecimal を返します。

BigDecimal クラスでは、算術演算子に対応する、以下のメソッドが用意されています。

表：BigDecimal での計算メソッド

メソッド名	同等の演算子	概要
add	+	足し算（加算）
subtract	-	引き算（減算）
multiply	*	かけ算（乗算）
divide	/	割り算（除算）
remainder	%	割り算の余り（剰余算）

ここで注意すべき点は、BigDecimal を使って割り算を計算する場合、割り切れない数値を計算すると、java.lang.ArithmeticException の例外が発生します。そのため、割り算する場合は、

- 計算すべき小数点の桁数

- 端数を切り捨てるのか切り上げるのか

を設定することが基本です。

端数処理（丸め処理）は、既に java.math.RoundingMode で定義されていますので、これを使います。よく使われる RoundingMode 値には、以下のようなものがあります。

表：RoundingMode の定数（1）

RoundingMode の定数	概要
HALF_UP	四捨五入
UP	切り上げ。0 から離れるように切り上げ。負数の場合、例えば -5.5 の小数点以下第 1 位を丸める場合、-6 になる
DOWN	切り捨て。0 に近付くよう切り捨て。負数の場合、例えば -5.5 の小数点以下第 1 位を丸める場合、-5 になる

また、負数の扱いによっては、次の RoundingMode 値が利用されることもあります。

表：RoundingMode の定数（2）

RoundingMode の定数	概要
CEILING	切り上げ。正の無限大に近付くように切り上げ。正数の場合は UP と同じ。しかし、負数の場合、例えば -5.5 の小数点以下第 1 位を丸める場合、-5 になる
FLOOR	切り捨て。負の無限大に近付くように切り捨てます。正数の場合は DOWN と同じ。しかし、負数の場合、例えば -5.5 の小数点以下第 1 位を丸める場合、-6 になる

それでは、BigDecimal がどのように使われるのか、具体的なサンプルで見てみましょう。

リスト：BigDecimalSample1.java

```java
package jp.co.bbreak.sokusen._1._4;

import java.math.BigDecimal;
import java.math.RoundingMode;

/**
 * BigDecimal のサンプルを実行し、その内容を確認するクラスです。
 */
```

```java
public class BigDecimalSample1 {

    /**
     * BigDecimal での計算を実行し、その内容を確認します。
     *
     * @param args
     *            コマンドライン引数。今回は使いません。
     */
    public static void main(String[] args) {
        // [1] 足し算
        BigDecimal value1 = new BigDecimal("0.7");
        BigDecimal value2 = new BigDecimal("0.1");
        BigDecimal result = value1.add(value2);
        System.out.println("[1] 0.7 + 0.1 = " + result);

        // [2] 引き算
        result = value1.subtract(value2);
        System.out.println("[2] 0.7 - 0.1 = " + result);

        // [3] かけ算
        result = value1.multiply(value2);
        System.out.println("[3] 0.7 × 0.1 = " + result);

        // [4] 割り算
        value1 = new BigDecimal("7.0");
        value2 = new BigDecimal("3.0");
        result = value1.divide(value2, 0, RoundingMode.DOWN);
            // 小数点未満を切り捨て
        System.out.println("[4] 7.0 ÷ 3.0 = " + result);

        // [5] 余り
        value1 = new BigDecimal("7.0");
        value2 = new BigDecimal("3.0");
        result = value1.remainder(value2);
        System.out.println("[5] 7.0 % 3.0 = " + result);
    }
}
```

これを実行すると次の結果が表示されます。

実行結果

```
[1] 0.7 + 0.1 = 0.8
[2] 0.7 - 0.1 = 0.6
[3] 0.7 × 0.1 = 0.07
[4] 7.0 ÷ 3.0 = 2
[5] 7.0 % 3.0 = 1.0
```

この結果を見ると分かるように、BigDecimal を使って計算を行うと、算術演算子を使った場合に発生していた誤差は解消し、意図した値を得られています。このように誤差が許されない浮動小数点の計算では、BigDecimal を使うのが基本です。

> **NOTE　Math クラスと StrictMath クラス**
>
> 　正確な計算結果を要求される業務アプリケーションでは、あまり使われることはありませんが、Java では基本的な四則計算の他に平方根や三角関数など、さまざまな計算を行うためのメソッドを用意した java.lang.Math クラスと java.lang.StrictMath クラスがあります。
> 　Math クラスは、実行環境が持つ算出処理を利用して算出結果を返すのに対し、StrictMath クラスはすべての Java 環境で同じ結果を返します。そのため、環境によっては Math クラスと StrictMath クラスの間で実行結果の差異が出ることがあります。
> 　Math クラスの方は実行環境のネイティブな算出処理を利用しているため、理論上は、StrictMath よりも演算スピードが高速です。

1.5 型

本節ではデータの型について解説します。Javaで扱われるデータの型は、大きく分けて2つあります。1つは**基本データ型**、もう1つは**参照型**です。両者の違いは、以下の点です。

- 基本データ型では、データの値を直接保持している
- 参照型は、値を保持しているインスタンスの参照先アドレス（＝メモリ上に配置されている場所）を保持していて、インスタンス自体を保持している訳ではない

1.5.1 基本データ型

基本データ型は、値を直接持っているデータ型です。値を変更した場合にも、データの中身が直接置き換わります。

基本データ型には、次のものがあります。

表：基本データ型

型	サイズ	デフォルト値	概要
byte	8ビット	0	8ビットの範囲（-128～127）の整数
short	16ビット	0	16ビットの範囲（-32,768～32,767）の整数
int	32ビット	0	32ビットの範囲（-2,147,483,648～2,147,483,647）の整数（Java 8以降で符号なしの値にした場合は0～4,294,967,295）
long	64ビット	0	64ビットの範囲（-9,223,372,036,854,775,808～9,223,372,036,854,775,807）の整数（Java 8以降で符号なしの値にした場合は0～18,446,744,073,709,551,615）。longを表すには、数値の後に「l」もしくは「L」を付ける。小文字の「l」は数字の「1」と間違えやすいため一般的に大文字の「L」を使う
float	32ビット	0.0	浮動小数点数。floatを表すには数字の値の後に「f」もしくは「F」を付ける
double	64ビット	0.0	浮動小数点数。ソースコード上で小数点数を記述すると、デフォルトでdoubleになる
char	16ビット	¥u0000（空文字）	Unicodeが持つ1文字。「'」(シングルクォーテーション)で1文字を囲むことでchar値を指定できる
boolean	1ビット	false	true、もしくはfalseを表す真偽値

基本データ型で注意すべき点は、データ型の範囲を超えた際にもエラーにはならないという点です。正の値なら負の値へ、負の値なら正の値へ自動で変わってしまうのです。例えばintの最大値（Integer.MAX_VALUE）である2,147,483,647に1を足した場合、結果は-2,147,483,648となります。サンプルでも確認してみましょう。

リスト：OverflowCheck1.java

```java
package jp.co.bbreak.sokusen._1._5;

/**
 * intが最大値を越える際の動きを確認するクラス。
 */
public class OverflowCheck1 {

  /**
   * 最大値に1を加算した際の値を標準出力します。
   *
   * @param args
   *              コマンドライン引数。今回は使いません。
   */
  public static void main(String[] args) {
    int i = Integer.MAX_VALUE;
    System.out.println(i);
    i = i + 1;
    System.out.println(i);
  }
}
```

実行結果

```
2147483647
-2147483648
```

大きな値を扱っていると、知らない間に値が意図したものでなくなっている可能性があるので、注意してください。

符号なしInteger／LongのサポートJava 8以降

Java 8以降では、intとlongで符号なしで値を保持することが可能になりました。「符号なし」とはマイナスの値を持たないということを意味します。そのため、マイナス値としていた領域が使えるようになり、扱える範囲も変化します。

ただし、他の言語と違って、符号なしの修飾子が用意されている訳ではなく、特殊なメソッドを使わないと、符号なしの値を取得したり使ったりすることはできません。

具体的な例もみてみましょう。

リスト：OverflowCheck2.java

```java
package jp.co.bbreak.sokusen._1._5;

/**
 * Java8 での符号なし Integer と Long についての限界値の際の動きを確認するクラス。
 */
public class OverflowCheck2 {

  /**
   * Java8 での符号なし Integer と Long についての限界値のサンプルを標準出力します。
   *
   * @param args
   *            コマンドライン引数。今回は使いません。
   */
  public static void main(String[] args) {
    // Java 8以降
    int i = Integer.MAX_VALUE + 1;
    String value = Integer.toUnsignedString(i);
    System.out.println(value);

    i = Integer.MAX_VALUE + Integer.MAX_VALUE + 1;
    value = Integer.toUnsignedString(i);
    System.out.println(value);

    i = i + 1;
    value = Integer.toUnsignedString(i);
    System.out.println(value);

    long l = Long.MAX_VALUE + Long.MAX_VALUE + 1;
    value = Long.toUnsignedString(l);
    System.out.println(value);

    l = l + 1;
    value = Long.toUnsignedString(l);
    System.out.println(value);
  }
}
```

実行結果

```
2147483648
4294967295
0
18446744073709551615
0
```

　Integer／Long クラスの toUnsignedString メソッドを呼び出すことで、int／long 値の符号なしでの文字列表現を得られます。

1.5.2　参照型

　参照型は、インスタンスのあるメモリ領域（ヒープ領域）のアドレスを保持しているデータ型です。主なものに、クラスや配列があります。

　もしも参照型で変数だけを宣言した場合（＝初期値を指定しなかった場合）、参照先のアドレスがないので、そのデータの値は null、つまり、何もない状態になります。

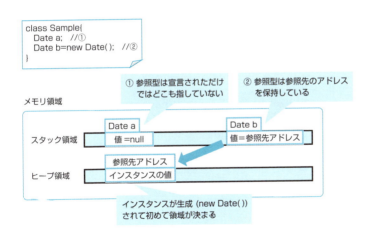

図：参照型は参照先のアドレスを持つ

> **NOTE** スタック領域とヒープ領域
>
> この図に出ている、メモリ領域について補足しておきます。
>
> Javaでは、設定した値をメモリ領域に確保します。また、設定したデータはメモリ領域にある**スタック領域**に設定されます。この際に、基本データ型は設定するサイズが決まっているため、スタック領域に値と共に設定されます。
>
> しかし、クラスなどの参照型データの場合、インスタンス化されるまで、どの程度メモリ領域が使われるのかが分かりません。そのため、参照型データの場合は参照先アドレスを設定できるサイズだけを最初に確保しておき、インスタンス化された際にその値は、メモリ領域の**ヒープ領域**というところに格納します。
>
> その際に、スタック領域にある参照型データの値は、どのヒープ領域を見ればよいのか分かるように、そのインスタンスの参照先アドレスが格納されます。そのため、例えば、参照型データの値を比較しても参照先アドレスを比較することになり、インスタンスの値自体の比較はできていないことになります。

そのため、参照型のデータの場合、そのデータが示しているインスタンスを変更するということは、参照先のアドレスを変更するということになります。

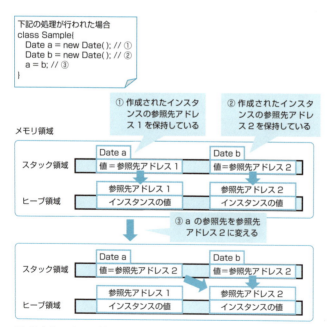

図：示すインスタンスが変わるとアドレスも変わる

ただし、文字列のクラスである String は例外で、「"」（ダブルクォーテーション）で囲った値を直接代入した場合、それぞれのデータは同じ参照先のアドレスを示すことになります。サンプルで動作を確認してみましょう。

リスト：StringCheck1.java

```java
package jp.co.bbreak.sokusen._1._5;

/**
 * 文字列のデータの参照先をチェックする。
 */
public class StringCheck1 {

  /**
   * 2つの String のデータに同じダブルクォーテーションで囲った文字列を参照させた
   * 場合、同じものを指しているのかを確認します。
   *
   * @param args
   *              コマンドライン引数。今回は使いません。
   */
  public static void main(String[] args) {
    String a = "あいうえお";
    String b = "あいうえお";

    // a と b が同じ参照先を見ているか比較し、同じ場合は true になります
    boolean result = (a == b);
    System.out.println("a == b: " + result);
  }
}
```

実行結果

```
a == b: true
```

これは String の場合、「"」（ダブルクォーテーション）で囲った値を代入した際に、既に同じ値があるか確認し、同じ値が存在する場合には、そのインスタンスの参照先を返すように、内部で処理されているからです。

1.5.3 インスタンス

クラスから生成された実体をインスタンスといい、参照型のデータになります。Java では、以下のように new キーワードを使ってインスタンスを生成します。

リスト：new キーワードによるインスタンス生成
```
Date today = new Date();
```

ただし、String の場合は「"」（ダブルクォーテーション）で囲んだものを代入することでインスタンスを生成することも可能です。

リスト：ダブルクォーテーションによるインスタンスの生成
```
String name = "太郎";
```

1.5.4 ラッパークラス

Java では、受け取る値が参照型だけと定義されている場合、基本データ型を利用できないことがあります。その場合、基本データ型を何らかのクラスに変換しなければなりません。Java では、そのような場合に対応するために、**ラッパークラス**という、それぞれの基本データ型を表すクラスが用意されています。

以下に具体的なものをまとめます。ラッパークラスは、java.lang パッケージに属します。

表：基本データ型とラッパークラスの対応

基本データ型	ラッパークラス
byte	Byte
short	Short
int	Integer
long	Long
float	Float
double	Double
char	Character
boolean	Boolean

基本データ型とラッパークラスの変換は、自動的に行われます。

ただし、ラッパークラスを利用するにあたって注意すべき点は、基本データ型と違って、ラッパークラスの初期値は null になることです。そのため、値を設定していないと、0 ではなく null が返ってくるので、そこで自動変換されると例外が発生します。注意してください。

1.5.5 定数

これまでにも見てきたように、識別子を付けて値を格納するものを**変数**と呼びます。変数には、「=」を使って値を代入します。代入した値は、後で別の値で上書きすることも可能です。変数の特徴は、何回でも値を代入できる点にあります。

一方、一度代入した値を後から変更したくないことがあります。Javaでは、final修飾子を付けることにより、変数への再代入を禁止できます。final修飾子が付いた値の再代入ができないデータを**定数**と呼びます。

リスト：定数の定義（構文）
```
final データ型 定数名;
```

ただし、参照型のデータの場合、データが持つ参照先のアドレスを代入できなくなるだけで、参照先のインスタンスの値が変わることは禁止されていません。

例えば、次のコードはエラーになります。

リスト：NGな例
```java
final Date date1 = new Date();
date1 = new Date(); // エラー
```

しかし、以下のコードは正しく動作します。

リスト：OKな例
```java
final Date date2 = new Date();
date2.setTime(0);
```

ちなみに、1行目と2行目の値を出力すると、以下のようにインスタンスの値が変わっていることが確認できます。

実行結果
```
Sun Dec 21 22:31:43 JST 2014
Thu Jan 01 09:00:00 JST 1970
```

1.6 比較演算

本節では、比較演算について解説します。Java では 2 つの値を比較して値が等しいかどうか、もしくは値が大きいか小さいかなどを比較することがよくあります。

以下では、比較演算を行うための、比較演算子と、比較メソッドについて解説します。

1.6.1 主な比較演算子の種類

比較演算子には、以下のようなものがあります。これらは、主に基本データ型での比較に使われます。いずれも結果は true ／ false で返されます。

表：比較演算子

比較演算子	意味	概要
==	等しい	例えば「1 == 1」の場合、結果は true になる
!=	等しくない	例えば「1 != 0」の場合、結果は true になる
>	左が右より大きい	例えば「1 > 0」の場合、結果は true。また、右と左の値が同じ場合、例えば「1 > 1」の場合、結果は false になる
>=	左が右以下	例えば「1 >= 0」の場合、結果は true。また、右と左の値が等しい場合、例えば「1 >= 1」の場合も同様に、結果は true になる
<	左が右より小さい	例えば「1 < 2」の場合、結果は true。また、右と左の値が等しい場合、例えば「1 < 1」の場合、結果は false になる
<=	左が右以下	例えば「1 <= 2」の場合、結果は true。また、右と左の値が等しい場合、例えば「1 <= 1」の場合も同様に、結果は true になる

Java では、これらの演算子を使って左辺と右辺の値を比較できます。

しかし、比較対象が基本データ型ではなく参照型の場合に比較演算子を使って比較すると、インスタンスの値の比較ではなく、データが持つ参照先アドレスを比較することになるため、意図した値の比較にならない点に注意してください。参照型の値を比較する場合は、次の equals メソッドや compareTo メソッドを使います。

1.6.2 参照型の比較

　Javaで参照型のデータの比較をする際には、比較演算子を使うと参照先アドレスの比較になってしまい、インスタンスの値の比較にはなりません。

図：基本データ型と参照型をそれぞれ比較演算子で比較した場合

　そこで、Javaでは参照型データの値を比較するために、equalsメソッドとcompareToメソッドを用意しています。

表：値の比較に用いるメソッド

メソッド	戻り値	概要
equals	boolean	引数で受け取ったインスタンスの値と等しい場合はtrueを返す。すべてのクラスで利用可能
compareTo	int	引数で受け取ったインスタンスの値が等しい場合は0、引数の値より大きい場合は正数、引数の値より小さい場合は負数を返す。java.lang.Comparableインターフェイスを実装しているクラスだけで利用可能

　具体的なサンプルも見てみましょう。

リスト：RelationalOperator1.java

```java
package jp.co.bbreak.sokusen._1._6;

/**
 * 比較演算のサンプルを実行し、その内容を確認するクラス。
 */
public class RelationalOperator1 {
```

```java
/**
 * 比較演算を実行し、その内容を確認します。
 *
 * @param args
 *            プログラムの引数。今回は使いません。
 */
public static void main(String[] args) {

    // [1] 参照型データを演算子で比較した場合
    boolean result = new Integer("1") == new Integer("1");
    System.out.println("[1] new Integer(\"1\") == new Integer(\"1\") → result ↲
= " + result);

    // [2] 参照型データを equals メソッドで比較した場合
    result = new Integer("1").equals(new Integer("1"));
    System.out.println("[2] new Integer(\"1\").equals(new Integer(\"1\")) → ↲
result = " + result);

    // [3] 参照型データを compareTo メソッドで比較した場合
    int resultValue = new Integer("1").compareTo(new Integer("1"));
    System.out.println("[3] new Integer(\"1\").compareTo(new Integer(\"1\")) → ↲
resultValue = " + resultValue);

    resultValue = new Integer("1").compareTo(new Integer("2"));
    System.out.println("[3] new Integer(\"1\").compareTo(new Integer(\"2\")) → ↲
resultValue = " + resultValue);

    resultValue = new Integer("2").compareTo(new Integer("1"));
    System.out.println("[3] new Integer(\"2\").compareTo(new Integer(\"1\")) → ↲
resultValue = " + resultValue);
  }
}
```

実行結果

```
[1] new Integer("1") == new Integer("1") → result = false
[2] new Integer("1").equals(new Integer("1")) → result = true
[3] new Integer("1").compareTo(new Integer("1")) → resultValue = 0
[3] new Integer("1").compareTo(new Integer("2")) → resultValue = -1
[3] new Integer("2").compareTo(new Integer("1")) → resultValue = 1
```

1.6.3 String（文字列）の比較

 ただし、文字列の場合は特殊で、「"」で囲った文字列同士の比較を「==」演算子を使って比較した場合、結果が true になります。これは Java では「"」で囲った文字列を内部で管理していて、「"」で囲った文字列が定義された際は、同じ文字列が持つ参照先アドレスを指すように内部で制御されているためです。

 しかし、String のコンストラクタから作成された場合、内部で管理している文字列とは別に、新たにインスタンスを生成します。結果、参照先のアドレスも異なり、「==」演算子を使って比較すると false となります。そのため、文字列オブジェクトの比較でも「==」の演算子を使うことは避け、equals メソッドを使って比較しましょう。

リスト：RelationalOperator2.java

```java
package jp.co.bbreak.sokusen._1._6;

/**
 * 比較演算のサンプルを実行し、その内容を確認するクラス。
 */
public class RelationalOperator2 {

    /**
     * 比較演算を実行し、その内容を確認します。
     *
     * @param args
     *            プログラムの引数。今回は使いません。
     */
    public static void main(String[] args) {

        // 【1】文字列を「==」演算子で比較した場合
        boolean result = "あいうえお" == "あいうえお";
        System.out.println("【1】¥"あいうえお¥" == ¥"あいうえお¥" → result = "
 + result);

        // 【2】String のコンストラクタから生成されたインスタンスを「==」演算子で比較
した場合
        result = new String("あいうえお") == new String("あいうえお");
        System.out.println("【2】new String(¥"あいうえお¥") == new String(¥"あい
うえお¥") → result = " + result);
    }
}
```

実行結果

```
[1] "あいうえお" == "あいうえお" → result = true
[2] new String("あいうえお") == new String("あいうえお") → result = false
```

1.6.4 型の比較（instanceof 演算子）

　Javaでは対象のデータが、指定したインスタンスかどうかを確認するためのinstanceof演算子が用意されています。
　instanceof演算子は、対象のデータが以下の条件を満たす場合にtrueを返します。

- 指定したクラス
- 指定したクラスを継承したクラス
- 指定したインターフェイスを実装したクラス

　クラスの継承やインターフェイスについては後ほど説明するので、ここでは同じクラスのインスタンスならtrueを返す演算子だと覚えてください。それでは、サンプルで動作を確認してみましょう。

リスト：RelationalOperator3.java

```java
package jp.co.bbreak.sokusen._1._6;

import java.io.Serializable;
import java.math.BigDecimal;

/**
 * 比較演算のサンプルを実行し、その内容を確認するクラス。
 */
public class RelationalOperator3 {

    /**
     * 比較演算を実行し、その内容を確認します。
     *
     * @param args
     *            プログラムの引数。今回は使いません。
     */
    public static void main(String[] args) {
        // [1] 型の比較
        String value = "あいうえお";
        boolean result = value instanceof String;
```

```
        System.out.println("【1】¥"あいうえお¥" instanceof String → result = ↲
 " + result);

        // 【2】継承元クラスとの型の比較
        result = value instanceof Object;
        System.out.println("【2】¥"あいうえお¥" instanceof Object → result = ↲
 " + result);

        // 【3】インターフェイスとの型の比較
        result = value instanceof Serializable;
        System.out.println("【3】¥"あいうえお¥" instanceof Serializable → result = ↲
 " + result);

        // 【4】一致しない型との比較
        Object object = "あいうえお";
        result = object instanceof BigDecimal;
        System.out.println("【4】¥"あいうえお¥" instanceof BigDecimal → result = ↲
 " + result);
    }
}
```

実行結果

```
【1】"あいうえお" instanceof String → result = true
【2】"あいうえお" instanceof Object → result = true
【3】"あいうえお" instanceof Serializable → result = true
【4】"あいうえお" instanceof BigDecimal → result = false
```

1.6.5　論理演算

　論理演算とは、2つの真偽値（true／false）を結合して、trueもしくはfalseを結果として返す演算です。論理演算にはさまざまなものがありますが、業務アプリケーションの開発で主に使われるものは、次の3つです。

- AND：2つの条件が両方ともtrueならばtrueになる演算
- OR：どちらかがtrueならばtrueになる演算
- NOT：trueならfalseに、falseならtrueに結果を反転させる演算

主な論理演算子

　Javaでは、上の論理演算を、演算子として提供しています。

表：論理演算子

論理演算子	意味	概要
&&	AND	左の条件と右の条件の両方が true の場合に true を返す。最初に評価される左の条件が false の場合、結果は false になるので、右の条件は評価しない
||	OR	左の条件と右の条件のどちらかが true の場合に true を返す。最初に評価される左の条件が true の場合、結果は true になるので、右の条件は評価しない
!	NOT	true の値に対して「!」演算子を付けると false になり、false の値のものに対して「!」演算子を付けると true になる

それでは次のサンプルを実行して、論理演算の動作を確認してみましょう。

リスト：LogicalOperator.java

```java
package jp.co.bbreak.sokusen._1._6;

/**
 * 論理演算子のサンプルを実行し、その内容を確認するクラス。
 */
public class LogicalOperator {

    /**
     * 論理演算子を実行し、その内容を確認します。
     *
     * @param args
     *            コマンドライン引数。今回は使いません。
     */
    public static void main(String[] args) {
        // [1]「&&」AND 演算子
        boolean result = true && true;
        System.out.println("[1] true && true → result = " + result);

        result = true && false;
        System.out.println("[1] true && false → result = " + result);

        result = false && false;
        System.out.println("[1] false && false → result = " + result);

        // [2]「||」OR 演算子
        result = true || true;
        System.out.println("[2] true || true → result = " + result);

        result = true || false;
        System.out.println("[2] true || false → result = " + result);

        result = false || false;
```

```java
        System.out.println("[2] false || false → result = " + result);

        // [3]「!」NOT 演算子
        result = !true;
        System.out.println("[3] !true → result = " + result);

        result = !false;
        System.out.println("[3] !false → result = " + result);
    }
}
```

実行結果

```
[1] true && true → result = true
[1] true && false → result = false
[1] false && false → result = false
[2] true || true → result = true
[2] true || false → result = true
[2] false || false → result = false
[3] !true → result = false
[3] !false → result = true
```

1.7 条件分岐

処理によっては、「特定の条件の場合のみ実行する」「繰り返し実行する」など、処理の流れを制御する必要が出てきます。本節では、if 文と switch 文による条件分岐と for 文と while 文による、繰り返しの処理について解説します。

1.7.1 if 文

if 文は、条件によって処理を分岐させたい場合に使われる構文です。if 文は「()」内の条件を評価し、true ならば、その直後のブロックを実行します。ブロックとは、{...} で囲まれた部分のことです*。

また、else if ブロックを使うことで、複数に分岐することもできます。else ブロックは、if／else if で指定されたすべての条件に当てはまらない場合に処理が実行されるものです。if 文の基本的な書式は、以下の通りです。

リスト：if 文（構文）

```
if ( 条件 1) {
   ... 処理 1...
} else if ( 条件 2) {
   ... 処理 2...
} else {
   ... 処理 3...
}
```

この構文では、if の条件 1 が true の場合に処理 1 だけを実行します。もし条件 1 が false の場合は else if の条件 2 を判定し、結果が true なら処理 2 だけを実行します。もし、どの条件にも当てはまらない場合は else ブロックの処理 3 が実行されます。もしも、指定した条件が条件 1 にも条件 2 にも当てはまる場合、先に定義してある条件 1 の処理 1 だけを実行します。

else if／else ブロックは省略することもできます。省略された場合は、if の条件 1 が true の場合にだけ、配下の処理を実行します。false の場合には、if 文で定義された処理は何も実行しません。

---

* ブロックの中ではインデント（字下げ）を付けるのが一般的です。これによって、ブロックの範囲が明確になります。

それでは、具体的なサンプルを見てみましょう。このサンプルを実行する際には、コマンドライン引数を渡します。引数を渡さないと、例外が発生するので注意してください。

リスト：IfStatement.java

```java
package jp.co.bbreak.sokusen._1._7;

/**
 * if文のサンプルを実行し、その内容を確認するクラス。
 */
public class IfStatement {

  /**
   * if文を実行し、その内容を確認します。
   *
   * @param args
   *            int値に変換する文字列が指定されているコマンドライン引数。
   */
  public static void main(String[] args) {
    // 引数の文字列を int 値に変換
    int value = Integer.parseInt(args[0]);

    // [1] if文
    if (value == 0) {
      System.out.println("[1] value は 0");
    } else if (value == 1) {
      System.out.println("[1] value は 1");
    } else {
      System.out.println("[1] value は 0 でも 1 でもない ");
    }
  }
}
```

実行結果はコマンドライン引数の値によって変化します。それぞれの実行結果は、以下の通りです。

リスト：コマンドライン引数に「0」を入力した場合

```
[1] value は 0
```

リスト：コマンドライン引数に「1」を入力した場合

```
[1] value は 1
```

リスト：コマンドライン引数に「2」を入力した場合

【1】value は 0 でも 1 でもない

> **NOTE**　Eclipse でコマンドライン引数を入力する方法
>
> Eclipse からコマンドライン引数を入力するには、以下の手順で実行してください。

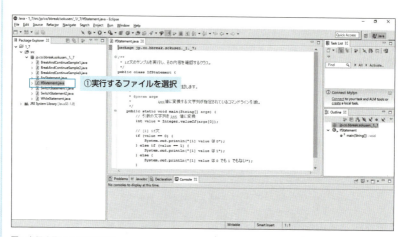

図：実行するファイルの選択

▼

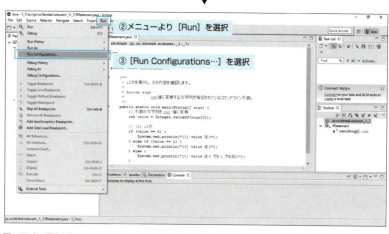

図：デバッグ設定を開く

▼

図：Java アプリケーションを選択

▼

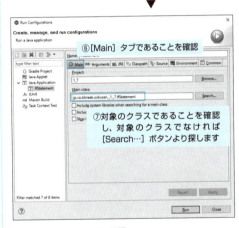

図：対象のクラスであるか確認

▼

図：引数を設定

1.7.2 switch 文

Java のもう 1 つの条件分岐構文が、switch 文です。switch 文の基本的な書式は、以下の通りです。

リスト：switch 文（構文）

```
switch ( 評価値 ) {
  case 値 1:
    ... 処理 1 ...
    break;
  case 値 2:
    ... 処理 2 ...
    break;
  default:
    ... 処理 3 ...
}
```

switch 文は評価値と同じ値が case の値にあると、case 句の配下の処理を実行します。もし、該当する case 値がない場合には、default 句の処理（処理 3）が実行されます。例えば、評価値が値 1 である場合、処理 1 が実行され、最後に、break 文で switch 文の処理を終了します。

評価値に使えるデータの型は、byte ／ char ／ short ／ int ／ enum のいずれか

です。また、Java 7以降では、String型も利用できます。

case句で、処理の末尾に「break;」を記述しているのは、switch文では自動的にブロックを抜ける機能がないためです。そのため、case句ごとにbreak文がない場合、現在のcase句を処理した後も、そのまま次のcase句に処理が移ってしまうのです。その性質を利用するようなケースもありますが、意図したものなのか、単にbreak文を忘れただけなのかが分かりにくくなります。そのような使い方をする場合は、十分に注意してください。

それでは、具体的なサンプルも見てみましょう。

リスト：SwitchStatement1.java

```java
package jp.co.bbreak.sokusen._1._7;

/**
 * switch文のサンプルを実行し、その内容を確認するクラス。
 */
public class SwitchStatement1 {

  /**
   * switch文を実行し、その内容を確認します。
   *
   * @param args
   *              int値に変換する文字列が指定されているコマンドライン引数。
   */
  public static void main(String[] args) {
    // 引数の文字列を int 値に変換
    int value = Integer.valueOf(args[0]);

    // [1] switch文
    System.out.println("■ [1] switch文 -------");
    switch (value) {
    case 0:
      System.out.println("[1] value は 0");
      break;
    case 1:
      System.out.println("[1] value は 1");
      break;
    default:
      System.out.println("[1] value は 0 でも 1 でもない ");
    }
  }
}
```

実行結果は、コマンドライン引数の値によって変化します。それぞれの実行結果は、以下のようになります。

リスト：コマンドライン引数に「0」を入力した場合
```
[1] value は 0
```

リスト：コマンドライン引数に「1」を入力した場合：
```
[1] value は 1
```

リスト：コマンドライン引数に「2」を入力した場合：
```
[1] value は 0 でも 1 でもない
```

　break 文のないサンプルも実行してみましょう。ここでは、コマンドライン引数に「0」を渡します。

リスト：SwitchStatement2.java
```java
package jp.co.bbreak.sokusen._1._7;

/**
 * switch 文のサンプルを実行し、その内容を確認するクラス。
 */
public class SwitchStatement2 {

  /**
   * switch 文を実行し、その内容を確認します。
   *
   * @param args
   *            int 値に変換する文字列が指定されているコマンドライン引数。
   */
  public static void main(String[] args) {
    // 引数の文字列を int 値に変換
    int value = Integer.valueOf(args[0]);

    // [1] switch 文
    switch (value) {
    case 0:
      System.out.println("[1] value は 0");
    case 1:
      System.out.println("[1] value は 1");
    default:
      System.out.println("[1] value は 0 でも 1 でもない ");
```

      }
    }
}
```

実行結果

```
[1] value は 0
[1] value は 1
[1] value は 0 でも 1 でもない
```

このように、case 句に break 文がない場合、該当の case 句で処理が終了せず、それ以降の（本来条件にマッチしていない）case 句まで実行されてしまいます。

1.7.3 for 文

Java で処理を繰り返し実行する場合、for 文を使います。for 文の書式は、以下の通りです。

リスト：for 文（構文）
```
for ( カウンタの初期化 ; 条件 ; カウンタの増減 ){
    ... 任意の処理 ...
}
```

慣例的には、ループ時のカウンタを管理する変数名を「i」とし、以下のように表します。これでループの都度、変数 i が 1 加算され、i が最大値になるまで、for ブロックの処理を実行することになります。

リスト：for 文の例
```
for (int i = 0; i <= 最大値 ; i++) {
    ... 任意の処理 ...
}
```

最初に、「int i = 0」で、変数 i に初期値の 0 を設定しています。
次に「i <= 最大値」で、「変数 i が最大値以下の場合」という条件を設定しています。この条件が true の場合、for 文の中に記述されている処理が実行されます。
その処理が終わると、最後に「i++」でカウンタ変数 i を 1 増加します。
```

その後は、ループが終了するたびに、条件「i <= 最大値」から判定して true の場合は、「i++」と、ブロック内の処理を実行します。false の場合は、for ループを終了します。

なお、変数 i は、定義された for ブロックでのみ有効です。for 文を抜けた後にはアクセスできません。for 文の外で、既に変数 i が定義されている場合は、変数名として i は利用できないので注意してください。

拡張 for 文

カウンタを使わずに、配列や Collection のクラスなどの集合体（後述）に対して、すべての要素を 1 つずつループ内で取得することもできます。その構文を、基本的な for 文と区別して、**拡張 for 文**と呼びます。

リスト：拡張 for 文（構文）

```
for ( 要素 : 集合体 ) {
    ... 任意の処理 ...
}
```

具体的なサンプルも見てみましょう。

リスト：ForStatement.java

```java
package jp.co.bbreak.sokusen._1._7;

/**
 * for 文のサンプルを実行し、その内容を確認するクラス。
 */
public class ForStatement {

    /**
     * for 文を実行し、その内容を確認します。
     *
     * @param args
     *             コマンドライン引数。今回は使いません。
     */
    public static void main(String[] args) {
        // [1] for 文
        System.out.println("------- カウンタでのサンプル -------");
        String stringValue = "あいうえお";
        for (int i = 0; i < stringValue.length(); i++) {
```

```
            System.out.println("[1] " + stringValue.charAt(i));
        }

        System.out.println("------- 配列でのサンプル -------");
        char[] chars = stringValue.toCharArray();
        for (char charValue : chars) {
            System.out.println("[2] " + charValue);
        }
    }
}
```

実行結果

```
------- カウンタでのサンプル -------
[1] あ
[1] い
[1] う
[1] え
[1] お
------- 配列でのサンプル -------
[2] あ
[2] い
[2] う
[2] え
[2] お
```

　toCharArrayメソッドは、文字列を文字配列に変換します。ここでは、拡張for文を使って、文字配列charValueから1文字ずつ取り出しています。配列については、あらためて2.2節で解説します。

1.7.4　while／do-while 文

　繰り返し命令には、for文の他にもwhile文があります。while文の書式は、以下の通りです。

リスト：while文（構文）

```
while ( 条件 ) {
    ... 任意の処理 ...
}
```

　while文は、条件がtrueの間、または、処理の中でbreak／return文が呼ばれ

るまで、ループを繰り返します。

　while 文とよく似た構文に do-while 文もあります。do-while 文の書式は、以下の通りです。

リスト：do-while 文（構文）
```
do {
    ... 任意の処理 ...
} while ( 条件 )
```

　do-while 文と while 文の違いは、while 文の条件判定がループの最初で行われるのに対して、do-while 文ではループの末尾で行われるという点です。

　例えば、以下のような while 文と do-while 文のコードがあった場合、while 文では、条件が最初から false なので一度も処理が実行されません。一方、do-while 文では必ず一度は処理が実行されます。

リスト：while 文と do-while 文の処理
```
// while 文
int value = 0;
while (value < 0) {
    ... 任意の処理 ...
}

// do-while 文
value = 0;
do {
    ... 任意の処理 ...
} while (value < 0);
```

　では、具体的なコードも見ていきます。

リスト：WhileStatement.java
```
package jp.co.bbreak.sokusen._1._7;

/**
 * while 文および do-while 文のサンプルを実行し、その内容を確認するクラス。
 */
public class WhileStatement {

    /**
```

```java
 * while文およびdo-while文を実行し、その内容を確認します。
 *
 * @param args
 *            コマンドライン引数。今回は使いません。
 */
public static void main(String[] args) {
  // [1] while文
  System.out.println("------- [1] while文 -------");
  int value = 0;
  while (value < 3) {
    System.out.println("valueは " + value);
    value++;
  }

  // [2] do-while文
  System.out.println("------- [2] do-while文 -------");
  value = 0;
  do {
    System.out.println("valueは " + value);
    value++;
  } while (value < 3);

  // [3] 条件にマッチしないwhile文
  System.out.println("------- [3] 条件にマッチしないwhile文 -------");
  value = 0;
  while (value < 0) {
    System.out.println("valueは " + value);
    value++;
  }

  // [4] 条件にマッチしないdo-while文
  System.out.println("------- [4] 条件にマッチしないdo-while文 -------");
  value = 0;
  do {
    System.out.println("valueは " + value);
    value++;
  } while (value < 0);
  }
}
```

実行結果

```
------- [1] while文 -------
valueは 0
valueは 1
valueは 2
------- [2] do-while文 -------
valueは 0
```

```
value は 1
value は 2
------- 【3】条件にマッチしない while 文 -------
------- 【4】条件にマッチしない do-while 文 -------
value は 0
```

1.7.5　break ／ continue

　break 文は、for 文や while 文などの繰り返し処理から抜ける場合や、switch 文の処理から抜ける場合に使われます。繰り返しの処理の中で「break;」と記述されている箇所に来ると、それ以降の繰り返しの処理は行わず、ループは終了します。

リスト：break 文

```
for (int i = 0; i < 3; i++) {
  if (i == 1) {
    break;  // i == 1の場合、for 文から抜ける（【A】に処理が移る）
  }
  System.out.println("i=" + i);
}
…それ以降の処理 ...  // 【A】
```

　continue もまた、for 文や while 文などの繰り返し処理の中で使われます。「continue;」と記述されている箇所にくると、現在の周回をスキップし、次の周回に移動します。

リスト：continue 文

```
for (int i = 0; i < 3;  i++  ) {  // 【B】
  if (i == 1) {
    continue;  // i == 1の場合、次の周回へ（【B】の「i++」に処理が移る）
  }
  System.out.println("i=" + i);
}
```

　それでは、具体的なサンプルも確認していきます。

リスト：BreakAndContinueSample1.java

```
package jp.co.bbreak.sokusen._1._7;
```

```java
/**
 * break 文および continue 文のサンプルを実行し、その内容を確認するクラス。
 */
public class BreakAndContinueSample1 {

  /**
   * break 文および continue 文を実行し、その内容を確認します。
   *
   * @param args
   *            コマンドライン引数。今回は使いません。
   */
  public static void main(String[] args) {

    // 変数 i が 1 の場合にループを終了
    System.out.println("------- [1] break -------");
    for (int i = 0; i < 3; i++) {
      if (i == 1) {
        break;
      }
      System.out.println("i=" + i);
    }

    // 変数 i が 1 の場合に現在の周回をスキップ
    System.out.println("------- [2] continue -------");
    for (int i = 0; i < 3; i++) {
      if (i == 1) {
        continue;
      }
      System.out.println("i=" + i);
    }
  }
}
```

実行結果

```
------- [1] break -------
i=0
------- [2] continue -------
i=0
i=2
```

　また、繰り返し構文が入れ子になっている場合、break ／ continue 文は現在のブロックに対して働きます。

リスト：break の動作

```java
for (int i = 0; i < 3; i++) {
  for (int j = 0; j < 3; j++) {
    if (j == 1) {
      break;  // 内側の for 文を break（【C】に処理が移る）
    }
    System.out.println("i=" + i + ", j = " + j);
  }
} // 【C】

for (int i = 0; i < 3; i++) {
  if (i == 1) {
    break;  // 外側の for 文に対して break（【D】に処理が移る）
  }
  for (int j = 0; j < 3; j++) {
    System.out.println("i=" + i + ", j = " + j);
  }
}
... 以降の処理 ...  // 【D】
```

それでは、具体的なサンプルも確認していきます。

リスト：BreakAndContinueSample2.java

```java
package jp.co.bbreak.sokusen._1._7;

/**
 * break 文および continue 文のサンプルを実行し、その内容を確認するクラス。
 */
public class BreakAndContinueSample2 {

  /**
   * break 文および continue 文を実行し、その内容を確認します。
   *
   * @param args
   *            コマンドライン引数。今回は使いません。
   */
  public static void main(String[] args) {

    System.out.println("------- [1] ループが入れ子の場合で内ループでの break ↲
-------");
    for (int i = 0; i < 3; i++) {
      for (int j = 0; j < 3; j++) {
        if (j == 1) {
          System.out.println("j == 1 の時 break");
          break;
```

```
      }
      System.out.println("i = " + i + ", j = " + j);
    }
  }

  System.out.println("------- [2] ループが入れ子の場合で内ループでのcontinue ↴
-------");
  for (int i = 0; i < 3; i++) {
    for (int j = 0; j < 3; j++) {
      if (j == 1) {
        System.out.println("j == 1の時 continue");
        continue;
      }
      System.out.println("i = " + i + ", j = " + j);
    }
  }

  System.out.println("------- [3] ループが入れ子の場合で外ループでのbreak ↴
-------");
  for (int i = 0; i < 3; i++) {
    if (i == 1) {
      System.out.println("i == 1の時 break");
      break;
    }
    for (int j = 0; j < 3; j++) {
      System.out.println("i = " + i + ", j = " + j);
    }
  }

  System.out.println("------- [4] ループが入れ子の場合で外ループでのcontinue ↴
-------");
  for (int i = 0; i < 3; i++) {
    if (i == 1) {
      System.out.println("i == 1の時 continue");
      continue;
    }
    for (int j = 0; j < 3; j++) {
      System.out.println("i = " + i + ", j = " + j);
    }
  }
 }
}
```

実行結果

```
------- [1] ループが入れ子の場合で内ループでのbreak -------
i = 0, j = 0
j == 1 の時 break
```

```
i = 1, j = 0
j == 1 の時 break
i = 2, j = 0
j == 1 の時 break
-------【2】ループが入れ子の場合で内ループでの continue -------
i = 0, j = 0
j == 1 の時 continue
i = 0, j = 2
i = 1, j = 0
j == 1 の時 continue
i = 1, j = 2
i = 2, j = 0
j == 1 の時 continue
i = 2, j = 2
-------【3】ループが入れ子の場合で外ループでの break -------
i = 0, j = 0
i = 0, j = 1
i = 0, j = 2
i == 1 の時 break
-------【4】ループが入れ子の場合で外ループでの continue -------
i = 0, j = 0
i = 0, j = 1
i = 0, j = 2
i == 1 の時 continue
i = 2, j = 0
i = 2, j = 1
i = 2, j = 2
```

繰り返し構文にラベルを設定することで、break／continue 文による移動先を指定することもできます。ラベル名に使える文字は識別子と同じです。対象の制御文の前に「ラベル名」＋「:」（コロン）の書式で設定します。

リスト：ラベル

```java
label: for (int i = 0; i < 3; i++) {  // 【E】
  for (int j = 0; j < 3; j++) {
    if (j == 1) {
      break label;  // 指定したラベルの for 文に対して break（【E】に処理が移る）
    }
    System.out.println("i = " + i + ", j = " + j);
  }
}
```

それでは、具体的なサンプルも確認していきます。

リスト：BreakAndContinueSample3.java

```java
package jp.co.bbreak.sokusen._1._7;

/**
 * break 文および continue 文のサンプルを実行し、その内容を確認するクラス。
 */
public class BreakAndContinueSample3 {

  /**
   * break 文および continue 文を実行し、その内容を確認します。
   *
   * @param args
   *            コマンドライン引数。今回は使われません。
   */
  public static void main(String[] args) {
    System.out.println("------- [1] ラベルありループでの break -------");
    label: for (int i = 0; i < 3; i++) {
      for (int j = 0; j < 3; j++) {
        if (j == 1) {
          System.out.println("j == 1 の時 label に対して break");
          break label;
        }
        System.out.println("i = " + i + ", j = " + j);
      }
    }

    System.out.println("------- [2] ラベルありループでの continue -------");
    label: for (int i = 0; i < 3; i++) {
      for (int j = 0; j < 3; j++) {
        if (j == 1) {
          System.out.println("j == 1 の時 label に対して continue");
          continue label;
        }
        System.out.println("i = " + i + ", j = " + j);
      }
    }
  }
}
```

実行結果

```
------- [1] ラベルありループでの break -------
i = 0, j = 0
j == 1 の時 label に対して break
------- [2] ラベルありループでの continue -------
i = 0, j = 0
j == 1 の時 label に対して continue
```

```
i = 1, j = 0
j == 1 の時 label に対して continue
i = 2, j = 0
j == 1 の時 label に対して continue
```

1.7.6　return 文

　return 文は、メソッドを終了させるために利用します。戻り値が必要な場合は、return 文に戻り値を指定しますし、戻り値がない（= void である）場合は、単に「return;」と記述します。

　ただし、戻り値がなく、メソッドを途中で終わらせる必要がない場合は return 文は不要です。その場合は、末尾まで到達した時にメソッドは終了します。

1.8 クラスとインターフェイス

本節では、クラスとインターフェイスについて説明します。

クラスは、これまで何度もサンプルプログラムとして登場しているので、書き方はだいたい理解できていると思います。しかし、Javaではなぜクラスという概念が存在し、どのような機能を持っているのかという重要な部分は、まだ解説していません。

本節では、決められた文法を守るだけであったプログラミングからステップアップして、Javaらしいプログラミングができるようになることを目的とします。

1.8.1 オブジェクト指向構文

今まで学んできたJavaはオブジェクト指向プログラミング言語です。そのため、オブジェクト指向でプログラムを書くために必要な機能が多く提供されています。クラスやインターフェイスの文法を解説する前に、その考え方のもととなったオブジェクト指向の概念について簡単に解説します。

オブジェクト指向とは

オブジェクト指向とは、実世界のモノをプログラムとして表現するための考え方のことです。この考え方に従ってプログラミングをすると読みやすく、無駄のないプログラムが書けるようになります。

今までの章で学んだ文法だけでも、動くプログラムは作成できます。しかし、ソフトウェア開発の現場では、多くの人が同時にプログラムを作成していきます。その中で自分で好き勝手にプログラムを書くよりも、一定のルールに従って書いた方が、後で他の人がプログラムを読む際の労力が少なくなります。楽にソフトウェア開発をするために、オブジェクト指向を学びましょう。

オブジェクト

オブジェクト指向では、実世界のモノをプログラムの世界で定義するために「モ

ノが持つ属性と振る舞い」を設定し、オブジェクトというものを作成します。属性とはそのモノが持つ情報、振る舞いとはモノが起こす行動を意味します。

会社にいる社員を例にとって、オブジェクトの設計を考えましょう。社員オブジェクトを、次のように定義します。

図：社員オブジェクト

社員は社員名、役職を属性として、出勤、退勤、仕事を振る舞いとして持つとしてオブジェクトとして設計します。これで、実世界の社員をプログラムの世界で表現できるようになります。

カプセル化

カプセル化とは、オブジェクトが持つ属性や振る舞いに対する外部からの呼び出しを制限することです。属性の値を決められた方法でしか書き換えられないようにルールを決めたり、振る舞いの呼び出し元を制限します。

先ほどの社員オブジェクトを使って、カプセル化を解説します。

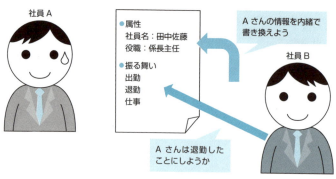

図：名前や役職を外から変更できた場合

例えば、社員オブジェクトの名前や役職の属性を制限なく自由に変えられるとすると、会社は大混乱です。名前や役職は、決められた手続きを経てから変更されるようになるべきです。また、出勤や退勤などの振る舞いも自分自身以外でも実行できるとしたら（誤って他人の出勤／退勤処理をしてしまったら）、正確な勤務状況が分からなくなります。

　プログラムにおいても、このような混乱やミスをなくすために、カプセル化によって呼び出し元を制限することが必要です。

継承

　継承（**インヘリタンス**とも呼びます）とは、既に存在するクラスの属性や振る舞いを引き継ぎ、新しく定義するクラスの一部とするしくみのことです。

　継承によって、同じようなクラスを定義する場合にも、

- 共通した部分をあらためて定義する必要がなくなる
- 共通する部分が変更となった場合に修正が1回で済む

などの利点があります。

　具体例として、社員クラスを使って継承を解説します。名前と役職を属性に持つ社員クラスに、シフトという属性を追加したアルバイトクラスを作成したいとします。

図：社員とアルバイトクラス

　この2つのクラスをプログラムとして作成する場合、既に存在する社員クラスをコピー＆ペーストしてアルバイトクラスを作成する方法もありますが、継承という

しくみを使った方が、先に挙げたような理由から利点が得られます。

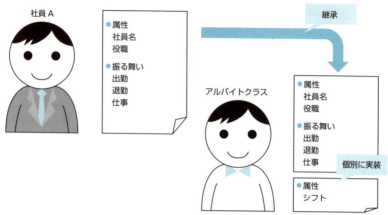

図：継承

多態性

　多態性（**ポリモーフィズム**、**多様性**とも呼びます）とは、いくつかのオブジェクトの共通する属性や振る舞いを抽出して1つのオブジェクトを作成することです。多態性を使うことで、共通する属性や振る舞いを持つオブジェクトをひとまとめにして使用できます。
　社員オブジェクトを使用して、多態性を解説します。会社には、いろいろな社員がいます。

図：いろいろな社員

　それらをすべて別のオブジェクトとして定義すると、以下のようになります。

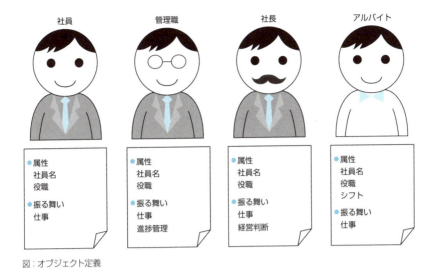

図：オブジェクト定義

　このように似たようなオブジェクトを作成した場合、すべての社員に仕事をするように命令を出すためには、次のように命令しなければなりません。

図：同じ命令を何回もする必要がある

　すべてのオブジェクトを指定して命令するのは非常に面倒です。
　例えば、更に派遣社員オブジェクト、出向社員オブジェクトなどが追加になるたびに、命令はどんどん長くなっていきます。このような場合に多態性が効力を発揮

します。

　多態性を使うには、クラスの共通する属性や振る舞いを抽出して、1つのクラスを作成する必要があります。今回使ったクラスをあらためて見ると、同じ名前の属性と振る舞いが共通して存在することに気が付きます。

図：共通する属性と振る舞い

　この共通した属性と振る舞いを抽出して、新たに社員オブジェクトを作成します。

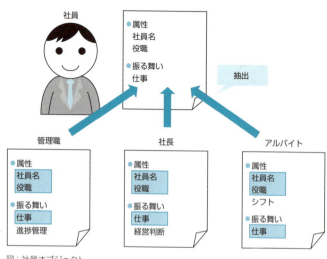

図：社員オブジェクト

社員オブジェクトには、社員として必ず持っている属性や振る舞いを定義しています。社長は社員の一種である、もしくは、管理職は社員の一種であるといった関係になります。このような関係をis-a関係と呼びます。

　このように多態性を利用して社員オブジェクトを定義すると、先ほどの「全社員に仕事をするように」と命令を出す場合に、次のように表せます。

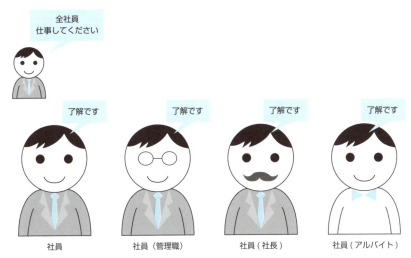

図：社員オブジェクトの定義後

　命令がだいぶ短くなりました。社員の種類が増えても、社員の一種であるため、命令も変わりません。これが多態性の利点です。

1.8.2　Java言語でのカプセル化

　カプセル化とは、クラスが持つ属性や振る舞いの呼び出しを制限することです。これをJavaで実装するには、アクセス修飾子を使います。

　アクセス修飾子はクラス／フィールド／メソッドの定義に付与することで、外部（他のクラス）からの呼び出しを制限します。

 1.8.3　Java 言語での継承

　継承とは、既に存在するクラスの属性や振る舞いを引き継ぎ、新しく定義するクラスの一部とするしくみのことです。この継承の概念を Java で実装するには、クラスを宣言する際に、extends というキーワードを使って継承するクラスを指定します。

既存クラスの継承

　既存のクラスを継承して新しいクラスを作ります。まず、既存のクラスとして、名前と役職を属性に持つ Employee（社員）クラスを用意します。

リスト：Employee.java

```java
package jp.co.bbreak.sokusen._1._8._3;

public class Employee {
  // 社員名
  private String name;
  // 役職
  private String position;

  // 社員名のゲッタ*
  public String getName() {
    return name;
  }

  // 役職のゲッタ
  public String getPosition() {
    return position;
  }

  // 社員名のセッタ
  public void setName(String name) {
    this.name = name;
  }

  // 役職のセッタ
  public void setPosition(String position) {
    this.position = position;
  }

  // 出勤メソッド
```

---

*　フィールド値を取得するためのメソッドをゲッタ（Getter）、設定するためのメソッドをセッタ（Setter）と言います。

```java
  public void clockIn() {
    System.out.println(this.name + "出勤しました");
  }

  // 退勤メソッド
  public void clockOut() {
    System.out.println(this.name + "退勤しました");

  }

  // 仕事メソッド
  public void work() {
    System.out.println(this.position + "です。仕事します");
  }
}
```

この Employee クラスを継承して、シフトという属性を追加した PartTime（アルバイト）クラスを作成します。

リスト：PartTime.java

```java
package jp.co.bbreak.sokusen._1._8._3;

public class PartTime extends Employee {
  // シフト
  private String shift;

  // シフトのゲッタ
  public String getShift() {
      return shift;
  }

  // シフトのセッタ
  public void setShift(String shift) {
    this.shift = shift;
  }
}
```

社員クラスとアルバイトクラスを、それぞれ実行用のクラスで実行します。具体的なコードと実行結果は、以下の通りです。

リスト：Company.java

```java
package jp.co.bbreak.sokusen._1._8._3;
```

```java
public class Company {
  public static void main(String[] args) {
    // 社員クラスのインスタンスを生成
    Employee emp = new Employee();
    // アルバイトクラスのインスタンスを生成
    PartTime part = new PartTime();

    // 役職名を格納
    emp.setPosition(" 一般社員 ");
    part.setPosition(" アルバイト ");

    // 仕事
    emp.work();
    part.work();
  }
}
```

実行結果

```
一般社員です。仕事します
アルバイトです。仕事します
```

　このように社員クラスとの差分であるシフト属性を定義しただけで、社員クラスの機能をもったアルバイトクラスを作成できました。継承元の社員クラスのことを**親クラス**、または**スーパークラス**といい、継承して新しく作成したクラスのことを**子クラス**、または**サブクラス**といいます。

メソッド定義の上書き

　親クラスのフィールドやメソッドを、子クラスでもそのまま使えるという利点を学びました。継承では、その他にも親クラスのメソッド定義を上書きして、別の動作を子クラスで再定義できます。この再定義のことを**オーバーライド**と呼びます。
　オーバーライドの例を、以下に示します。

リスト：PartTime.java（一部抜粋）

```java
public class PartTime extends Employee {
  ... 中略 ...
  // 社員クラスのメソッドをオーバーライド
  public void work() {
    System.out.println(getPosition() + " です。シフトの間、仕事します ");
```

```
    }
}
```

実行結果（実行用クラスで実行した結果）

```
一般社員です。仕事します
アルバイトです。シフトの間、仕事します
```

継承の禁止

　クラスの宣言に final 修飾子を付けることで、そのクラスは継承できなくなります。また、メソッドの宣言にも final を付けることができます。この場合は、メソッドのオーバーライドができなくなります。もし、final が付いたクラスを継承しようとした場合は、コンパイラでエラーが出ます。

リスト：Employee.java（一部抜粋）

```
public final class Employee {
```

実行結果（エラー）

```
型 ExEmployee は final クラス Employee をサブクラス化できません
```

親クラスのフィールド／メソッドの呼び出し

　親クラスを継承した子クラスでは、親クラスのフィールドやメソッドを呼び出すこともできます。親クラスのフィールド名／メソッド名に super というキーワードを付けて利用します。具体的な例は、以下の通りです。

リスト：PartTime.java（一部抜粋）

```
public class PartTime extends Employee {
  ... 中略 ...
  // 社員クラスのメソッドを呼び出す
  public void empWork() {
    super.work();
  }
}
```

リスト：Company.java

```java
public class Company {
  public static void main(String[] args) {
    // アルバイトクラスのインスタンスを生成
    PartTime part = new PartTime();

    // 役職名を格納
    part.setPosition("アルバイト");

    // 仕事
    part.work();
    part.empWork();
  }
}
```

実行結果

```
アルバイトです。シフトの間、仕事します
アルバイトです。仕事します
```

empWork メソッド経由で、親クラスの work メソッドを呼び出せていることが確認できます。

 ## 1.8.4　継承とコンストラクタ

親クラスを継承した子クラスでのコンストラクタは、通常のコンストラクタとは動きが違うので、注意が必要です。

子クラスのコンストラクタの動作

まずは、具体的なコードで動作を確認してみましょう。

リスト：Parent.java（親クラス）

```java
package jp.co.bbreak.sokusen._1._8._4;

public class Parent {
  Parent() {
    System.out.println("親クラスのコンストラクタです");
  }
}
```

リスト：Child.java（子クラス）

```java
package jp.co.bbreak.sokusen._1._8._4;

public class Child extends Parent{
  Child() {
    System.out.println("子クラスのコンストラクタです ");
  }
}
```

リスト：Main.java(実行クラス)

```java
package jp.co.bbreak.sokusen._1._8._4;

public class Main {
  public static void main(String[] args) {
    Child child = new Child();
  }
}
```

実行結果

```
親クラスのコンストラクタです
子クラスのコンストラクタです
```

　ここで注目してほしいのは、子クラスのコンストラクタしか呼び出していないのに、親クラスのコンストラクタが実行されている点です。

　継承した子クラスでは、まず、親クラスのコンストラクタが実行され、その後に子クラスのコンストラクタが実行されます。この実行の順番は、Javaの仕様として決まっており、変更することはできません。

　また、先ほど紹介した子クラスのコンストラクタは省略した書き方で、コンパイラで自動的に補完された処理があります。省略せずに記載すると、次のようになります。

リスト：Child.java（子クラス）

```java
public class Child extends Parent{
  Child() {
    super();
    System.out.println("子クラスのコンストラクタです ");
  }
}
```

コンストラクタの1行目に「super()」という記述が増えています。

これは、親クラスのコンストラクタを呼び出しなさいという意味です。引数なしのコンストラクタを呼び出す時は、「super()」の記述を省略できます。引数付きのコンストラクタを呼び出す時は、「super(引数)」という形で、明示的に呼び出しが必要です。

子クラスのコンストラクタでは、先に親クラスのコンストラクタが呼び出されるのが Java の仕様であると説明しました。そのため、「super()」という記述を明示する場合には、必ず子コンストラクタの先頭に書かなければなりません。それ以外の場所に記述した場合は、コンパイラでエラーとなります。

リスト：Child.java

```java
public class Child extends Parent{
  Child() {
    System.out.println("子クラスのコンストラクタです");
    super();
  }
}
```

実行結果（エラー）

```
コンストラクタ呼び出しは、コンストラクタ内の最初のステートメントである必要があります
```

コンストラクタは継承されない

継承では、親クラスのフィールドやメソッドを、子クラスからでもアクセスできました。しかし、親クラスで定義された引数があるコンストラクタを、そのまま子クラスで使うことはできません。例えば、以下のようなプログラムは、コンパイラエラーとなります。

リスト：Parent.java（親クラス）

```java
public class Parent {
  Parent(String greet) {
    System.out.println(greet + "親クラスの引数付きコンストラクタです。");
  }
}
```

リスト：Child.java（子クラス）

```java
public class Child extends Parent{
}
```

リスト：Main.java（実行用クラス）

```java
public class Main {
  public static void main(String[] args) {
    Child child = new Child(" こんにちは。 ");
  }
}
```

実行結果（エラー）

```
コンストラクタ Child(String) は未定義です
```

　子クラスでも、引数があるコンストラクタを使う場合には、あらためて宣言をする必要があります。

1.8.5　Java 言語での多態性

　多態性とは、いくつかのオブジェクトの共通する属性や振る舞いを抽出して1つの集合を作成することです。この多態性を Java で実装するしくみとして、抽象クラスとインターフェイスがあります。

抽象クラス

　抽象クラスとは、抽象メソッドを含むクラスのことです。**抽象メソッド**とは、名前／型／引数だけを定義したメソッドのことです。abstract という修飾子を付けて宣言します。
　以下に、具体例を示します。

リスト：AbstractClassSample.java

```java
package jp.co.bbreak.sokusen._1._8._5;

// 抽象メソッドを持つクラスは抽象クラスとする
public abstract class AbstractClassSample {
  // 抽象メソッド
```

```
    abstract String sampleMethod(int i);
}
```

　抽象メソッドは、自分自身では定義を持ちません。処理そのものを持たないので、処理本体は子クラスで定義しなければなりません。また、抽象メソッドを含んだクラスには、抽象クラスであることを示すために、abstract 修飾子を付与する必要があります。

リスト：抽象クラス／メソッドの宣言（構文）
```
アクセス修飾子 abstract class クラス名 {
  アクセス修飾子 abstract 戻り値の型 メソッド名 ( 引数 );
  ... その他のメソッド／フィールド ...
}
```

抽象クラスの利用

　もう少し具体的な例を挙げてみます。
　以下は、

- フィールドに「名前」（name）
- メソッドに「名前」のゲッタ／セッタ、「返事」（echo）

を持つ Employee（社員）抽象クラスの例です。名前のゲッタ／セッタは、処理を持つ普通のメソッドです。返事メソッドは抽象メソッドとして定義します。

リスト：Employee.java
```
package jp.co.bbreak.sokusen._1._8._5;

public abstract class Employee {
  private String name;

  // 名前のゲッタ
  public String getName() {
    return name;
  }

  // 名前のセッタ
  public void setName(String name) {
```

```
    this.name = name;
  }

  // 返事メソッド
  public abstract void echo();
}
```

更に、Employee クラスを継承した、Manager（管理職）クラスと PartTime（アルバイト）クラスを作成し、echo メソッドの処理をそれぞれ定義します。

リスト：Manager.java

```
package jp.co.bbreak.sokusen._1._8._5;

public class Manager extends Employee {
  // 返事メソッドの実装
  public void echo() {
    System.out.println("管理職です。");
  }
}
```

リスト：PartTime.java

```
package jp.co.bbreak.sokusen._1._8._5;

public class PartTime extends Employee {
  // 返事メソッドの実装
  public void echo() {
    System.out.println("アルバイトです。");
  }
}
```

Manager ／ PartTime クラスを実行するためのクラスを作成します。

社員クラスを 2 つ宣言し、管理職クラスのインスタンスとアルバイトクラスのインスタンスをそれぞれ代入します。今までのクラスのインスタンスの代入と違い、右辺と左辺のクラス名が違う点に違和感があるかもしれません。しかし、抽象クラスではこのような記述が可能です。Manager ／ PartTime クラスは、Employee クラスの一種とイメージすると、理解しやすいと思います。

リスト：Main.java

```
package jp.co.bbreak.sokusen._1._8._5;
```

```java
public class Main {
  public static void main(String[] args) {
    Employee employee1;
    Employee employee2;

    // 1つ目は管理職
    employee1 = new Manager();
    // 2つ目はアルバイト
    employee2 = new PartTime();

    // 返事メソッドの実行
    employee1.echo();
    employee2.echo();
  }
}
```

実行結果

```
管理職です。
アルバイトです。
```

同じ Employee クラスの echo メソッドですが、実行結果が異なります。Employee クラスの宣言時点では、管理職かアルバイトか動作が確定していませんでしたが、後からクラスを指定することで動作を変えることができたのです。

抽象メソッドは必ず実装する必要がある

抽象クラスを継承した場合、そのクラスに含まれる抽象メソッドは必ず実装しなければなりません。実装しなかった場合は、コンパイラでエラーとなります。

先ほど紹介した Employee クラスを継承した President（社長）クラスを作った時に、返事メソッドを実装しないと、以下のようなエラーが出力されます。

リスト：President.java

```java
public class President extends Employee {
  // 社長は返事を実装しない
}
```

実行結果（エラー）

```
型 President は継承された抽象メソッド Employee.echo() を実装する必要があります
```

この特徴は必ず実装する義務を負ったようで、デメリットのように見えるかもしれません。しかし、プログラムを複数人で作るような会社の現場においては、親の抽象クラスで子クラスに実装してほしいメソッドを抽象メソッドとして定義しておくことで、他の人が作成する子クラスでも、必ずそのメソッドを実装してもらえます。

言語の仕様として、このようなしくみが実装されていることによって、人と人の間で同じような約束事をするよりも、より確実に正しい動作のプログラムを作成できます。

1.8.6 インターフェイス

インターフェイスとは、抽象メソッドのみを持つクラスのようなものです。実際の処理はインターフェイスを実装したクラスで定義します。以下に、例を示します。

リスト：InterfaceSample.java

```
package jp.co.bbreak.sokusen._1._8._6;

public interface InterfaceSample {
  abstract String sampleMethod1();
  abstract String sampleMethod2(int num);
}
```

以下は、その構文です。インターフェイスは、classではなく、interfaceキーワードで宣言します。

リスト：インターフェイスの宣言（構文）

```
アクセス修飾子 interface インターフェイス名 {
  抽象メソッド
}
```

抽象クラスでは、継承によって実際の処理を定義しましたが、インターフェイスではimplements（実装）というキーワードを使って、実際の処理を定義します。

リスト：ImplementsSample.java

```
package jp.co.bbreak.sokusen._1._8._6;

public class ImplementsSample implements InterfaceSample {
```

```java
  public String sampleMethod1() {
    return "サンプル1";
  }

  public String sampleMethod2(int num) {
    return "サンプル2";
  }
}
```

インターフェイスの利用

では、もう少し具体的なサンプルをみてみましょう。メソッドにecho（返事）を持つ、Employee（社員）インターフェイスを作ります。

リスト：Employee.java

```java
package jp.co.bbreak.sokusen._1._8._6;

public interface Employee {
  // 返事メソッド
  public abstract void echo();
}
```

Employeeインターフェイスを実装するために、Manager（管理職）クラスとPartTime（アルバイト）クラスを作成し、echoメソッドの処理を定義します。

リスト：Manager.java

```java
package jp.co.bbreak.sokusen._1._8._6;

public class Manager implements Employee {
  // 返事メソッドの実装
  public void echo() {
    System.out.println("管理職です。");
  }
}
```

リスト：PartTime.java

```java
package jp.co.bbreak.sokusen._1._8._6;

public class PartTime implements Employee {
  // 返事メソッドの実装
```

```
  public void echo() {
    System.out.println("アルバイトです。");
  }
}
```

　Manager／PartTimeクラスを実行するためのクラスを作成します。Employeeクラスを2つ宣言し、ManagerクラスのインスタンスとPartTimeクラスのインスタンスをそれぞれ代入します。

リスト：Main.java

```
package jp.co.bbreak.sokusen._1._8._6;

public class Main {
  public static void main(String[] args) {
    Employee employee1;
    Employee employee2;

    // 1つ目は管理職
    employee1 = new Manager();
    // 2つ目はアルバイト
    employee2 = new PartTime();

    // 返事メソッドの実行
    employee1.echo();
    employee2.echo();
  }
}
```

実行結果

```
管理職です。
アルバイトです。
```

1.8.7　委譲

　継承と似た実装方法として、**委譲**という実装方法があります。メソッドの処理を、他のクラス内のメソッドの処理を利用して実装するという手法です。処理の実装を他のクラスに譲るというイメージを持つと、委譲という名前がしっくりくると思います。

　継承では親クラスのメソッドを自分のクラスに継承することで、自分のクラスで

処理を実装する手間を減らしていました。委譲では、他のクラスのメソッドを使うことで実装する手間を減らしています。継承と委譲どちらでも同じ処理を実装できますが、特に委譲を使う必要があるのは、2つ以上のクラスを継承する（**多重継承**と呼びます）必要があるような子クラスを作る場合です。

　Javaの仕様として、多重継承は禁止されており、子クラスを作成する時に一度に継承できるクラスは1つまでと決まっています。このような場合、委譲を使って実装をします。

　実際に委譲を使って、Manager（管理職）クラスを作成します。Employee（社員）クラスの実装を使って、Managerクラスのメソッドを定義します。

リスト：Employee.java

```java
package jp.co.bbreak.sokusen._1._8._7;

public class Employee {
  // 返事メソッド
  public void echo() {
    System.out.println("社員です。");
  }
}
```

リスト：Manager.java

```java
package jp.co.bbreak.sokusen._1._8._7;

public class Manager {
  // 社員クラスのインスタンスを生成
  Employee employee = new Employee();

  // 返事クラス
  public void echo() {
    // 実装に社員クラスの返事メソッドを使う
    employee.echo();
  }
}
```

　Managerクラスの中でEmployeeクラスのインスタンスを作成して、echoメソッドを呼び出しています。定義としてはManagerクラスのメソッドですが、中身はEmployeeクラスのメソッドを使っています。これが委譲という実装手法です。

　実行用クラスを作成して、Managerクラスのechoメソッドを実行した結果は、以下の通りです。

リスト：Main.java

```java
package jp.co.bbreak.sokusen._1._8._7;

public class Main {
  public static void main(String[] args) {
    // 管理職クラスのインスタンスの作成
    Manager manager = new Manager();

    // 返事メソッドの実行
    manager.echo();
  }
}
```

実行結果

社員です。

1.8.8　継承と委譲のデメリット

　ここまで、継承／委譲を使うことによるメリットを紹介してきました。しかし、これらのしくみは便利な半面、正しく使わないと、思わぬ落とし穴にはまることとなります。そんな継承／委譲のデメリットをいくつか紹介します。

継承の階層が深いと処理が追いにくい

　処理のすべてを書くことなく、親クラスの差分のみを実装すればよい継承は、非常に便利です。半面、後でコードを読み解こうとした時には、親クラスの処理まで見に行かないといけないため、手間がかかります。例を、以下に示します。

リスト：President.java

```java
package jp.co.bbreak.sokusen._1._8._8;

public class President extends Employee {
  // 演説メソッド
  public void speech() {
    System.out.println("皆さん頑張りましょう。");
  }

  public static void main(String[] args) {
    // 管理職クラスのインスタンスの作成
```

```
    President president = new President();

    // 名前のセット（setName の動作が分からない）
    president.setName(" 田中 ");

    // 役職のセット（setPosition の動作が分からない）
    president.setPosition(" 社長 ");

    // 返事メソッドの実行（echo の動作が分からない）
    president.echo();

    // 演説メソッドの実行
    president.speech();
  }
}
```

実行結果

```
田中社長です。
皆さん頑張りましょう。
```

　このクラスを読むだけで、どのような処理が実装されているのかを理解するのは難しいと思います。継承している親クラスの処理を読む必要があります。

　そこで継承元の親クラスを読みに行った結果、その親クラスも他のクラスを継承している子クラスで、そこでも処理が実装されていません（動作が分からない）。このようなことが継承を正しく使っていないクラスでは起こります。

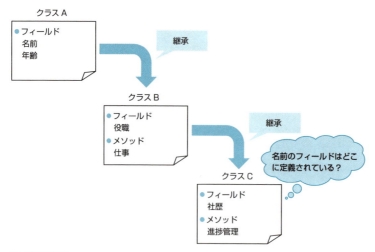

図：継承の階層

継承の階層をあまり深くしないこと、継承されたくないクラスには final を使って継承を禁止するなど、実装上の工夫が必要です。

親クラスの修正の影響が子クラスに及ぶ

親クラスのフィールドやメソッドを変更する場合、その影響は継承をしている子クラスに及びます。例えば、親クラスのメソッドを削除した場合、継承でそのメソッドを実装に使っている子クラスは、そのままではコンパイルエラーとなります。

親クラスのメソッドを変更した場合、親クラス自体が意図した通りに動作するかを確認するのはもちろんですが、子クラスも変更の影響がないかを確認する必要が出てきます。この確認作業は、継承している子クラスが多ければ多いほど大変になります。

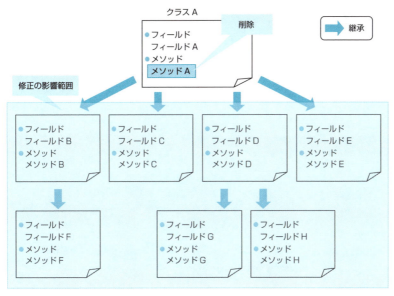

図：親クラスを修正した時の影響

ここでは、継承を例にとっていますが、委譲も同様です。委譲による実装で親クラスのフィールド／メソッドが変更になった場合は、子クラスにも影響が及びます。

1.9 総称型

総称型（ジェネリクスとも呼びます）とは、クラスの中で用いられる型を定義するためのしくみで、型安全を実現するものです。総称型は、List や Map、Set などの集合体とも深く絡むので、2.3 節も併せて参照してください。

本節では、この総称型そのものについて、詳しく見ていきます。

1.9.1 総称型が登場する前

総称型は Java 5 で導入された記法です。総称型が登場する前の集合体の使い方と比較して見てみましょう。まずは、総称型が導入される前の例を、以下に示します。

リスト：総称型を導入する前

```java
// リストの宣言
List list = new ArrayList();

// 要素を追加
list.add(13);

// 要素の取り出し（int 型に変換）
int num = (Integer)list.get(0);
```

次は、総称型が導入された後の例です。

リスト：総称型の導入後

```java
// リストの宣言
List<Integer> list = new ArrayList<Integer>();

// 要素を追加
list.add(13)

// 要素の取り出し
int num = list.get(0);
```

比較すると分かりやすいと思いますが、総称型では、本来の型の直後に「＜型＞」

という書き方をします。これによって、その ArrayList は、指定した型だけが挿入できるリストになります。ここで指定する型は、int や double などの基本型ではなく、Integer や Double など基本型に対応する**ラッパークラス**を使います。

表：主な基本型とラッパークラス

基本型	ラッパークラス
int	Integer
long	Long
double	Double
boolean	Boolean

総称型を導入することで、何が変わったのでしょうか。

導入前後で記述を比較すると、総称型を導入する前の処理は、値の取り出しにキャスト（型変換）を使っています。キャストとは、式の前に「(型名)」と指定することで、型を変換するしくみのことです。キャストが必要な理由は add メソッドで格納した値は、もとがどのような型であっても Object 型[*]となるためです。取り出しの時に、格納時と同じ型になるよう、キャストする必要があります。

キャストという処理は、異なる型の値を自分が指定した通りの型として取り出せる便利な機能ですが、リストの取り出しに関しては落とし穴があります。

それは、格納する値には、型を指定していないという点です。型を指定しないということは「格納しようとすればどのような型でも格納できてしまう」ということです。具体例を挙げてみましょう。

リスト：GenericsError.java

```java
package jp.co.bbreak.sokusen._1._9._1;

import java.util.*;

public class GenericsError {

  public static void main(String[] args) {
    // int 型を格納するつもりのリスト
    List integerList = new ArrayList();

    // 要素を追加（int 型）
    integerList.add(13);
```

---

[*]　すべてのクラスの親クラスです。

```
    // 要素を追加（間違えて String 型を格納）
    integerList.add("りんご");

    // 要素の取り出し（Integer でキャスト）
    int num = (Integer)integerList.get(0);

    // 要素の取り出し（String 型が入っていると知らず、Integer でキャスト）
    int fruits = (Integer)integerList.get(1);
  }
}
```

実行結果（エラー）

```
Exception in thread "main" java.lang.ClassCastException: java.lang.↴
String cannot be cast to java.lang.Integer
  at GenericsError.main(GenericsError.java:19)
```

このプログラムを実行すると、エラーが発生します。

最初、int 型の値を格納するつもりで宣言した IntegerList ですが、プログラムとしてはどんな型でも格納できてしまいます。途中で間違えて格納した「りんご」という文字列は、数値型にキャストできません。ここで、エラーが発生しています。

このようなエラーはコンパイルでは検知できずに、実行時に検知されます。実行時のエラーとコンパイル時のエラーは、あまり違いがないように思えるかもしれませんが、実は大きな違いがあります。

今回は行数が少ない小さなクラスでしたが、これがもっと大きく複雑なクラスで起きた場合、エラー原因の特定は難しくなります。どこで想定した型と違う型の値が入るのかを、膨大な処理の中から探さなくてはなりません。

もしも、運悪くテスト段階では実行時エラーが発生せずに、潜在的な欠陥を含んだまま製品として販売してしまったとしたら、これは非常に怖いですね。このような理由から、プログラムのミスはなるべく実行時エラーとしての検知ではなく、コンパイル時の検知とした方がよいとされています。

このような不都合があるため、総称型のような型を指定するしくみが必要とされました。総称型では、あらかじめ格納する値の型が決められているので、もしも間違った型を格納した場合には、コンパイル時にエラーが発生します。

1.9.2 型安全

総称型によって型を指定することで、コレクションに想定と異なる型の値が格納されることをコンパイル時に検知できるようになります。型を指定することによって、型によるミスを防ぐことができる状態を**型安全**といいます。

総称型は、コレクションクラスを型安全の状態にするために導入されたともいえます。

1.9.3 総称型をクラス定義に使う

総称型はコレクションクラスのためだけのしくみではありません。自作のクラスでも使うことができます。具体的な例を、以下に示します。

リスト：GenericsSample.java

```
package jp.co.bbreak.sokusen._1._9._3;

public class GenericsSample<E> {
  private E object;

  // ゲッタ
  public E getObject() {
    return this.object;
  }

  // セッタ
  public void setObject(E object) {
    this.object = object;
  }
}
```

クラス定義に、＜～＞の形式でEというアルファベットが明示され、同じくメソッド／フィールドの型にもEというアルファベットが書かれています。Eの部分は、後から利用者側が決められる自由な型を表します。

次は、このクラスを実際に利用してみましょう。

リスト：Main.java

```
package jp.co.bbreak.sokusen._1._9._3;
```

```java
public class Main {
  public static void main(String[] args) {
    // ジェネリクスを使ったクラスのインスタンスを作成
    GenericsSample<String> generic = new GenericsSample<String>();

    // セッタの実行
    generic.setObject("こんにちは");

    // ゲッタの実行
    System.out.println(generic.getObject());
  }
}
```

実行結果

```
こんにちは
```

クラスのインスタンスを作る時に、<String>と宣言しています。これによって、クラスの定義が、次のように宣言されていることと同じ意味になります。

リスト：GenericsSample.java

```java
package jp.co.bbreak.sokusen._1._9._3;

public class GenericsSample<String> {
  private String object;

  // ゲッタ
  public String getObject() {
    return this.object;
  }

  // セッタ
  public void setObject(String object) {
    this.object = object;
  }
}
```

フィールド定義の型でEであったものが、Stringに置き換わっています。

このように、総称型をクラス定義に使うことによって、クラス定義の中で利用されている型をインスタンス作成の時に指定できるようになります。この時のEのことを**仮型引数**といいます。慣例的に型引数の名前はEとします。

1.10 ラムダ式について（Java 8 の新機能）

本節では、Java 8 から追加された**ラムダ式**という記法を解説します。ラムダ式を利用することで、これまで冗長になりがちだった処理を簡潔に記述できます。

1.10.1 ラムダ式の基本構文

ラムダ式とは、ざっくりいうとメソッドを簡単に記述するための記法です。Java でのラムダ式の構文は次の通りです。

リスト：ラムダ式（構文）

```
( 型 引数 , ...) -> { ... 任意の処理 ... }
```

以下は、簡単なラムダ式の例です。

リスト：LambdaSample.java

```java
package jp.co.bbreak.sokusen._1._10;

public class LambdaSample {
  public static void main(String[] args) {
    // ラムダ式で処理を実装する
    InterfaceSample lambda = (String name) -> {
      System.out.println(name + "です。");
    };

    // 実装した処理を使用する
    lambda.sampleMethod("田中");
  }
}
```

ラムダ式を使って、InterfaceSample というインターフェイスの抽象メソッドを実装しています。インターフェイスの定義は、以下の通りです。

リスト：InterfaceSample.java

```
package jp.co.bbreak.sokusen._1._10;

public interface InterfaceSample {
  abstract void sampleMethod(String name);
}
```

このクラスを実行すると次のような結果が出力されます。

実行結果
```
田中です。
```

通常、インターフェイスを実装するにはクラスを作成して、メソッドを定義してそれをインスタンス化して使う必要がありました。ラムダ式を導入することによって、これを簡潔に記述できます。

1.10.2　匿名クラスとは

Java 7以前にも、ラムダ式と同じような実装ができました。それは**匿名クラス**という実装方法です。

匿名クラスは、プログラムの文の途中でクラスを宣言できるというものです。この手法はGUI*のソフトウェアを作成する時によく使われました。

先ほどのラムダ式のプログラムを、匿名クラスで書き直すと次のようになります。

リスト：AnonymousSample.java

```
package jp.co.bbreak.sokusen._1._10;

public class AnonymousSample {
  public static void main(String[] args) {
    // 匿名クラスで処理を実装する
    InterfaceSample anonymous = new InterfaceSample() {
      public void sampleMethod(String name) {
        System.out.println(name + "です。");
      }
    };
```

*　ボタンや入力部品を持つグラフィカルなインターフェイスのことです。

```
    // 実装したメソッドの使用
    anonymous.sampleMethod("田中");
  }
}
```

実行結果

```
田中です。
```

　同じ機能を実装していますが、ラムダ式での実装と比較すると、コード量は匿名クラスの方が多いことが分かります。

リスト：匿名クラスでの実装（抜粋）

```
// 匿名クラスで処理を実装する
InterfaceSample anonymous = new InterfaceSample() {
  public void sampleMethod(String name) {
    System.out.println(name + "です。");
  }
}
```

リスト：ラムダ式の簡単なプログラム（抜粋）

```
// ラムダ式で処理を実装する
InterfaceSample lambda = (String name) -> {
  System.out.println(name + "です。");
};
```

　このようにラムダ式にはコード量を減らし、プログラムを読みやすくするメリットがあります。

1.10.3　ラムダ式を使う

　ここからは、実際にラムダ式をより詳しく見ていきます。ラムダ式には、いくつかのパターンで記述が省略でき、更に記述量を減らせます。省略の方法を、順を追って見ていきましょう。

ラムダ式の基本

ラムダ式を使った処理を、以下に示します。

リスト：LambdaSample1.java

```java
package jp.co.bbreak.sokusen._1._10;

public class LambdaSample1 {
  public static void main(String[] args) {
    // ラムダ式で処理を実装する
    InterfaceSample1 lambda = (String name) -> {
      return name + "です。";
    };

    // 実装した処理の実行
    System.out.println(lambda.sampleMethod("田中"));
  }
}
```

インターフェイスの定義は次の通りです。

リスト：InterfaceSample1.java

```java
package jp.co.bbreak.sokusen._1._10;

public interface InterfaceSample1 {
  abstract String sampleMethod(String name);
}
```

ラムダ式では、条件に応じてさまざまな省略記法が使えます。次からは、このプログラムを基本として、省略記法を適用していきます。

省略記法：型推論による省略

まずは、**型推論**という機能を使って、ラムダ式の引数部分に指定されている型の指定を省略します。省略後のプログラムは、以下の通りです。

リスト：LambdaSample2.java

```java
package jp.co.bbreak.sokusen._1._10;
```

```java
public class LambdaSample2 {
  public static void main(String[] args) {
    // ラムダ式で処理を実装する（引数の型の指定を省略する）
    InterfaceSample1 lambda = (name) -> {
      return name + "です。";
    };

    // 実装した処理の実行
    System.out.println(lambda.sampleMethod("田中"));
  }
}
```

　型の指定がなくなってすっきりしました。型推論とは、プログラマが型を指定することなく、コンパイラ側で引数の型を推定してくれるしくみのことです。今回のプログラムでは、インターフェイスを実装しており、対象のインターフェイスにはString型の引数を1つ持つメソッドが1つしかありません。このことから、コンパイラは引数の型がStringであると推定します。これが、型推論のしくみです。

省略記法：引数が1つの場合の省略

　引数が1つの場合は、引数の宣言を囲むカッコが省略できます。

リスト：LambdaSample3.java

```java
package jp.co.bbreak.sokusen._1._10;

public class LambdaSample3 {
  public static void main(String[] args) {
    // ラムダ式で処理を実装する（引数のカッコを省略する）
    InterfaceSample1 lambda = name -> {
      return name + "です。";
    };

    // 実装した処理の実行
    System.out.println(lambda.sampleMethod("田中"));
  }
}
```

省略記法：return 文だけの場合の省略

処理本体が return 文だけの場合は、return と処理を囲むカッコを省略できます。

リスト：LambdaSample4.java

```java
package jp.co.bbreak.sokusen._1._10;

public class LambdaSample4 {
  public static void main(String[] args) {
    // ラムダ式で処理を実装する（return とカッコを省略する）
    InterfaceSample1 lambda = name -> name + "です。";

    // 実装した処理の実行
    System.out.println(lambda.sampleMethod("田中"));
  }
}
```

段階に分けて省略していきましたが、ここで最初の実装と比較してどれだけ簡略化できたか確認しましょう。はじめは3行であった実装が1行ですっきり収まりました。

リスト：普通に書いた場合

```java
InterfaceSample1 lambda = (String name) -> {
  return name + "です。";
};
```

リスト：省略記法で書いた場合

```java
InterfaceSample1 lambda = name -> name + "です。";
```

先ほど触れたように、ラムダ式は、基本的には Java 7 までで使われてきた Java 匿名クラスを使っても実装ができます。しかし、Java 8 ではラムダ式を使うことを前提とした機能がいくつか追加されています（後の章で解説します）。その機能を使いこなすためにもラムダ式は必須となるので、少しずつ慣れていくようにしましょう。

CHAPTER 2

基本的なプログラムの知識ユーティリティ

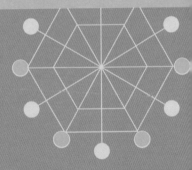

2.1 文字列操作

　文字列操作とは、文字の塊を1つのデータとして扱う処理のことです。文字列は、私たちが扱うデータの中でももっとも基本的なものです。プログラムを作る上で、文字列を分割したり、連結したり、検索したりと、さまざまな使い方をします。
　ここでは、文字列の扱い方を勉強します。

2.1.1 文字列の基礎知識

　Javaにおいては、文字データをStringというクラスで扱うのが基本です。
　基本型（プリミティブ型）のcharを利用することで、1文字だけのデータを扱うこともできますが、これは使い勝手が悪いのであまり使いません。通常は、文字を操作するならば、String型を使いましょう。
　Stringクラスは、通常のクラスとは区別して、特別扱いされています（Javaの言語仕様でも、特別扱いすると明確に語られています）。というのも、newを使わなくても、Stringクラスをインスタンス化できます。つまり、Stringオブジェクトを生成するためには、以下のように記述するだけです。

```
String mojiretsu = "これはStringクラスです。";
```

　もちろん、他のクラスのようにnew演算子を使って宣言することも可能です。

```
String mojiretsu = new String("これはStringクラスです。");
```

　ただし、こう宣言することにはあまり意味がないですし、2重にインスタンスを作ることになるので無駄です。よって、最初の例を使うようにしましょう。
　もう1つ、文字列を扱う時に気を付けないといけない点は、Stringクラスでは「インスタンスのデータが変わらない（＝イミュータブルである）」という点です。つまり、String型のデータに何かしらの変更を加えると、インスタンス上の文字列データが変わるのではなく、新たにインスタンスを作り直しています。

> **NOTE** **イミュータブルとは？**
>
> 　Javaの世界では、インスタンスの中身が変わらないクラスのことを**イミュータブル**といいます。
> 　イミュータブルなクラスの内容を変更することは、インスタンスを再生成することを意味します。インスタンスを生成するには、メモリ空間と処理能力を消費します。そのため、イミュータブルなクラスを利用する際には、むやみに中身を変更していないか（＝インスタンスを再生成していないか）に注意する必要があります。

2.1.2 文字の連結

　文字列の基礎が分かったところで、まずは基本中の基本、文字列を連結してみましょう。

リスト：TextSample.java

```java
package jp.co.bbreak.sokusen._2._1;
public class TextSample {
  public static void main(String[] args) {
    String text1 = "ありがとう";
    String text2 = "ございます";
    text1 = text1 + text2;
    System.out.println(text1);
  }
}
```

　上のコードを実行すると、コンソールに「ありがとうございます」と1行で出力されます。このように文字列同士を「+」演算子で連結することで、2つの文字列を1つにできます。
　しかし、このやりかたはあまりよい方法ではありません。それは、なぜでしょうか。

Stringクラスは永遠に不変です

　それは、Stringクラスがイミュータブルであるということと関係しています。
　先ほどの例では、Stringクラスのインスタンスである2つの文字列を「+」演算子を使って結合しています。この時、文字列が連結されるということだけに注目しがちですが、実はプログラムの中では、text1とtext2、そして、結合後のtext1と

いう 3 つの String クラスのインスタンスができています。もとの text1 のインスタンスは誰からも見えない状態ですが、インスタンスとしてはメモリ上に存在しています。

何を言っているか分からないかもしれませんね。以下の図を見てください。

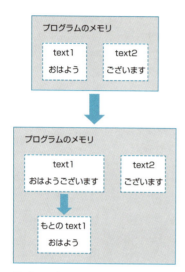

図：String クラスのメモリの変遷

text1 と text2 が連結される時、text1 のインスタンスに文字列が追加されることはありません。それは、これまで説明してきた通り、String がイミュータブルだからです。

文字列を連結する際には新たなインスタンスが作られ、それまでの text1 のインスタンスから新しいインスタンスに置き換えられます。text1 の古いインスタンスは、どこからも参照されない状態ですが、即座にメモリ上からなくなる訳ではありません。

今回の例のような場合は何の問題もありませんが、繰り返し処理の中で何度も文字列を連結すると、そのたびにインスタンスを作成し、古いインスタンスが溜まっていきます。インスタンスの生成はコストがかかる処理のため、塵も積もれば山となり、処理が遅くなります。更には、メモリの使いすぎで資源としてのメモリが枯渇し、最終的には処理が止まってしまいます。

では、どのようにすれば無駄なく文字列を結合できるのでしょうか。

> **NOTE** ガベージコレクション
>
> **ガベージコレクション**とは、メモリを管理するしくみのことです。
>
> プログラミング言語によっては、メモリ管理をプログラム自身で行う必要があるものもあります。それに対して、Javaでは不要になったメモリをガベージコレクションというしくみで自動的に解放します。解放されるタイミングはJavaの実行環境が決めるので、プログラムはメモリ管理を行わなくてよいというメリットがあります。
>
> しかし、完全にメモリのことを考えなくてもよい訳ではありません。初めから無駄なメモリを使わないように考えてプログラムを作ることが、プロとして求められる姿勢です。

文字列の連結には StringBuilder を使おう

「+」演算子の代わりに、文字列の連結に利用できるクラスが StringBuilder です。

StringBuilder クラスでは、append メソッドで文字列をクラスに蓄積し、最後に toString メソッドで溜め込んだ文字列を出力します。先ほどの例を、StringBuilder を使って実装してみましょう。

リスト：StringBuilderSample.java

```java
package jp.co.bbreak.sokusen._2._1;

public class StringBuilderSample {
  public static void main(String[] args) {
    String text1 = "ありがとう";
    String text2 = "ございます";
    StringBuilder sb = new StringBuilder();
    sb.append(text1);
    sb.append(text2);
    String resultString = sb.toString();
    System.out.println(resultString);
  }
}
```

先ほどの例では、連結するたびに String のインスタンスが作られますが、StringBuilder を利用すればインスタンスの内部で文字列を連結できます（いちいちインスタンスが生成されません）。よって、連結したい文字列が増えたとしても、使用するメモリは一定に抑えられます。

また、Java 8 では StringJoiner というクラスも追加されています。StringBuilder よりも便利ですので、興味がある人は使い方を調べてみると良いでしょう。

2.1.3 文字列の整形

Stringクラスはイミュータブルですので、できるだけ効率のよい利用方法を知っていることは重要です。次に紹介するのは、文字列の整形の仕方です。

文字列の整形とはどういうことでしょうか。例えば、お店で買い物をするともらえるレシートを思い浮かべてください。レシートには、買ったものや金額が記載されています。

リスト：レシート明細の一例

```
お米 5kg          1,980 円
```

このような文字列を出力するためには、どのようにすればよいでしょうか。

レシートの明細は1行分のデータを以下のようなクラスで管理し、出力の際にはListオブジェクト（後述）で束ねているものとします。

リスト：Detail.java

```java
package jp.co.bbreak.sokusen._2._1;

import java.math.BigDecimal;

public class Detail {
    // 商品名
    private String itemName;
    // 金額
    private BigDecimal amount;

    // セッタ／ゲッタは省略
}
```

見た感じ、商品名と間のスペース、金額、そして最後に「円」を連結すれば良さそうですね。先ほど勉強したStringBuilderも使えそうです。

リスト：PrintReceipt1.java

```java
package jp.co.bbreak.sokusen._2._1;

import java.math.BigDecimal;

public class PrintReceipt1 {
```

```java
public static void main(String[] args) {
  // 明細データの作成
  Detail detail = new Detail();
  detail.setItemName("お米 5kg");
  detail.setAmount(new BigDecimal(1980));

  // 明細データの加工
  StringBuilder sb = new StringBuilder();
  sb.append(detail.getItemName());
  sb.append("          ");
  sb.append(detail.getAmount());
  sb.append(" 円 ");

  // 明細の出力
  System.out.println(sb.toString());
 }
}
```

これを実行すると、先ほどの「レシート明細の一例」と同じような結果が出力されます。ただし、この出力方法にはいくつかの問題があります。自分の財布にあるレシートを取り出して、あらゆる可能性を想像してください。

おそらく、さまざまな意見が出ると思います。解答例を、以下に列挙します。

- 金額によっては、位置がずれてガタガタに見えてしまう
- 商品名が長いと、どんどん右にずれて印刷がはみ出す
- 金額が3桁ごとのカンマ区切りになっていない
- 複数の明細が出せない
- 合計の行があるべきだ
- お店の名前や電話番号がないと不親切だ

自由な発想で答えれば、他にもいろいろ出てくると思います。ただ、今回は明細の1行分のお話だけをするので、この解答例の上3つを、どのように実現するか考えましょう。

文字列のフォーマット

文字列を一定の定型に則った形に変えることを、**フォーマット**といいます。ここでは、以下のルールでフォーマットするものとします。

- 明細1行が全体で20桁
- 商品名と金額でそれぞれ10桁ずつ使用
- 商品名は左寄せ、金額は右寄せ

また、きちんと揃えて表示できているか確認するために明細を2行にします。

この仕様を実現するためには、StringBuilderでは難しそうです。

では、どのように実現するかというと、Stringクラスの静的メソッドformatを使います。formatメソッドは、ひな形となる文字列を第1引数に設定し、第2引数以降に指定された引数の値を順番に埋め込み箇所に設定していくという機能を提供します。ひな形は、あらかじめ決められた書式（＝書き方の決まり）に従って記述しなければなりません。指定のルールはさまざまですが、基本は以下の2つです。

表：Stringクラスのformatメソッドで使う書式の種類

書式	意味
%s	ここに文字列が入る
%d	ここに数値が入る

更に、上の％と文字の間に以下の設定を追加することで、更に細かく書式を指定できます。

表：Stirngクラスのformatメソッドの細かい書式の指定方法

書式	意味
%10s	文字列を10桁にする。足りない桁にはスペースが入る
%-10s	文字列を左寄せの10桁にする。右の余った桁にはスペースが入る

この書式を使うと、レシートの1行を整列した形で出力できます。

自分でレシートの1行を表現できる書式を考えてから、次のソースを作りましょう。

前回のソースと同じ行を出力しますが、フォーマットが揃っているかを見るために2行出力するようになっているので、少し長くなります。

リスト：PrintReceipt2.java

```
package jp.co.bbreak.sokusen._2._1;
```

```java
import java.math.BigDecimal;

public class PrintReceipt2 {

  public static void main(String[] args) {
    // 明細データの作成
    Detail detail1 = new Detail();
    detail1.setItemName(" お米 5kg");
    detail1.setAmount(new BigDecimal(1980));
    Detail detail2 = new Detail();
    detail2.setItemName(" 柿 9 個 ");
    detail2.setAmount(new BigDecimal(398));

    // 明細行フォーマット文字の定義
    String lineBase = "%-10s%10d 円 ";

    // 明細データの加工
    String result1 = String.format(lineBase,
      detail1.getItemName(), detail1.getAmount().longValue());
    String result2 = String.format(lineBase,
      detail2.getItemName(), detail2.getAmount().longValue());

    // 明細の出力
    System.out.println(result1);
    System.out.println(result2);
  }
}
```

　どうでしょう。揃った形でレシートが 2 行表示できていると思います。

　「あれ、揃っていない」という声が聞こえてきますね。

　コンソールに出力されるフォントの幅が実行する環境によって異なるので、場合によっては揃って見えない人もいます。そういう人は、一度コンソールの出力結果をエディタ（メモ帳など）に張り付けてみてください。そうすれば、きちんと揃って出力されていることが分かると思います。

　ここでは、最小限の書式の記述方法を紹介しました。細かい指定方法は、他にもあります。詳しい指定方法は Javadoc[*] から、String クラスの format メソッドの項に書式文字列を紹介するページへのリンクがあるので、興味がある人は読んでみましょう。

---

[*] Java8 で提供されている標準的なクラスについてのドキュメントです。左下のクラス一覧から目的のクラスを選択することで、右のフレームに目的のクラスに関する詳細情報が表示されます。
http://docs.oracle.com/javase/8/docs/api/index.html

数値のフォーマット

さて、レシートがきちんと出力されましたが、1つまだ課題が解決していません。そうです。「金額が3桁ごとのカンマ区切りになっていない」を解決していませんね。

ここまで勉強してきた方ならば、また format メソッドで実現できそうだなと想像が付くと思います。どのような書式を指定すればよいか、まずは自分で調べて実現方法を模索してください。

はい、答えを見つけられたでしょうか。

正解は、以下の通りです。

リスト：修正後の書式
```
String lineBase = "%-10s%,10d 円 ";
```

"%" の後にカンマを置けば、3桁のカンマ区切りにしてくれます。簡単ですね。

ただ、これだけでこの節を終わらせる訳にはいきません。

同じことを実現するにも、いくつか方法があるものです。プログラムの作りによっては行全体の文字を一気に作らず、数値だけを変換しておいて、別の処理に渡すような場合もあります。また、標準の書式以外のフォーマットを実現したい場合には、String の format メソッドでは難しい場合もあります。

そうした場合にうってつけのクラスが、DecimalFormat クラスです。DecimalFormat クラスは、数値を書式に従って文字に変換するクラスです。DecimalFormat の書式は、String クラスの format メソッドで使うものとは異なります。

表：DecimalFormat の書式

書式	意味
0	ここに数値が入る（桁が足りない場合も 0 が入る）
#	ここに数値が入る（桁が足りない場合は何も入らない）
,	置いたところにカンマがそのまま入る
.	置いたところにドットがそのまま入る

DecimalFormat の書式は、見たままなので直観的です。例えば、以下のような書式を2つ定義します。

リスト：DecimalFormat の書式例

```
###,##0    // 書式例 1
000,000    // 書式例 2
```

このフォーマットに対して、いくつかの数値を渡してみたいと思います。

表：DecimalFormat の実行例

入力値	書式例 1 での結果	書式例 2 での結果
12	12	000,012
1234	1,234	001,234
1234567	1,234,567	1,234,567

このような結果になります。では、例と結果の関係を見てみましょう。

書式例1では1桁目は0ですが、それ以上は#で3桁目と4桁目の間にカンマが入るようになっています。よって、3桁に満たないものでは、カンマすら表示されていません。通常、金額は3桁ずつカンマを入れますが、書式で最初に右から3桁で区切られていると、それ以降も3桁ごとで区切ってくれます。

一方、書式例2ではすべての桁が0なので、結果の長さが一定です。入力値が書式より足りない分は0で補ってくれます。また、桁があふれた分についても出力されます。

いかがですか。

DecimalFormat の書式については簡単なので、すぐに理解できたと思います。では、このクラスを実際に使って、先ほどまでの例で、実際にコンソールにカンマ区切りの金額を出力してみましょう。

正解は以下に示していますが、まずは自分で考えて修正してみましょう。

リスト：PrintReceipt3.java

```java
package jp.co.bbreak.sokusen._2._1;

import java.math.BigDecimal;
import java.text.DecimalFormat;
import java.util.ArrayList;
import java.util.List;

public class PrintReceipt3 {
```

```java
public static void main(String[] args) {
  // 明細データの作成
  Detail detail1 = new Detail();
  detail1.setItemName("お米5kg");
  detail1.setAmount(new BigDecimal(1980));
  Detail detail2 = new Detail();
  detail2.setItemName("柿9個");
  detail2.setAmount(new BigDecimal(398));

  List<Detail> detailList = new ArrayList<>();
  detailList.add(detail1);
  detailList.add(detail2);

  // 明細行フォーマット文字の定義
  String lineBase = "%-10s%10s 円 "; // フォーマット文字を修正

  // 金額表示用のフォーマット定義
  DecimalFormat df = new DecimalFormat("###,##0"); // 追加

  // 金額を表示用に加工
  String dispAmount1 = df.format(detail1.getAmount().longValue());
  String dispAmount2 = df.format(detail2.getAmount().longValue());

  String result1 = String.format(lineBase,
    detail1.getItemName(), dispAmount1);
  // 変換した金額を表示するように修正
  String result2 = String.format(lineBase,
    detail2.getItemName(), dispAmount2);

  // 明細の出力
  System.out.println(result1);
  System.out.println(result2);
 }
}
```

さて、自分で考えて動かせたでしょうか。
コンソールに、以下のように出力されていたら成功です。

リスト：PrintReceipt3 の実行結果

```
お米5kg      1,980 円
柿9個          398 円
```

これで、文字列の基礎知識の解説を終わります。復習すると、以下のようなことが理解できたと思います。

- 文字列はイミュータブル
- 文字の連結には StringBuilder を使う
- 文字の整形やには String クラスの format メソッドを使う
- 数値のフォーマットには DecimalFormat が便利

以上が、理解できたでしょうか。

他にも文字列の加工の方法はいろいろあります。例えば、ファイル全体の文字列をフォーマットするための便利なライブラリとして、Apache Velocity などはその代表格です。

では、次は日時の操作を勉強しましょう。

2.2 日時の操作

　システムで取り扱うデータとして代表的なものの1つに、日時情報の取り扱いがあります。一般的に、日時の情報は「いつ」何が起きたかを記録するために使います。また、記録した情報を期間で抽出する時の基準として使います。
　具体的な話をしてみましょう。
　文字列操作のところでも例に挙げたレシートをイメージします。レシートには、いつ買い物をしたかという情報が記載されています。コンビニやスーパーでは、レシートに記載された情報はデータとして保存されるのが一般的です。その情報は「いつどんなものがよく売れる傾向にあるか」といった経営分析に使われます。では、その日時のデータをどのように扱うか学びましょう。

2.2.1 日時データを扱うクラス

日時を扱うための代表的なクラスには、以下のようなものがあります。

表：日付を扱うために使う代表的なクラス

クラス	用途
java.util.Date	特定の日付を保持する
java.util.Calendar	日時に対するさまざまな操作を行う
java.text.SimpleDateFormat	指定した書式に従った文字列を Date クラスに変換したり、その逆を行う

では、これらを使って日時を扱う方法を学びましょう。

2.2.2 現在日時を使った日時データの操作

　最初に、Date クラスを使って現在の日時を取得して、コンソールに出力してみましょう。Date クラスのインスタンスを作成すると、その時点での日時がインスタンスに格納されます。

リスト：DateSample.java

```java
package jp.co.bbreak.sokusen._2._2;

import java.util.Date;

public class DateSample {
  public static void main(String[] args) {
    Date now = new Date();
    System.out.println(now);
  }
}
```

このプログラムを実行すると、コンソールにその時点での日時が表示されます。

出力結果の例

```
Mon Jan 11 18:22:55 JST 2016
```

ただ、このような使い方は、システム日付を取得する時にくらいしかしないでしょう。

日付データを前後させる方法

次に、日時を変更する方法を学びましょう。任意の日時を作るには、Calendar クラスを使用します。以下は、現在日時の 1 日後を算出する例です。

リスト：CalendarSample1.java

```java
package jp.co.bbreak.sokusen._2._2;

import java.util.Calendar;
import java.util.Date;

public class CalendarSample1 {
  public static void main(String[] args) {
    Calendar cal = Calendar.getInstance();
    cal.add(Calendar.DAY_OF_MONTH, 1);
    // 出力用に Calendar クラスから Date クラスを取得する
    Date nextMonth = cal.getTime();
    System.out.println(nextMonth);
  }
}
```

出力結果の例

```
Tue Jan 12 19:38:19 JST 2016
```

コードを入力した時に気付いたでしょうか。

Calendar クラスは、インスタンスの作り方が変わっています。Calendar クラスは、これまで登場したクラスのように、new 演算子でインスタンスを作ることができません。

これはプログラミングにおけるテクニックの一種で、プログラマの自由にインスタンスを作らせないことを目的としています。クラスによっては、そのような制限をかけているものもあるので、もし new 演算子でクラスを作ろうとしてコンパイルエラーが発生するようであれば、Javadoc を見てクラスの使い方を確認してみましょう。

> **NOTE　デザインパターン**
>
> 　先ほど「プログラミングのテクニック」と説明しましたが、このようなテクニックを**デザインパターン**と呼びます。
> 　デザインパターンはプログラムがよく使うコーディングの仕方をまとめたもので、プログラミングの定石といえます。一流のプログラマならば、必ず GoF のデザインパターンを勉強したことがあるはずです。
> 　今回の Calendar クラスで採用されているデザインパターンは**ファクトリメソッドパターン**と呼ばれるものです。

話が、Calendar クラスの特徴にそれました。本題に戻って、作成したプログラムの中身を見ていきましょう。

Calendar クラスのインスタンスを取得するには、まず、Calendar クラスの静的メソッド getInstance を使います。生成されたインスタンスには、現在の日時が入っています。生成されたインスタンスの add メソッドを使用して、翌日の日時になるように変更を行っています。add メソッドに設定できる引数は、以下の通りです。

表：Calendar クラスの add メソッドの引数

引数の順番	設定する値
1	Calendar クラスの定数（以下の表を参照）
2	変動する量を指定（マイナスの値も設定可能）

表：add メソッドで使える Calendar クラスの主な定数

定数名	意味
YEAR	年
MONTH	月
DATE	日
DAY_OF_MONTH	日（DATE と同じ）
HOUR_OF_DAY	24 時間制の時間
HOUR	12 時間制の時間
MINUTE	分
SECOND	秒
MILLISECOND	ミリ秒

日付データを指定の日時に変更する

add メソッドは、インスタンスが保持している日時を足し引きして前後の時間に動かしました。次に、特定の日時に変更する方法を学びましょう。

先ほどのコードをコピーして CalendarSample2.java を作成してください。そして、先ほどの add メソッドを使っていたところを set メソッドに書き換えてください。書き換え後のコードは、以下のようになります。

リスト：CalendarSample2.java

```java
package jp.co.bbreak.sokusen._2._2;

import java.util.Calendar;
import java.util.Date;

public class CalendarSample2 {
  public static void main(String[] args) {
    Calendar cal = Calendar.getInstance();
    cal.set(Calendar.DAY_OF_MONTH, 1);
    // 出力用に Calendar クラスから Date クラスを取得する
    Date nextMonth = cal.getTime();
    System.out.println(nextMonth);
  }
}
```

出力結果の例

```
Fri Jan 01 18:46:42 JST 2016
```

出力された文字を見ると、日の部分が1日に変わっていることが確認できます。

先ほどの add メソッドでは現在日時から1日後に移動しましたが、今回の set メソッドでは第2引数に指定された値が現在日時に関わらず、そのまま設定されます。

set メソッドの第1引数に設定する定数は、add メソッドと同じです。しかし、第2引数の方は、指定の値に変更する性質のメソッドなので、add メソッドとは異なり、マイナスの値を設定することはできません。

日付データから特定の項目を取り出す

これまで、日時をどのように変えていくかを見てきました。次に、日時から結果を取り出す方法を学びましょう。これによって、日時データを出力する時に必要な項目だけを使うことができます。利用するメソッドは、get メソッドです。

以下は、現在の日時から月の部分を取り出す例です。

リスト：CalendarSample3.java

```java
package jp.co.bbreak.sokusen._2._2;

import java.util.Calendar;
import java.util.Date;

public class CalendarSample3 {
  public static void main(String[] args) {
    Calendar cal = Calendar.getInstance();
    cal.set(Calendar.DAY_OF_MONTH, 1);
    // 出力用に Calendar クラスから Date クラスを取得する
    Date nextMonth = cal.getTime();
    System.out.println(nextMonth);
    // 月の部分だけを取り出す。
    int month = cal.get(Calendar.MONTH);
    System.out.println(month);
  }
}
```

出力結果の例

```
Fri Jan 01 13:49:13 JST 2016
0
```

現在の日時は1月です。しかし、月の部分を取り出すと、0が出力されています。このように、get メソッドでは、私たちが普通に認識している月数から -1 した値が

取得できるのです。

setメソッドで月を変更する時も同様です。それ以外の年や日、時、分などの日時データは1から始まるので、特に何も考えず、そのまま表示にも使えます。

日時データを指定の書式で出力する

getメソッドでは、年や月といった特定の日時項目だけを出力できるだけでしたが、まとめて特定の書式で日時を出力する方法があります。文字列操作で勉強したStringクラスのformatメソッドと同じように、書式によって出力内容を指定します。

ではまず、「年/月/日」の形式でスラッシュ区切りに年月日を出力してみましょう。

リスト：CalendarSample4.java

```java
package jp.co.bbreak.sokusen._2._2;

import java.text.SimpleDateFormat;
import java.util.Calendar;
import java.util.Date;

public class CalendarSample4 {
  public static void main(String[] args) {
    Calendar cal = Calendar.getInstance();
    cal.set(Calendar.DAY_OF_MONTH, 1);
    // 出力用にCalendarクラスからDateクラスを取得する
    Date nextMonth = cal.getTime();
    System.out.println(nextMonth);
    // スラッシュ区切りで年月日を出力する
    SimpleDateFormat sdf = new SimpleDateFormat("yyyy/MM/dd");
    String formatedStr = sdf.format(nextMonth);
    System.out.println(formatedStr);
  }
}
```

出力結果の例

```
Fri Jan 01 14:39:40 JST 2016
2016/01/01
```

この例では、新たにSimpleDateFormatというクラスを使っています。

SimpleDateFormatクラスのコンストラクタを使って、あらかじめ書式を設定しておきます[*]。後は、formatメソッドの引数に対してDateクラスを与えると、書式

---

* applyPatternメソッドで、後から書式を設定することもできます。

によって整形された文字列を取得できます。

逆に、parse メソッドを使うことで、ある書式で表された文字列を Date クラスに変換することもできます。

SimpleDateFormat クラスで指定できる書式は、以下の通りです。

表：SimpleDateFormat の書式

書式	意味
yyyy	4桁の年
yy	年の下2桁
MM	月
dd	日
HH	時
mm	分
ss	秒
SSS	ミリ秒

なお、書式で使用する文字は大文字／小文字を区別するので注意してください。

日時のデータを比較する

ここまでで、日時データを加工し、出力する方法を学びました。

その他に、日時データでよく使うのは、日時同士の比較です。ある日時が別の日時に対して未来にあるか過去にあるか、を判定します。

例えば以下は、2個の Calendar オブジェクト cal1、cal2 を比較する例です。

リスト：CalendarSample5.java

```java
package jp.co.bbreak.sokusen._2._2;

import java.util.Calendar;

public class CalendarSample5 {
  public static void main(String[] args) {
    Calendar cal1 = Calendar.getInstance();
    Calendar cal2 = Calendar.getInstance();
    cal1.set(Calendar.DAY_OF_MONTH, 1); // 1日に設定
    cal2.set(Calendar.DAY_OF_MONTH, 2); // 2日に設定
    System.out.println(cal1.getTime());
    System.out.println(cal2.getTime());
```

```
    // cal1 と cal2 を比較する
    int result = cal1.compareTo(cal2);
    System.out.println(result);
  }
}
```

出力結果の例

```
Fri Jan 01 16:01:29 JST 2016
Sat Jan 02 16:01:29 JST 2016
-1
```

　日時データの比較には、Calendar クラスの compareTo メソッドを使います。

　ここでは、同じ月の1日と2日を比較し、結果として -1 を得ています。これは比較元の日付よりも比較先の日付が大きい値である場合に得られる結果です。つまり、1日は2日と比較して過去にあるという意味です。

　なお、比較元の日付よりも比較先の日付が小さい場合は 1、比較元の日付と比較先の日付が同じ場合は 0 が、それぞれ返ります。比較の結果として、小さい／等しい／大きいの3パターンを得たい場合には、compareTo メソッドを利用するのがよいでしょう。

　単に、日付が前、後ろ、等しいのいずれかだけを判定したい場合には、他の比較メソッドを使う方がわかりやすい場合があります。具体的には、以下のようなものです。

表：Calendar クラスの比較メソッド

メソッド	比較内容
after	比較元のインスタンスが比較先よりも未来にあるかどうかを比較する
before	比較元のインスタンスが比較先よりも過去にあるかどうかを比較する
equals	比較元のインスタンスと比較先が同じ日時かどうかを判定する
compareTo	比較元のインスタンスが比較先よりも未来の場合は 1 を、過去の場合は -1 を、同じ場合は 0 を返す

　これで、基本的な日時データを操作する方法が一通り理解できたはずです。

　日時データを操作する方法は、他にもいろいろあります。Javadoc を見ると、Calendar クラスだけでも多くのメソッドが見つかるはずです。ここで紹介したのは代表的な使い方です。他にも便利なクラスやメソッドがあるので、探してみましょう。

2.2.3 Date-Time API の基礎知識

日時を操作するのに便利なクラス群が、Java 8 からは **Date-Time API** として提供されています。

これまでに学んできた Date ／ Calendar クラスも、既存のプログラムの中にたくさんあるので、まだまだ知っておく必要はあります。しかしながら、今後、Java 8 環境で開発を進めるならば、新しい Date-Time API を使う方がよいでしょう。

それというのも、Date-Time API は、これまでの Java では不足していた日時操作に関するさまざまな機能を提供しているからです。本項では、この新しい機能の使い方を学びましょう。

java.time パッケージの内容

Date-Time API の実体は、java.time パッケージ配下にあるクラス群です。以下に、主なものをまとめます。

表：日時データを扱うクラス

種別	年月日	時間	日時	時差情報	地域ルール
Local	LocalDate	LocalTime	LocalDateTime	×	×
Zoned	-	-	ZonedDateTime	○	○
Offset	-	OffsetTime	OffsetDateTime	○	×

Date-Time API は、時差に関する情報を独立したクラスで扱えるため、時差を考慮しているシステムで力を発揮します。単に時差を扱うだけでなく、サマータイムなど地域ごとの時間に関わるルールも扱えます。これまでの Calendar ／ Date クラスでも、時差を扱うことは可能でしたが、より細かく時差を扱えるようになったわけです。

Date-Time API に置き換える場合は、時差の扱いに応じて、以下のようにクラスを使い分けてください。

- 時差を扱わないならば Local で始まるクラスを使う
- 時差を扱うならば Offset で始まるクラスを使う
- 時差に加えて、その地域の日時の考慮がされている方が望ましい場合は ZonedDateTime を使う

なお、Date-Time APIでは、細かいながらも大きな変更があったので、ここで補足しておきます。

- Stringクラスと同様にイミュータブルでスレッドセーフ（後述）なクラスになった
- これまでミリ秒までしか扱えなかったのがナノ秒まで扱えるようになった

このように、Date-Time APIでは、これまでのJavaで問題があったところに対して改善が施されており、使い勝手もよくなっています。

基本の日時データの使い方

以下は、LocalDateTime／OffsetDateTime／ZonedDateTimeクラスを使って、日時データを生成／出力する例です。

リスト：LocalDateTimeSmaple.java

```java
package jp.co.bbreak.sokusen._2._2;

import java.time.LocalDateTime;
import java.time.Month;
import java.time.OffsetDateTime;
import java.time.ZoneOffset;
import java.time.ZonedDateTime;

public class LocalDateTimeSample {
  public static void main(String[] args) {
    // 時差を持たない日時を取得
    LocalDateTime localDateTime = LocalDateTime.now();
    System.out.println(localDateTime);

    // 時差を加味した日時を生成
    OffsetDateTime offsetDateTime = OffsetDateTime.of(
      2020, Month.APRIL.getValue(), 8, 10, 20, 30, 0,
      ZoneOffset.of("+09:00"));
    System.out.println(offsetDateTime);

    // 時差／地域情報を加味した日時を生成
    ZonedDateTime zonedDateTime = ZonedDateTime.parse(
      "2025-07-24T11:12+09:00[Asia/Tokyo]");
    System.out.println(zonedDateTime);
  }
}
```

実行結果の例
```
2016-02-15T14:57:11.794
2020-04-08T10:s20:30+09:00
2025-07-24T11:12+09:00[Asia/Tokyo]
```

実行結果を見ると3行出力されていると思います。

1行目は、実行した時点の日時です。LocalDateTime のインスタンスを取得する時に now というメソッドを使ったために、現在日時を生成しているのです。

そもそも、LocalDateTime は new することができません。必ず static なメソッドを使ってインスタンスを生成します。now メソッドの他にも、指定した日時でインスタンスを生成する of メソッドなど何通りかの方法があるので、Javadoc を見て、自分にとって便利なメソッドを選んで使うようにしましょう。

2行目は、時差情報を持つ日時を OffsetDateTime クラスで生成した結果です。OffsetDateTime クラスの of メソッドを使って、引数には年月日、時分秒、ミリ秒までを指定して、最後に ZoneOffset クラスで時差を指定しています。

出力の形式が、これまでの Date クラスのそれとは変わっていることに気付いたでしょうか。この形式は ISO-8601 という国際規格に則った日時の形式で、Date-Time API はこの国際規格に則った形式を前提としています。

3行目は、時差／地域情報を持つ日時を ZonedDateTime クラスで生成した結果です。出力にも地域情報（Asia/Tokyo）が付与されていることが確認できます。

2つの期間の取得

Date-Time API を理解できたところで、ここからは更に個別の用法を見ていきます。もっとも、これまでの Java の日時の扱いと同じように日時を変更したり、日時から特定の値を取り出したり、といったスタンダードな使い方については、あまり以前と変わり映えしません。基本的な日時の操作については、Javadoc を見てもらえれば分かるので、本書では Date-Time API ならではの用法について解説します。

まずは、2つの日時の期間を求める方法からです。期間を取得するためのクラスは、以下の2つです。

表:期間を扱うクラス

クラス名	説明
Period	日付の間隔を扱う
Duration	時刻の間隔を扱う

具体的なコードも見てみましょう。

リスト:DurationPeriodSample.java

```java
package jp.co.bbreak.sokusen._2._2;

import java.time.Duration;
import java.time.LocalDateTime;
import java.time.Month;
import java.time.Period;

public class DurationPeriodSample {
  public static void main(String[] args) {
    LocalDateTime localDateTime1 = LocalDateTime.of(
      2015, Month.JUNE.getValue(), 10, 10, 10, 10, 000000000);
    LocalDateTime localDateTime2 = LocalDateTime.of(
      2016, Month.JULY.getValue(), 11, 11, 11, 11, 100000001);

    Period period = Period.between(
      localDateTime1.toLocalDate(), localDateTime2.toLocalDate());
    System.out.println("---------- period 特定項目の差 ----------");
    System.out.println(" 年数の差:" + period.getYears());
    System.out.println(" 月数の差:" + period.getMonths());
    System.out.println(" 日数の差:" + period.getDays());

    System.out.println("---------- period 積算の差 ----------");
    System.out.println(" 積算月数の差:" + period.toTotalMonths());

    Duration duration = Duration.between(localDateTime1, localDateTime2);
    System.out.println("---------- duration 特定項目の差 ----------");
    System.out.println(" ミリ秒~ナノ秒数の差:" + duration.getNano());

    System.out.println("---------- duration 積算の差 ----------");
    System.out.println(" 積算日数の差:" + duration.toDays());
    System.out.println(" 積算時間の差:" + duration.toHours());
    System.out.println(" 積算分の差:" + duration.toMinutes());
    System.out.println(" 積算秒数の差:" + duration.getSeconds());
    System.out.println(" 積算ミリ秒の差:" + duration.toMillis());
    System.out.println(" 積算ナノ秒の差" + duration.toNanos());
  }
}
```

実行結果

```
---------- period 特定項目の差 ----------
年数の差：1
月数の差：1
日数の差：1
---------- period 積算の差 ----------
積算月数の差：13
---------- duration 特定項目の差 ----------
ミリ秒〜ナノ秒数の差：100000001
---------- duration 積算の差 ----------
積算日数の差：397
積算時間の差：9529
積算分の差：571741
積算秒数の差：34304461
積算ミリ秒の差：34304461100
積算ナノ秒の差 34304461100000001
```

Period ／ Duration クラスでは、いずれも between メソッドを使って期間を取得します。

なお、Period ／ Duration クラスは共に TemporalAmount の実装で、LocalDateTime クラスなどの plus ／ minus メソッドの引数に使用できます。これを利用することで、算出した差分を使って、日時を任意の値に変更できます。

以上を踏まえて、以下のプログラムを作成しましょう。作成する時は、プログラムの意味を考えながら作ってください。

リスト：PeriodCalcSample.java

```java
package jp.co.bbreak.sokusen._2._2;

import java.time.LocalDate;
import java.time.Month;
import java.time.Period;

public class PeriodCalcSample {
  public static void main(String[] args) {
    LocalDate localDate1 = LocalDate.of(2015, Month.MAY.getValue(), 1);
    LocalDate localDate2 = LocalDate.of(2016, Month.JUNE.getValue(), 2);

    Period period = Period.between(localDate1, localDate2);

    LocalDate localDate3 = localDate2.plus(period);

    System.out.println(localDate3);
```

```
    }
}
```

出力結果

```
2017-07-03
```

このプログラムの意図は分かったでしょうか。

2つの日付を比較して、その差分を2つ目の日付に足しています。2つの日付の差は、1年1ヶ月1日です。その差を2つ目の日付に足しているので、2つ目の日付の更に1年1ヶ月1日後が、最終的に得られることになります。

このように、Date-Time APIでは単純に日付を持つだけでなく、期間などの日時に関する考え方をクラスにまとめ、便利な機能を提供しているのです。

Date-Time APIとDate／Calendarクラスとの橋渡し

ここまでDate-Time APIの使い方を学んできましたが、世の中のシステムは、まだまだ以前のCalendar／Dateクラスで作成されているものが大半です。そのようなシステムでDate-Time APIを使う時には、データをその場に合わせたクラスに変換する必要があります。

このような用途のために、Date-Time APIではInstantというクラスを提供しており、Date-Time APIとCalendar／Dateクラスとの相互変換ができるようになっています。Instantクラスはエポックタイム[*]からの経過時間を保持しています。

Date-Time APIとCalendar／Dateクラスとの対応関係は、以下の通りです。

表：今までの日時データのクラスとDate-Time APIの対応

今までの日時データのクラス	対応方向	Date-Time APIのクラス
java.util.Date	↔	java.time.Instant
java.util.Calendar	→	java.time.Instant

Calendar／Dateクラスには、Instantクラスと相互変換に対応するために、以下のメソッドが追加されています。

---

[*] 基準時間のことで、Javaでは1970年1月1日になった時点を指します。

表：今までの日時データのクラスに追加されたメソッド

今までの日時データのクラス	メソッド	戻り値
java.util.Date	toInstant( )	java.time.Instant
java.util.Date	from(Instant instant)	java.util.Date
java.util.Calendar	toInstant( )	java.time.Instant

　では、これらのメソッドを使って、LocalDateTime クラスの値を Calendar ／ Date クラスに変換してみましょう。また、変換後のデータを、更に LocalDateTime クラスに戻して、正しく日時データがやりとりされているかを確認します。

リスト：ExchangeDateTimeSample.java

```java
package jp.co.bbreak.sokusen._2._2;

import java.time.Instant;
import java.time.LocalDateTime;
import java.time.Month;
import java.time.ZoneId;
import java.time.ZoneOffset;
import java.util.Calendar;
import java.util.Date;

public class ExchangeDateTimeSample {
  public static void main(String[] args) {
    LocalDateTime localDateTime1 = LocalDateTime.of(
      2025, Month.DECEMBER.getValue(), 1, 2, 3, 4, 567890123);

    System.out.println("---------- 開始時の日時 ----------");
    System.out.println(localDateTime1);

    Instant instant1 = localDateTime1.toInstant(ZoneOffset.of("+09:00"));

    // Instant → Date の変換
    Date date = Date.from(instant1);
    System.out.println("---------- java.util.Date の日時 ----------");
    System.out.println(date);

    Calendar calendar = Calendar.getInstance();
    calendar.setTime(date);
    System.out.println("---------- java.util.Calendar の日時 ----------");
    System.out.println(calendar);

    // Date → Instant の変換
    Instant instant2 = date.toInstant();
    LocalDateTime localDateTime2 = LocalDateTime.ofInstant(
```

```java
      instant2, ZoneId.of("Asia/Tokyo"));
    System.out.println(
      "---------- java.util.Date から LocalDateTime に戻した値 ----------");
    System.out.println(localDateTime2);

    // Calendar → Instant の変換
    Instant instant3 = calendar.toInstant();
    LocalDateTime localDateTime3 = LocalDateTime.ofInstant(
      instant3, ZoneId.of("Asia/Tokyo"));
    System.out.println(
      "---------- java.util.Calendar から LocalDateTime に戻した値 ----------");
    System.out.println(localDateTime3);
  }
}
```

実行結果

```
---------- 開始時の日時 ----------
2025-12-01T02:03:04.567890123
---------- java.util.Date の日時 ----------
Mon Dec 01 02:03:04 JST 2025
---------- java.util.Calendar の日時 ----------
java.util.GregorianCalendar[time=1764522184567,areFieldsSet=true,
areAllFieldsSet=true,lenient=true,zone=sun.util.calendar.
ZoneInfo[id="Asia/Tokyo",offset=32400000,dstSavings=0,useDaylight=false,
transitions=10,lastRule=null],firstDayOfWeek=1,minimalDaysInFirstWeek=1,ERA=1,
YEAR=2025,MONTH=11,WEEK_OF_YEAR=49,WEEK_OF_MONTH=1,DAY_OF_MONTH=1,
DAY_OF_YEAR=335,DAY_OF_WEEK=2,DAY_OF_WEEK_IN_MONTH=1,AM_PM=0,HOUR=2,HOUR_OF_
DAY=2,MINUTE=3,SECOND=4,MILLISECOND=567,ZONE_OFFSET=32400000,DST_OFFSET=0]
---------- java.util.Date から LocalDateTime に戻した値 ----------
2025-12-01T02:03:04.567
---------- java.util.Calendar から LocalDateTime に戻した値 ----------
2025-12-01T02:03:04.567
```

　このように、Calendar ／ Date クラスと Date-Time API のクラスとは相互に変換可能です。Java 8 が使える環境で開発するのであれば、以前のソースとの互換性をそれほど気にすることなく利用できることが分かります。

　ただし、この実行結果を見ても分かるように、Calendar ／ Date クラスではミリ秒までしか扱えないので、LocalDateTime に値を戻した時にはミリ秒以下がなくなっています。Date-Time API のクラスから、Calendar ／ Date クラスに変換する場合は、そのようなデータの切り捨てが発生することに注意してください。

2.3 集合体について

本節では、多数のオブジェクトを管理する配列やコレクションというしくみについて解説します。

2.3.1 配列

配列は、複数の同じ型の変数をまとめて管理するしくみのことです。配列は格納されている複数の値に、それぞれ番号を割り振り、並び順を記憶しています。次のようないくつもの箱がつながったようなイメージを持つと、配列の大まかな概念が理解しやすくなります。

図：配列のイメージ

1つの箱が1つの変数と対応しています。その箱は先頭から順番に番号が付いています。箱についている番号が0番目から始まっているので違和感があるかもしれませんが、理由は後ほど解説します。

通常の変数と配列の違い

実際に、配列を使ってみましょう。例えば、学校の1クラス30人分の生徒の名前を変数として宣言したい場合、これまでに学んだ方法を使うと、異なる変数名の変数を30個準備する必要がありました。

```
String name1, name2, name3, ..中略..., name30;
```

このような長々と変数の宣言が並ぶプログラムも、配列を使うと1行に収まります。

```
String[] name = new String[30];
```

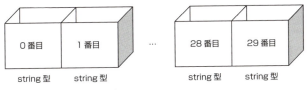

図：生徒の名前配列のイメージ

配列の宣言

配列を使うためには、変数と同じく宣言が必要です。配列は次のように宣言します。

リスト：配列の宣言（構文）
```
データ型[] 配列名 = new データ型[データの数]
```

String 型の配列を初期化し、5 つの要素を格納できるようにするには、次のように書きます。これで、配列に値が格納できる状態になります。

```
String[] array = new String[5];
```

同じように、int 型の配列の場合は int[]、double 型の場合は double[] のように宣言します。ここで注意してほしいのは、通常の変数と異なり、配列は宣言しただけでは利用できません。宣言した配列を初期化する必要があります。

配列への値の格納

配列に値を格納するには、次のように書きます。

```
name[0] = "佐藤";
```

ここで重要なのは配列の並び順で、先頭を表す番号は 0 であるということです。配列の初期化で 5 つの要素を格納できるようにした場合、並び順を表す番号は 0 から 4 の間の 5 つとなります。また、配列の並び順を表す番号のことを**インデック**

ス（index）、または**添字**と呼びます。

配列に格納された値の取り出し

配列に格納された値を取り出す時は、値を格納した時に使用したインデックスを指定します。例えば以下は、前から3つ目に格納した値を取り出す例です。

```
System.out.println(name[2]);
```

ここまで解説した内容を、まとめて1つのクラスとして作成します。

リスト：ArraySample1.java

```
package jp.co.bbreak.sokusen._2._3;

public class ArraySample1 {
  public static void main(String[] args) {
    String[] name = new String[3];

    // 値の格納
    name[0] = "佐藤";
    name[1] = "鈴木";
    name[2] = "田中";

    // 値の取り出し
    System.out.println(name[0]);
    System.out.println(name[1]);
    System.out.println(name[2]);
  }
}
```

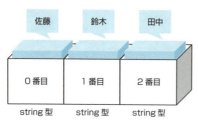

図：配列に値を格納した時のイメージ

クラスを実行した結果は、以下です。

実行結果

```
佐藤
鈴木
田中
```

すべての要素の取り出し

配列に格納された値をすべて取り出したい場合は、第1章でも触れた拡張 for 文を使って次のように書きます。

リスト：ArraySample2.java

```java
package jp.co.bbreak.sokusen._2._3;

public class ArraySample2 {
  public static void main(String[] args) {
    String[] name = new String[3];

    // 値の格納
    name[0] = "佐藤";
    name[1] = "鈴木";
    name[2] = "田中";

    // 値を順番に取り出し
    for(String value : name) {
      System.out.println(value);
    }
  }
}
```

実行結果

```
佐藤
鈴木
田中
```

2.3.2 コレクション

コレクションとは、オブジェクトの集合をまとめて管理するしくみのことです。Javaでは、ライブラリとしていくつかのコレクションを管理するしくみが用意されています。**コレクションフレームワーク**[*]と呼ばれるもので、実体はjava.utilパッケー

---

[*] フレームワークには枠組みという意味があります。

ジ配下のクラス群です。

コレクションの種類としては、List、Set、Map の 3 種類がよく知られています。そして、Java ではそれぞれのコレクションに対してさまざまな実装が用意されています。ここでは、簡単なアプリケーションを作りながら、3 種類のコレクションの使い方を学びます。

List の構造

List は、データが順番通りに格納されているコレクションです。1 つのコレクション内でデータが重複していても構いません。

データを取り出す際には、先頭からの位置を指定することで任意の値を取得できます。配列と似ていますが、要素の個数を事前に指定する必要がなく、自動的に拡張されるという点が異なります。

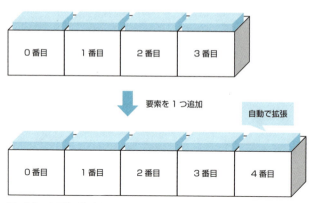

図：格納できる値の数が拡張できる

Set の構造

Set は格納されているデータが一意であることが保証されているコレクションです。データの格納順が管理されるかどうかは、実装によって異なります。格納順が管理されていないとは、値を取り出そうとした時に、どの順番で出力できるかが保証されないということです。

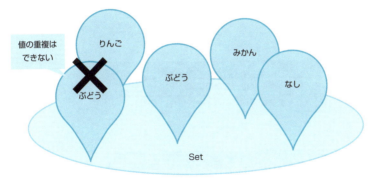

図：格納されたデータが一意である

Mapの構造

　Mapはキーと値がペアで格納されているコレクションです。データの格納順が管理されるかどうかは、実装によって異なります。キーと値のペアのうち、値は重複が許されていますが、キーは1つのコレクション内で重複できません。データを取り出す際はキーを指定して、対応する値を取得します。

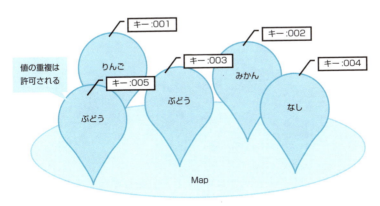

図：キーと値がペアで格納される

2.3.3　ArrayListクラス（Listの実装）

　Listとはデータが順番通りに格納されているコレクションです。このしくみを実装したクラスがJavaではいくつか存在します。この中から、本項ではArrayList

クラスについて解説します。

表：主な List の実装クラス

クラス名	説明
ArrayList	サイズが後から変更可能な配列
LinkedList	要素の追加／削除を高速で行えるリスト

表：ArrayList クラスの主なメソッド

メソッド名	説明
boolean add(E e)	末尾に要素を追加する
void add(int index, E element)	指定した位置に要素を追加する
E set(int index, E element)	指定位置の要素と入れ替える
E get(int index)	指定位置の要素を返す
boolean remove(int index)	指定位置の要素を削除する
void clear( )	すべての要素を削除する
boolean isEmpty( )	要素がない場合に true を返す
int size( )	要素の数を返す

ArrayList オブジェクトの宣言

ArrayList オブジェクトを宣言するには、次のようにします。

```
List<E> 変数名 = new ArrayList<E>();
```

実際に例を使って解説します。

```
List<String> list = new ArrayList<String>();
```

<> の中に String という型名が入りました。E の部分に型名を入れることで「ArrayList オブジェクトの中身はすべて String 型の値が入っていますよ」という宣言になります。

このように型を <> で型名を囲んだ書き方を**ジェネリクス**と呼ぶのでした。また、Java 7 からは、右辺のジェネリクスの型指定を省略できるようになりました。

```
List<String> list = new ArrayList<>();
```

要素の取得

　ArrayList オブジェクトに格納した要素を取得するには、get メソッドを使います。引数には int 型の数値を入れて、その順番に格納されている要素を取得します。

リスト：get メソッドによる要素の取得
```
System.out.println(list.get(0));
```

要素の追加と上書き

　ArrayList オブジェクトに要素を追加をする時は、add メソッドを使います。要素はリストの最後尾に追加されます。

リスト：add メソッドによる要素の追加
```
list.add("佐藤");
list.add("鈴木");
list.add("田中");
```

　既に格納した値を上書きしたい時は、set メソッドを使います。第 1 引数には int 型の数値、第 2 引数には値を指定して、その番号に格納されている要素を上書きします。

リスト：set メソッドによる要素の上書き
```
list.set(1, "高橋");
```

要素の削除

　ArrayList オブジェクトの要素を削除するには、remove メソッドを使います。引数には int 型の数値を指定して、その番号の順番に格納されている要素を削除します。

リスト：remove メソッドによる要素の削除
```
list.remove(1);
```

　また、格納された値をすべて削除したい場合は、clear メソッドを使います。

リスト：clear メソッドによる全要素の削除

```
list.clear();
```

ここまでのまとめ

ここまで紹介したメソッドを使って、1つクラスを作ってみましょう。

リスト：ArrayListSample1.java

```java
package jp.co.bbreak.sokusen._2._3;

import java.util.*;

public class ArrayListSample1 {
  public static void main(String[] args) {
    List<Integer> list = new ArrayList<>();

    // 末尾に要素を追加
    list.add(17);
    list.add(51);
    list.add(39);

    // 要素の表示
    System.out.println("***1 回目の表示 ***");
    System.out.println("0 番目 :" + list.get(0));
    System.out.println("1 番目 :" + list.get(1));
    System.out.println("2 番目 :" + list.get(2));

    // 要素の削除
    list.remove(1);

    // 要素の表示
    System.out.println("***2 回目の表示 ***");
    System.out.println("0 番目 :" + list.get(0));
    System.out.println("1 番目 :" + list.get(1));
  }
}
```

このクラスを実行した結果は、以下の通りです。

実行結果

```
***1 回目の表示 ***
0 番目 :17
```

```
1番目:51
2番目:39
***2回目の表示***
0番目:17
1番目:39
```

ここでは、int 型の ArrayList オブジェクトを宣言しています。ジェネリクスの型には、int などのプリミティブ型ではなく Integer 型のようなラッパークラスを指定します。

次に、add メソッドで 3 つ値を追加しています。この時、List の中身は次のようになっています。

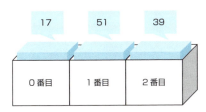

図：3 つ値を追加した時のリストの状態

格納した値を表示した後、1 番目（先頭から 2 つ目）の要素を削除します。この時、List の中身は次のようになっています。

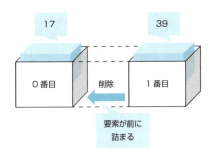

図：1 番目要素を削除した時のリストの状態

1 番目の要素がなくなったことで 2 番目の要素が前に詰まって 1 番目になります。ここでまた、格納した値を表示しています。

すべての要素の取り出し（for 文）

　List の要素をすべて取り出したい場合に、先ほどのプログラムのように get メソッドで 1 つ 1 つ要素の位置を指定して取得していくのは手間です。このような場合は繰り返し構文を使います。具体的なコードは、以下の通りです。

リスト：ArrayListSample2.java

```java
package jp.co.bbreak.sokusen._2._3;

import java.util.*;

public class ArrayListSample2 {
  public static void main(String[] args) {
    List<String> list = new ArrayList<>();

    // 末尾に要素を追加
    list.add(" 佐藤 ");
    list.add(" 鈴木 ");
    list.add(" 田中 ");

    // 全要素の表示
    for(int i = 0; i < list.size(); i++) {
      System.out.println(i + " 番目 :" + list.get(i));
    }
  }
}
```

実行結果

```
0 番目：佐藤
1 番目：鈴木
2 番目：田中
```

　size メソッドで List の要素数を取得できるので、for 文では、要素の数だけループを繰り返すことで、個々の値を順に取り出せます。また、拡張 for 文を使っても構いません。

リスト：拡張 for 文による全要素の表示

```java
// 全要素の表示
for(String name : list) {
  System.out.println(name);
}
```

すべての要素の取り出し（イテレータ）

リストの要素を取り出す方法には、for 文だけではなく**イテレータ**と呼ばれるしくみを使う方法もあります。イテレータとは、List に限らず、コレクションの中身を 1 つずつ取り出す時に使うしくみです。

表：イテレータの主なメソッド

メソッド名	説明
boolean hasNext( )	次の要素があるか調べる。存在した場合に true を返す
Object next( )	次の要素を取り出す

具体的なコードは、以下の通りです。

リスト：ArrayListSample3.java

```java
package jp.co.bbreak.sokusen._2._3;

import java.util.*;

public class ArrayListSample3 {
  public static void main(String[] args) {
    List<String> list = new ArrayList<>();

    // 末尾に要素を追加
    list.add(" 佐藤 ");
    list.add(" 鈴木 ");
    list.add(" 田中 ");

    // イテレータの取得
    Iterator<String> it = list.iterator();

    // 全要素の表示
    while(it.hasNext()) {
      // 要素の取得
      String name = it.next();
      System.out.println(name);
    }
  }
}
```

実行結果

```
佐藤
鈴木
```

hasNext メソッドで List に次の要素があるのかを調べ、存在する場合はループを継続します。あとは、「イテレータ名 .next()」で値を取り出すと同時に、イテレータが次の要素を指すようにします。

これを繰り返すことで、List に含まれるすべての要素を順に取り出せます。

 ## 2.3.4 　HashSet クラス（Set の実装）

Set は、格納されている値が一意であることが保証されているコレクションです。List と同様に、Java ではこのしくみを使ったいくつかのクラスが用意されています。この中から、本項では代表的な HashSet クラスについて解説します。

表：主な Set の実装クラス

クラス名	説明
HashSet	一般的な Set 実装
LinkedHashSet	追加した順番を保持する Set 実装

表：HashSet クラスの主なメソッド

メソッド名	説明
boolean add(E e)	要素を追加する
boolean remove(Object o)	要素を削除する
void clear( )	すべての要素を削除する
boolean isEmpty( )	要素がない場合に true を返す
int size( )	要素の数を返す
boolean contains(Object o)	指定した要素が含まれる場合に true を返す

HashSet オブジェクトの宣言

HashSet オブジェクトを宣言するには、次のようにします。ジェネリクスを使って、Set に格納できる値の型を指定しています。

```
Set<E> set = new HashSet<E>();
```

省略記法を使えば、以下のようにも書けます。

```
Set<E> set = new HashSet<>();
```

要素の追加

HashSet オブジェクトに要素を追加をする時は、add メソッドを使います。

リスト：add メソッドによる要素の追加
```
set.add(" いぬ ");
set.add(" ねこ ");
set.add(" うさぎ ");
```

add メソッドで重複した値を格納した場合、エラーは発生しませんが、その値は無視されます（＝重複して登録はされません）。

要素の取得

HashSet オブジェクトで要素を取り出すには、イテレータや拡張 for 文を使います。

要素の順番を管理していない HashSet クラスでは、ArrayList クラスのように get メソッドで要素を取得することはできません。

以下に、具体的なコードを示します。

リスト：拡張 for 文を使った要素の表示
```
// 要素の表示
for(String animal : set) {
  System.out.println(animal);
}
```

要素の削除

HashSet オブジェクトの要素を削除するには、remove メソッドを使います。引数には、削除したい要素の値を指定します。

リスト：remove メソッドを使った要素の削除
```
set.remove(" うさぎ ");
```

また、格納された値をすべて削除したい場合は、clear メソッドを使います。

リスト：clear メソッドを使った全要素の削除
```java
set.clear();
```

要素が存在するか調べる

contains メソッドは、指定した要素が HashSet オブジェクトに存在するかを判定します。引数に要素の値を渡すことで、結果を true ／ false で得られます。

リスト：指定した要素が含まれているかを確認
```java
System.out.println(set.contains("ねこ"));
```

ここまでのまとめ

ここまで解説した内容で、1つクラスを作ってみます。

リスト：HashSetSample1.java
```java
package jp.co.bbreak.sokusen._2._3;

import java.util.*;

public class HashSetSample1 {
  public static void main(String[] args) {
    Set<String> set = new HashSet<>();

    // 要素の格納
    set.add("いぬ");
    set.add("ねこ");
    set.add("うさぎ");

    // 要素の表示
    System.out.println("*** 表示1回目 ***");
    for(String animal : set) {
      System.out.println(animal);
    }

    // 要素の削除
    set.remove("うさぎ");
```

```java
    // 要素が含まれているか確認
    System.out.println("*** 存在確認 ***");
    System.out.println(set.contains("うさぎ"));

    // 要素の表示
    System.out.println("*** 表示2回目 ***");
    for(String animal : set) {
      System.out.println(animal);
    }
  }
}
```

実行結果

```
*** 表示1回目 ***
ねこ
うさぎ
いぬ
*** 存在確認 ***
false
*** 表示2回目 ***
ねこ
いぬ
```

まず、String 型が格納できる HashSet オブジェクトを宣言しています。次に、add メソッドで3つ値を追加しています。この時、HashSet オブジェクトの中身は、次のようになっています。

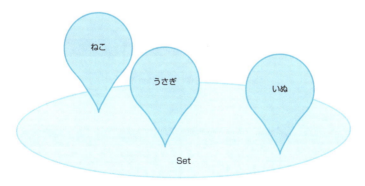

図：値を3つ追加した時の状態

格納した値を表示した後、値が「うさぎ」である要素を削除します。この時、

HashSet オブジェクトの中身は、次のようになっています。

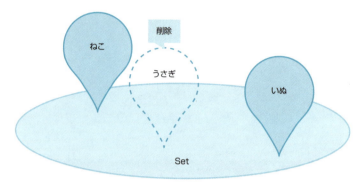

図：うさぎの要素を削除した時の状態

　ここで削除した要素が存在するかを判定しています。「うさぎ」を削除しているので、「contains("うさぎ")」は false を返します。

2.3.5　HashMap クラス（Map の実装）

　Map は、キーとそれに対応した値をペアにした要素を格納できるコレクションです。List ／ Set と同じく、Java ではこのしくみを使ったいくつかのクラスが用意されています。この中から、本項では HashMap クラスについて解説します。

表：主な Map の実装クラス

クラス名	説明
HashMap	一般的な Map の実装
LinkedHashMap	追加した順番を保持する Map 実装

表：HashMap クラスの主なメソッド

メソッド名	説明
boolean put(K key, V value)	指定したキーと値をペアとして格納する
boolean remove(Object key)	キーと対応する値を削除する
void clear( )	すべての要素を削除する
boolean isEmpty( )	要素がない場合に true を返す
Set<K> keySet( )	マップに含まれるキーの一覧を Set として取得する

メソッド名	説明
int size( )	要素の数を返す
boolean containsKey(Object key)	指定したキーが含まれる場合に true を返す
boolean containsValue(Object value)	指定した値が含まれる場合に true を返す

HashMap の宣言

HashMap を宣言するには、以下のようにします。

```
Map<K, V> 変数名 = new HashMap<K, V>();
```

ジェネリクスの型を 2 つ指定しています。最初の V がキーの型、次の K は値の型です。省略記法を使うと、以下のように表現できます。

```
Map<K, V> 変数名 = new HashMap<>();
```

要素の追加と上書き

HashMap オブジェクトに値を追加するには、put メソッドを使います。List／Set と役割は同じですが、メソッド名が異なります。キーと値をペアで格納する必要があるため、引数を 2 つ指定します。第 1 引数がキー、第 2 引数が値です。

リスト：put メソッドによるキーと値の格納

```
// キーと値のペアの格納
map.put("りんご", "赤");
map.put("ぶどう", "紫");
map.put("みかん", "オレンジ");
```

なお、HashMap オブジェクトが既に同じキーを持っていた場合には、古い値を新しい値で上書きします。

要素の取得

HashMap で値を取得するには、get メソッドを使います。引数にはキーを指定します。

指定されたキーが、HashMap オブジェクトに存在する場合は対応する値を取得できます。キーが存在しない場合には null が返されます。

リスト：get メソッドによる値の取得

```java
String value = map.get("ぶどう");
```

要素の削除

HashMap オブジェクトの要素を削除するには、remove メソッドを使います。引数にキーを指定することで、対応するキー／値を削除できます。

リスト：remove メソッドによる値の削除

```java
map.remove("りんご");
```

格納された要素をすべて削除するならば、clear メソッドを使います。

リスト：clear メソッドによる全要素の削除

```java
map.clear();
```

ここまでのまとめ

ここまで紹介したメソッドを使って、1つクラスを作ってみましょう。

リスト：HashMapSample1.java

```java
package jp.co.bbreak.sokusen._2._3;

import java.util.*;

public class HashMapSample1 {
  public static void main(String[] args) {
    Map<String, String> map = new HashMap<>();

    // キーと値のペアの格納
    map.put("赤", "りんご");
    map.put("紫", "ぶどう");
    map.put("オレンジ", "みかん");
```

```
    // 要素の削除
    map.remove("赤");

    // 値の表示
    for(String key : map.keySet()) {
      String value = key;
      String value = map.get(key);
    }
  }
}
```

実行結果
```
ぶどう
みかん
```

まずは、HashMap オブジェクトを宣言しています。キーと値の型は共に String 型としています。

次に、3つの要素を格納しています。この時、HashMap オブジェクトの中身は、次のようになっています。

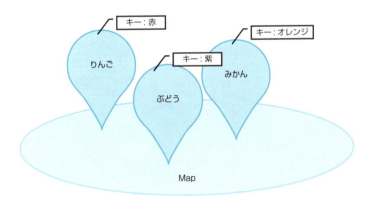

図：値を3つ追加した時の状態

格納した値を表示した後、キーが「赤」である要素を削除します。この時、HashMap オブジェクトの中身は、次のようになっています。

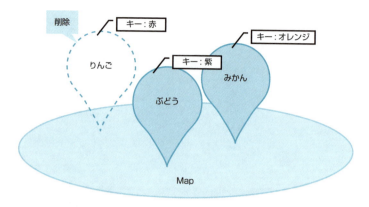

図：赤の要素を削除した時の状態

　HashMap オブジェクトでは、値の取得にキーが必要です。これまでのように、イテレータや for 文でそのまま全要素を取得することはできません。keySet メソッドでキーの一覧を取得できるため、「キー一覧の取得→値の取得」という順番で、すべての要素を取り出します。

2.4 Apache-Commons

システムを開発する上で、すべての機能を手作りすることはほとんどありません。

Javaにはさまざまな外部ライブラリがあり、それらを利用することで、自ら記述しなければならないコード量を減らせます。のみならず、事前に正しく動くことが確認されてるライブラリを選んで利用することで、自分たちで作るよりも確実に動くシステムを構築できます。

そのような外部ライブラリの中でも有名なものとして、**Apache-Commons** というライブラリ群があります。Apache-Commons は、一般的にどのようなシステムでも使うであろう機能を提供しています。本節では、Apache-Commons を通じて、ライブラリをどのように使えばよいのか、その基本を学びましょう。

2.4.1 外部ライブラリを利用するためのツール Maven

外部ライブラリを使用するためには **Maven**（諸説ありますが、メイブンと読みます）というツールをよく利用します。

Mavenは、外部ライブラリを管理するためのツールで、Javaでのシステム開発ではよく使われています。Mavenを利用することで、外部のライブラリを pom.xml という設定ファイルで管理し、その内容に従ってダウンロードし、開発環境を用意できます。

複数の人が関わるシステム開発では、環境の差異をなるべくなくしたいものです。そこで、Mavenを使って pom.xml を共有しておけば、同じ外部ライブラリを使った環境を手早く準備できます。MavenはEclipseプラグインとして提供されているので、ここでは、それを使って外部ライブラリを利用することにしましょう。

Mavenの導入

最近は、Eclipseに最初からMavenのプラグインが組み込まれていることが多いので、まずはMavenのEclipseプラグインである「m2e」がインストール済みかどうかを確認してみましょう。メニューから［File］→［New］→［Other...］を選択します。

図：Maven がインストールされているかの確認

［New］ウィンドウが開き、その中に「Maven」と書かれたフォルダがあれば、Maven はインストール済みです。

図：新規作成画面に Maven がある状態

もしなければ、Maven のプラグインを導入しましょう。

メニューから［Help］→［Eclipse Marketplace...］を選択してください。画面上に虫眼鏡マークが表示されているテキストボックスがあるのでそこに「m2e」と入力し、最後に Enter キーを押して検索してプラグインを検索してください。

図：Eclipse Marketplace の画面

　プラグインが見つかったら［Install］ボタンを押して、プラグインをインストールします。以降の手順は、デフォルトのままで進めていくだけです。最後にライセンスの同意画面が表示されるので、［I accept 〜］を選択した状態で［Finish］ボタンを押してください。

図：プラグインのライセンス

インストール後は再起動を促すダイアログが出るので、再起動してください。

図：インストール後の再起動要求

これで、Maven の導入は完了です。

プロジェクトを Maven に対応させる

Eclipse に Maven のプラグインが導入できたら、次に Java プロジェクトを Maven に対応させましょう。対応したいプロジェクトの上で右クリックし、表示されたコンテキストメニューから［Configure］→［Convert to Maven Project］を選択してください。

図：Maven プロジェクトに変更する

［新規 pom の作成］ダイアログが表示されるので、ひとまず何も変更せずに［Finish］ボタンをクリックして、pom.xml を作成してください。プロジェクトが、以下のような形で少し変化しています。

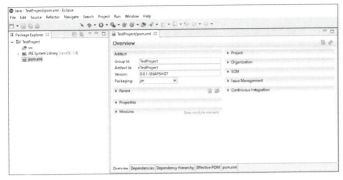

図：変更後のMaven Project

これで、プロジェクトはMavenを使える状態になりました。

2.4.2　Apache-Commonsの導入

Mavenを使えるようになったので、早速、外部ライブラリをプロジェクトに導入しましょう。ここではApache-Commonsの中でも一番スタンダードなLangというライブラリを導入します。まずは、プロジェクトの中にあるpom.xmlを開いてください。pom.xmlを開くと、下の方にタブが並んでいます。その中の左から2番目の［Dependencies］タブをクリックしてください。

図：pom.xmlを開いた時のエディタにあるタブ

画面の中央にある［Add...］ボタンをクリックしてください。依存性追加のためのダイアログが表示されるので中央のテキストボックスに「lang」と入力します。すると、下に追加できる依存性の候補が表示されます。ここではcommons-langが表示されているので、これをクリックしてください。

図：依存性追加のダイアログでlangを入力し、検索結果を選択したところ

図のような状態になったら、[OK] ボタンをクリックしてダイアログを閉じます。ダイアログを閉じたら、pom.xml も保存して閉じてください。プロジェクトの [Maven Dependencies] 配下 commons-lang-x.x.jar（x.x はその時の最新バージョン）が表示されているはずです。

```
▼ Maven Dependencies
    ▶ commons-lang-2.1.jar
```

図：プロジェクトに外部ライブラリを導入したところ

これで、Maven を使った外部ライブラリの導入は完了です。

Apache-Commons にあるライブラリ

ここで少し Apache-Commons について補足しておきます。

まず、Apache とはオープンソースソフトウェアを管理している団体です。代表的なソフトウェアに、ApacheHTTPD や Apache Tomcat といったものがあります。

管理しているソフトウェアは多岐にわたります。そのため、Java を使ったプログラミングを生業としている人は必ずと言ってよいほど、ここのソフトウェアを使います。その中でも、本項で取り上げた Commons は Java プログラムでよく作られる機能をまとめたもので、「こういうことがしたいな」と思ったことは、大概、Commons で実装されています。

そのため、Commons にある機能を利用することで、自分が作るソースコードの量を減らせることがよくあります。Commons でよく使われるライブラリには、以下のようなものがあります。

表：Apache-Commons の代表的なライブラリ

名称	用途
Lang	一般的によく使われる機能を集めたもの
Collections	List などの集合を便利に扱うためのもの
Logging	ログ出力用の機能を集めたもの

ここに挙げた以外にも、Commons には多くのライブラリがあります。Commons にあるライブラリについて知りたい場合は公式ページ* を参照してください。また、

---

* https://commons.apache.org/

Apache以外にも、さまざまな外部ライブラリが世の中には存在しています。日ごろから業界の動向をチェックしておきましょう。

> **NOTE　システム開発者の情報源とは**
>
> 　先ほど、「日ごろから業界の動向をチェックしておきましょう」と書きましたが、何をどうチェックすればよいでしょうか。経済の動向であれば経済新聞を読めばよいですが、システム開発についての業界の動向については、どこに情報があるか分かりにくいと思います。さまざまな情報源が存在していますが、最小限押さえておきたいのは以下のものです。
>
> - @IT（アットマークアイティ）：http://www.atmarkit.co.jp/
> - CodeZine（コードジン）：https://codezine.jp/
> - Think IT（シンクイット）：https://thinkit.co.jp/
>
> 　以上のサイトは業界の動向を広く押さえているので、読んでいくうちに次第に業界の状況が分かってきます。はじめのうちは、書かれている内容が分からないことが多いと思いますが、分からない用語を自分で調べたり、実際に書かれた記事の例を自分のPCで動かしてみたりと、試行錯誤するうちに内容が理解できるようになってきます。
> 　また、職場によって重要とされることも異なるので、先輩たちが何を見て業界の動向を押さえているかも聞いてみましょう。

2.4.3　Apache-Commonsの利用方法

　では、Langのライブラリがプロジェクトにインストールできましたので、外部ライブラリを使ってプログラムを作成してみましょう。Langには、文字列操作でよく利用する機能が用意されています。その中でも特によく使われていると思われるStringUtilsクラスを使って、文字列が空であるかどうかを判定してみましょう。

リスト：LibSample.java

```
package jp.co.bbreak.sokusen._2._4;

import org.apache.commons.lang.StringUtils;

public class LibSample {
  public static void main(String[] args) {
```

```
    String targetStr = " チェック対象文字";

    if (StringUtils.isEmpty(targetStr)) {
      System.out.println(" 空です。");
    } else {
      System.out.println(" 空ではありません。");
    }
  }
}
```

StringUtils ユーティリティクラスにはさまざまな機能があります。今回は空であることを判断する isEmpty というメソッドを使用しました。

isEmpty メソッドを使わない場合、文字列が空であるかを判断するには「null であるか、文字列の長さがゼロであるか」の 2 点をチェックしなければなりません。これを同時にチェックしてくれるのが、このメソッドです。

のみならず、StringUtils クラスは多くの人の目でチェックを受けているので、正しく動作することも保証されています。正しく動作するかを疑う必要がありません。

職業としてプログラムを作成する場合、疑わしいものはすべて試しに動かして、正しく動くことを確認しなければなりません。検証済みのライブラリを使うことで、確認不要なところが増えると、作成にかかる手間も削減できるのです。

> **NOTE 車輪の再発明**
>
> このような外部ライブラリを使う時によく出てくる単語に、「車輪の再発明」という言葉があります。
>
> 文明の発展過程で「車輪」が登場することは 1 つのポイントになっていますが、それを 2 回も発明する、つまり、再発明しても文明にはさしたる変化はありません。それが転じて、プログラミングのありかたとして、「一度作ったものをあえて手作りする必要はない」という意味があります。無駄な工数は使わないように、という戒めの意味で使われる単語です。
>
> しかし、卓越したプログラマの中には、あえて車輪の再発明をすることで新たな発見をし、プログラミングの技術を発展させる人もいるので、再発明は一概に悪いこととも言えません。ただし、車輪の再発明はあくまで自分の時間でやる方がよいでしょう。

CHAPTER 3

データベース

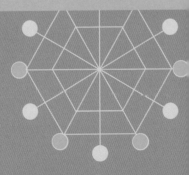

3.1 データベースとは

　ここでは、Java の話題から少し離れて、データベースについて解説します。
　データベースとは、データを保存する倉庫のことです。私たちが作るプログラムのほとんどがデータベース操作のためにあると言っても過言ではありません。そして、システム全体の出来が悪くても、データベース内のデータにさえ間違いがなければ後で復旧することも可能です。そのため、データベースの設計と操作は非常に重要です。
　業務アプリケーションでの主流は、関係データベース（リレーショナルデータベース）と呼ばれるものです。本書でも、関係データベースのみを対象として解説します。
　本章では、データベースを扱うための基礎知識から、Java でデータベースをどのように操作するかまでを解説します。

3.1.1 データベースとは

　データベースを使ったアプリケーションを作成する前に、「そもそもデータベースとはどのようなものなのか」について、簡単に解説します。

データベースとはデータの集まりである

　コンピュータにおけるデータベースとは、あるテーマに沿ったデータの集まりです。
　データベースの身近な例だと、電話帳が挙げられます。電話帳には電話番号と氏名などが一覧として載っています。電話帳は、電話番号というテーマに沿ったデータの集まりであることからデータベースの一種といえるでしょう。

佐藤　1111-1111
鈴木　2222-2222
高橋　3333-3333
　　　：

図：電話帳もデータベースの一種

データを管理するアプリケーション

　一般的に、データベースは単体で使われることはありません。データを管理／操作するためのアプリケーションと一緒に使われます。アプリケーションを使って、データを登録したり、検索した結果を加工して取り出したりします。このような、データベースを管理するアプリケーションのことを**データベース管理システム**（DataBase Management System）と呼びます。データベース管理システムには、一般的に次のような機能が実装されています。

表：データベース管理システムが持つ機能

機能	説明
データの検索機能	データベースから目的のデータを選択する
データの追加／更新機能	データベースに任意のデータを追加／更新する
追加／更新データのチェック	追加／更新しようとしたデータがデータベース内の規則を守っているかチェックする
セキュリティの管理	データベースにアクセスできるユーザを制限する
同時アクセスの管理	複数ユーザによるデータベースへのアクセス時の動作を制御する
データベースサイズの管理	データベースに格納できるデータの量を管理する

　データベースとデータベース管理システムはペアで扱われることがほとんどで、この2つをまとめてデータベースと呼ぶこともあります。

3.1.2 データベースの種類と特徴

データベースには、データの格納の仕方、取り出し方などの違いによって、いくつかの種類が存在します。主なデータベースの種類について、簡単に解説します。

データベースのモデル

データベースには、データの管理の仕方でいくつか方式があります。業務システムにおける主流は関係データベースと呼ばれるものです。ただし、用途によっては別の方式のデータベースが使われることがあります。主流である関係データベースと、それ以外の方式の一部について、特徴をそれぞれ解説します。

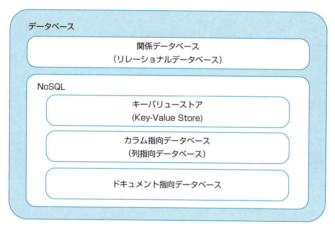

図：リレーショナルデータベースとNoSQL

関係データベース (リレーショナルデータベース :relational database)

関係データベースとは、カラム（列）とレコード（行）からなるテーブル（表）を複数持ち、テーブルとテーブルの間に何らかの関係を持つデータベースです。

テーブルとテーブルの間にある関係を用いて、表に格納されたデータ同士を結合させたり、レコードやカラムの一部のみを抽出したりと、テーブルに格納されているデータを必要な形に加工して柔軟に取り出せます。

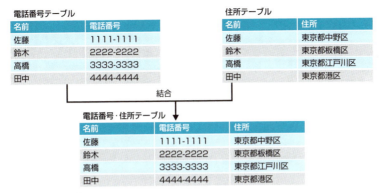

図:テーブルの結合

　実際に関係データベースのテーブルとテーブルの結合のイメージを次に示します。ある商店の商品の販売価格と仕入れ価格を保存する「価格」テーブル、在庫数を保存する「在庫」テーブルがあったとします。

表:価格テーブル

商品名	販売価格	仕入れ価格
みかん	30	20
りんご	100	50
ぶどう	500	100

表:在庫テーブル

商品名	在庫数
みかん	12
りんご	5
ぶどう	8

　価格テーブルと在庫テーブルの両方に同じ商品名があることから、この関係を利用して2つのテーブルを結合します。

表:価格と在庫数テーブル

商品名	販売価格	在庫数
みかん	30	12
りんご	100	5
ぶどう	500	8

2つのテーブルから商品名ごとの価格と在庫数を取り出すことができました。

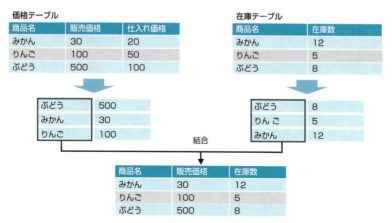

図：商品名が一致するものを結合対象とする

キーバリューストア (Key-Value Store)

　キーバリューストアとは、キーと値をペアで保存するデータベースです。キーバリューストアでのキーとはそのデータの集合の中で重複しない値のことです。また、重複しない値のことを「一意である」と呼びます。

　一意であるキーを持つということは、そのキーを指定するとペアになっている値も一意に決まるため、すぐに取り出せるということです。関係データベースでは、結合や行／列の抽出を経て目的の値を取り出していましたが、キーバリューストアではこの処理が単純であることから、値の取り出しにかかる時間が短くなるという特徴があります。

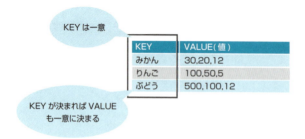

図：キーバリューストアでは、キーと値がペアで格納される

カラム指向データベース（列指向データベース）

カラム指向データベースとは、レコードとカラムからなるテーブルのカラム部分に着目したデータベースです。カラム単位での集計や抽出に適しています。

カラム指向データベースのイメージを、簡単に解説します。まず、次に示すようなビルの入退出記録のテーブルがあったとします。

表：入退出記録（60万行分のデータを格納）

通し番号	入退室区分	記録時間	会社名	名前	受付担当
000001	入室	9:00	A株式会社	田中太郎	高橋和也
000002	入室	9:01	B株式会社	鈴木翔	山田幸子
... 中略 ...					
600000	退室	23:00	Z株式会社	佐藤和也	金子健介

このテーブルでは記載の都合上省略していますが、入退出記録の表には60万行と大量のデータが格納されているとします。

ここから時間帯ごとの入室者を集計したい時に、カラム指向データベースではカラムに着目します。これによって、集計に関係ない会社名や名前などの項目を排除して処理ができ、処理が関係データベースに比べて高速になります。

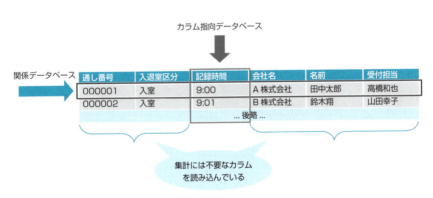

図：カラム指向データベースでは、カラムに着目して処理をする

ドキュメント指向データベース

ドキュメント指向データベースとは、キーとドキュメントをペアで保存するデータベースです。ドキュメントには任意のデータ構造のデータを保存できます。ドキュ

メントごとにデータ構造が同じである必要はなく、型にとらわれず、自由にデータを保存できます。

　関係データベースではカラムごとに格納できる型やデータサイズが決まっていますが、ドキュメント指向データベースではそれがないという特徴があります。

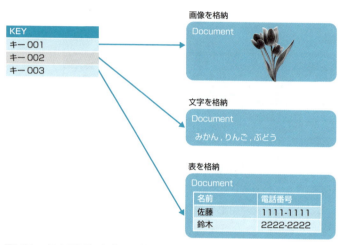

図：ドキュメント指向データベースでは、さまざまな形式のデータが格納される

3.1.3　関係データベース

　ここからは、業務アプリケーションでの主流である関係データベースについて、詳しく解説をしていきます。

データベース

　関係データベースにおけるデータベースでは、カラムとレコードからなるテーブルにデータを格納します。テーブルでは **SQL**（Structured Query Language）という言語でデータを取り出したり、格納したりすることができます。データベースのデータを管理するアプリケーションとして、**RDBMS**（Relational DataBase Management System）を使います。

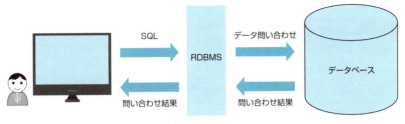

図：データベースへの問い合わせには SQL を使う

テーブル

関係データベースのテーブル（表）はカラムとレコードからできています。また、すべてのカラムには格納できる値の種類が定義されており、指定された種類以外の値は保存できません。定義に従ってデータを格納することで、1行分のデータが完成します。

列に入れられる値の定義のことを**定義域（ドメイン）**と呼びます。定義域には、Java 言語と似たようなデータ型を指定できます。

表：データ型

分類	データ型
ビット型	BIT、BIT VARYING
文字列型	CHARACTER、CHARACTER VARYING、NATIONAL CHARACTER、NATIONAL CHARACTER VARYING
整数値型	INTEGER、DECIMAL、SMALLINT
小数型	DOUBLE PRECISION、FLOAT
日時型	DATE、TIME、TIMESTAMP

使用する RDBMS の種類によっては、この他にも独自のデータ型が定義されているものもあります。

キー

テーブルのカラムには、テーブルの中のレコードを1つに特定するために使うカラムが存在します。これを**キー**と呼びます。

例えば次のようなテーブルがあった場合に、キーと呼ばれるカラムはどれでしょうか。

表：商品テーブル

商品コード	商品名	産地
001	みかん	愛媛
002	みかん	熊本
003	みかん	佐賀
101	ぽんかん	愛媛

　商品テーブルの中で、特定の1レコードが指定できるカラムは「商品コード」カラムであることが分かります。そのため、「商品コード」カラムはキーと呼べます。

　キーは、複数のカラムの組み合わせでも指定できます。「商品名」カラムと「産地」カラムの組み合わせでもテーブルの中の1レコードが指定できているので、「商品名」カラムと「産地」カラムの組み合わせもキーと呼べます。

　先ほど、キーとなる条件は「テーブルの中の1レコードを特定できるカラムであること」と解説しましたが、具体的にはカラムの中で値が重複していないこと、つまり一意（ユニーク）であることを満たすカラムはキーとなります。

　なお、商品テーブルのように複数のキーが存在する場合には、どちらか一方のキーをそのテーブルの中を代表するキーとして使います。この時に代表となるキーのことを**主キー**、選ばれなかったキーのことを**代替キー**と呼びます。

リレーションシップ

　関係データベースでは、テーブルとテーブルを関連付けて結合できるしくみがあります。この関連付けのことを**リレーションシップ**と呼びます。実際のテーブルを使って、リレーションシップを解説します。

表：商品テーブル

商品コード	商品名	産地
001	みかん	S01
002	みかん	K01
003	みかん	K02
101	ぽんかん	S01

表：産地テーブル

産地コード	産地名
S01	愛媛
K01	熊本
K02	佐賀

　この2つのテーブルを、「商品テーブルの産地」と「産地テーブルの産地コード」を手がかりに各レコードを結合すると、次のようになります。

表：商品テーブルと産地テーブルの結合結果

商品コード	商品名	産地コード	産地
001	みかん	S01	愛媛
002	みかん	K01	熊本
003	みかん	K02	佐賀
101	ぽんかん	S01	愛媛

　商品テーブルの産地が産地テーブルの産地コードを参照しています。この時に商品テーブルの産地のことを**外部キー**と呼びます。

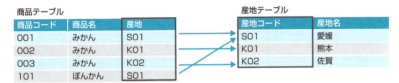

図：他のテーブルのカラムを参照しているカラムのことを外部キーと呼ぶ

制約

　表の各カラムには、格納されるデータに対してルールを適用できます。このルールのことを**制約**と呼んでいます。主な制約を次に示します。

表：主な制約

制約名	制約内容
NOT NULL	列の値に NULL を入れることができない
一意制約（UNIQUE 制約）	列の値に重複した値を入れることができない
主キー制約	列の値に NULL、重複した値を入れることができない
CHECK 制約	ユーザが設定した値以外は入れることができない

データベースでの NULL とは、値がないことを意味します。

インデックス

RDBMS にはデータベースに格納されたデータを高速で検索するしくみが提供されています。**インデックス**（Index）と呼ばれるものです。

インデックスは、国語辞典などの辞書についている索引と同じようなしくみで、テーブルに格納されているデータに索引を付けるイメージです。国語辞典の五十音に整列された索引を使えば、「り」から始まる言葉が「り」の索引が付いた場所の先頭から探し始めればよいということが分かります。

インデックスを使わない場合、先頭から総当たりで検索を始めるため、時間がかかります。

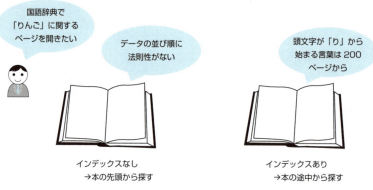

図：索引がある場合とない場合のページの探し方

権限とロール

データベースには、多くのデータが格納されています。銀行のデータベースは預金情報、通販サイトには顧客情報など機密性が高いデータも格納されています。このようなデータを誰でも検索できたり、更新できたりするのは問題です。

そこで RDBMS には、データベースへのアクセスを制限する機能が実装されています。ID とパスワードで個人を認証して、限られたユーザにのみデータベースのアクセスを許可します。また、ユーザ単位に、表に対して検索、データの挿入／更新など、どのような操作ができるかを設定します。このように、データベースへ

のアクセス、テーブルに対する検索／挿入／更新などを許可／禁止するしくみのことを**権限**と呼びます。

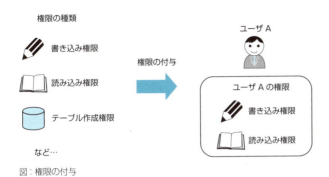

図：権限の付与

権限をいくつかまとめて、1つのセットとしたものを**ロール**（Role）と呼びます。
データベース上のすべてのテーブルへの検索権限だけをまとめた「閲覧」ロールなどをあらかじめ作っておくと、ユーザが増えた時にもユーザごとに全部のテーブルへの権限を1つ1つ付ける必要がなく、手間やミスが防止できます。

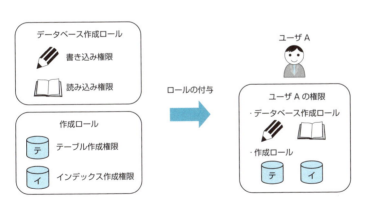

図．ロールの作成

3.1.4　データをファイルに保存することの問題点

データベースとファイルにデータを格納した時の、双方の違いは何でしょうか。
ファイルに保存されたデータを扱った場合を例に、関係データベースとの違い、

また、ファイルでデータを管理することによる問題点を見ていきましょう。

データ間の関係が破壊される可能性がある

とある商店のデータ管理システムとして次のようなデータがそれぞれ別のファイルに保存されているとします。商品名を管理するファイルと仕入れ価格と販売価格を管理するファイルです。

表：商品価格ファイル

商品名	仕入れ価格	販売価格
ポテトチップスのり塩	50	100
苦めのチョコレート	100	150
うずまきキャンディー	20	50
大玉キャンディー	10	30

表：商品名ファイル

商品名	商品分類
ポテトチップスのり塩	スナック
苦めのチョコレート	チョコレート
うずまきキャンディー	キャンディー
大玉キャンディー	キャンディー

ある日、商品の仕入先から商品名変更の連絡がありました。うずまきキャンディーが棒付きキャンディーに変更となったそうです。

この時、商品名を保存しているファイルを更新する必要があります。先ほどのデータを確認すると、商品名は2つのファイル両方に格納されています。もし、更新の担当者が商品名に関係あるのは商品名ファイルだけだと思い込んで、商品価格ファイルの商品名を更新しなかった場合は、ファイルのデータは次のようになります。

表：商品価格ファイル

商品名	仕入れ価格	販売価格
ポテトチップスのり塩	50	100
苦めのチョコレート	100	150
うずまきキャンディー	20	50
大玉キャンディー	10	30

表：商品名ファイル

商品名	商品分類
ポテトチップスのり塩	スナック
苦めのチョコレート	チョコレート
棒付きキャンディー	キャンディー
大玉キャンディー	キャンディー

　商品名ファイルの棒付きキャンディーと商品価格ファイルのうずまきキャンディーは、本来同じ商品を指していたはずですが、片方のファイルの更新をしなかったためにこの2つのデータの関係はなくなってしまいました。関係データベースではデータ同士の関係について整合性を保つしくみがあるため、このようなことは発生しません。

同時更新によるデータ不整合が起きる可能性

　ファイルによる更新では、同時更新によってデータの不整合が発生する可能性があります。次のように、商品の在庫を管理する在庫ファイルがあったとします。

表：在庫ファイル

商品名	在庫数
ポテトチップスのり塩	10
苦めのチョコレート	5
棒付きキャンディー	20
大玉キャンディー	20

　ある日、レジAで大玉キャンディーが1つ売れて、それと同時に別のレジBで同じものが2つ売れました。この時に在庫ファイルには現在の在庫数から売れた分だけ数を減らす処理が実行されます。

　レジAが在庫ファイルを更新すると、大玉キャンディーの在庫数は20から売れた分の1つを減らして19です。レジBも同時に商品が売れたので、在庫ファイルを更新しようとすると在庫数の20から売れた分の2つを減らして18です。

　仮に、レジAがファイルに後からデータを更新したとすると、在庫はファイル上は19となります。実際の商品の在庫は、レジAとレジBの合計で3つ売れているはずなので17です。ファイル上のデータと実際の在庫の数に不整合が出てしまいました。

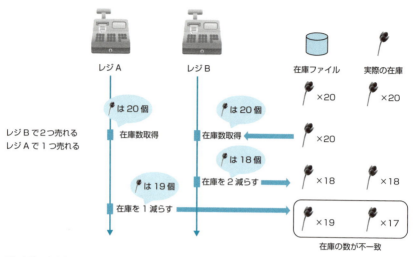

図：実際の在庫数とファイル上の在庫数に不整合が生じる

　関係データベースでは、複数のユーザが更新する際、片方のユーザが更新している間、他のユーザからの更新を一時待たせるようなしくみがあります。

　このようなケースの他にもファイルでのデータ管理では、同じ商品名のデータを2つ格納してしまうようなミスも起こる可能性があります。データを管理する上で、ファイルでの管理は手軽さという利点もありますが、このような問題を抱えています。

3.1.5　データベース設計

　実世界の情報をデータベースの表として定義するには、通常では**データベース設計**という手続きを経ます。データベース設計は論理設計、物理設計の順番で実施されます。論理設計、物理設計それぞれについて解説します。

論理設計

　論理設計では現実の情報を整理して、データとして保存する対象を決めます。保存する対象のことを**エンティティ**と呼びます。

　エンティティを定義したら、エンティティの間のリレーションシップを決めます。このリレーションシップの定義を表す図のことを **E-R 図**（Entity-Relationship

Diagram）と呼びます。

　論理設計を実際の例をもとに解説します。とある商店からデータベース化の要望がありました。データベース化にあたり、次のような要望が上がりました。

- 在庫の個数を管理したい
- 商品の仕入れ価格、販売価格を管理したい
- いつ、何が、何個売れたのかを記録したい

まず、データとして何を保存すればよいのか対象を決めます。要望から次のように対象を決めました。

- 在庫の数を格納するエンティティ
- 商品の価格を格納するエンティティ
- 販売記録を格納するエンティティ

　在庫管理には、扱う商品の種類を管理する必要があると判断し、商品エンティティも追加で定義します。また、エンティティの各属性について、主キーを設定します。

図．主キーを設定する（＊マークの行）

　次に、エンティティ間のリレーションシップを定義します。この時にエンティティ間の数の関係も同時に定義します。
　例えば、商品エンティティと販売記録エンティティでは、1つの商品に対して複数の販売記録が存在します。この時の関係を「1対多」と呼びます。他に「多対1」

「1 対 1」「多対多」などの関係もあります。

　エンティティ間のリレーションシップを設定した図は、次の通りです。

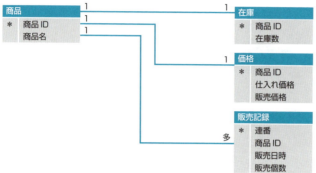

図：リレーションシップの設定

　これで E-R 図が完成しました。論理設計では、この作業に加えてエンティティに対して正規化という作業が必要です。

テーブルの正規化とは

　関係データベースでは、保持しておきたい内容を表に保存します。テーブルは実世界の情報を論理設計でモデル化して、それらを関数従属性に従って、適切に分割していきます。これを**正規化**といいます。**関数従属性**とは、あるカラムの値が決まると別のカラムの値が決まるという関係のことです。

　正規化にはいくつかの段階があります。

表：正規形

正規形	正規化の内容
第 1 正規形	正規化されていないテーブルを値の重複がないように分ける
第 2 正規形	第 1 正規形のテーブルを部分従属がないように分ける
第 3 正規形	第 2 正規形のテーブルを推移従属がないように分ける
第 4 正規形	第 3 正規形のテーブルを多値従属がないように分ける
第 5 正規形	第 4 正規形のテーブルをキーがキーに従属しているものがないように分ける

　正規化のやりかたについては本書では解説しません。難しい言葉も登場しますが、

ここではまず、

- テーブルは設計して作られているということ
- データは正規化すること

という概念を知っておいてください。

では、なぜ正規化を行うのでしょうか。それは、第5正規形に近付くほど、データの中身に変更が必要になる際に、修正する箇所が少なくなるからです。正規化を進めていくことで、1つの事実に関する記録が1箇所に限定されていきます。

原理的には正規化を進める方がデータの完全性を保ちやすく、データの矛盾が起きにくくなります。しかし、一般的な業務システムでは、第3正規形まで正規化を行えば十分とされています。また、実務処理の都合上、わざと正規化をくずしたテーブルを使うこともあります。

以上、ここまでが論理設計で行うべきことです。

物理設計

物理設計では、前の工程で作成した論理設計をもとに、利用するRDBMSに合ったインデックスやデータの型を定義します。また、データをどの保存媒体に保存するか、どの程度の容量が必要になるかなども、物理設計で定義します。

3.1.6 データベースの操作

関係データベースの操作には、SQLを使用します。SQLを利用するためには、RDBMSが持ついくつかの機能についても理解しておく必要があります。ここでは、SQLの分類とトランザクション処理、同時実行制御について解説します。

データベースを操作するための言語

関係データベースを操作するための言語を、SQLと呼びます。SQLは大きく3種類の機能に分類できます。

表：SQL の分類

機能名	和名	主な役割
DML(Data Manipulation Language)	データ操作言語	データの検索／挿入／更新
DDL(Data Definition Language)	データ定義言語	データベース／表／インデックスなどの作成／変更／削除
DCL(Data Control Language)	データ制御言語	データベースの動作を制御、権限の付与／はく奪

トランザクション処理

　RDBMSでは、いくつかの検索／挿入／更新をひとまとまりにして処理します。この処理の方法のことをトランザクション処理と呼びます。トランザクションは、次の図のようなイメージです。

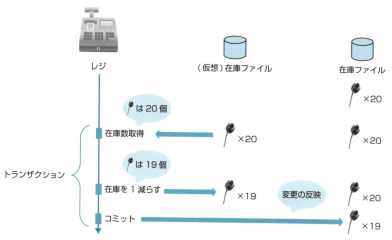

図：トランザクション処理

　処理の開始からコミット（Commit）または、ロールバック（Rollback）で処理が確定するまでが、1つのトランザクションです。**コミット**はトランザクションでの変更内容を確定する、**ロールバック**は変更を確定せずトランザクション開始前にデータを戻すという意味です。

　1つのトランザクションが完了するまでは、表に対していくら挿入や更新をしても、他のユーザからはデータは変更されたように見えません。

同時実行制御

関係データベースでは、同じデータを複数のユーザで共有します。同じデータを同時に更新すると、先に更新した内容が後から更新した内容で上書きされて、データが正常な状態に保てなくなります。

このような問題を解決するために、RDBMSでは**同時実行制御**というしくみが実装されています。一般的には、排他制御という考え方で更新する順番を制御します。更新したいデータにロックをかけて、他のユーザからのアクセスはしばらく待ってもらいます。更新が終了したらロックを解除して、他のユーザからデータにアクセスできる状態にします。

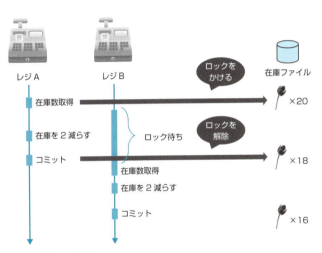

図：ロックとロック解除

3.2 データベース環境の構築

前節では RDBMS に実装されているさまざまな機能について解説しました。
　ここからは、実際に RDBMS を使って、SQL や Java を使ったデータベース制御について学んでいきます。本節では、その準備として、RDBMS をインストールする手順を紹介します。現在、多くの RDBMS 製品が存在しますが、本書では、無料で使える PostgreSQL について構築手順を紹介します。

3.2.1 PostgreSQL のダウンロード

PostgreSQL（ポストグレスキューエル）は、オープンソースの RDBMS です。UNIX や Linux、Windows など多くの OS で動作します。今回は Windows に執筆時点の最新版であるバージョン 9.5.1 をインストールします。
　インストーラは、以下の URL から入手できます。

```
http://www.postgresql.org/
```

ページが表示されたら［Download］リンクを選択します。

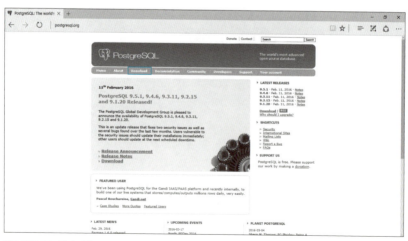

図：ダウンロードページ

次のページではインストールするマシンのOSを選択します。今回はWindowsが対象ですので、[Windows]リンクを選択します。

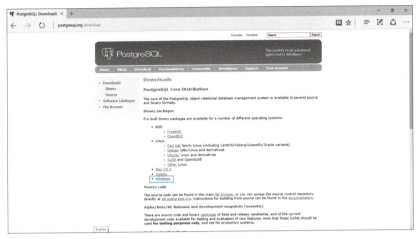

図：インストールする対象のマシンのOSを選択

ダウンロードページへ移動するため、[Download]リンクを選択します。

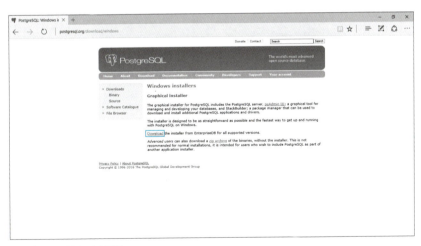

図：ダウンロードリンクの選択

次に、ダウンロードするインストーラを選択します。対象のバージョンは「9.5.1」で、

Windowsの32bit用か64bit用のどちらかを選択します。インストールする予定のマシンのOSがどちらか確認の上、選択してください。

図：対象のOSの選択

　選択後、自動的にダウンロードが始まります。ファイル名は32bit用、64bit用で同じpostgresql-9.5.1-1-windows.exeです。

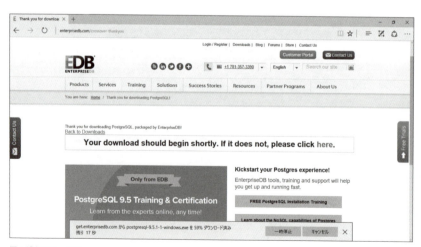

図：ダウンロード中

3.2.2　**PostgreSQL のインストール**

ダウンロードしたインストーラを使って、PostgreSQL にインストールします。C ドライブがシステムドライブであることを前提としてインストールするフォルダを記載しています。postgresql-9.5.1-1-windows.exe を実行します。

図：ライブラリのインストール

　自動的に、PostgreSQL の動作に必要な C 言語のライブラリのインストールが始まります。

図：セットアップ画面

　次に、PostgreSQL 本体のセットアップ画面が表示されます。[Next]ボタンを押して次に進みます。

図：インストールするフォルダの選択

　インストールするフォルダを選択します。「C:¥Program Files¥PostgreSQL¥9.5」がデフォルトが表示されています。今回は、デフォルトのままインストールします。[Next]ボタンを押します。

図：物理ファイルの格納先の選択

　データベースのデータを格納する物理ファイルの保存先を指定します。ソフトウェアのファイルを保存する「Program Files」フォルダの下にデータを保存することは好ましくないので、デフォルトから保存先を変更します。フォルダの場所の指定は任意なので、今回は「C:¥PostgreSQL¥data」を指定して、[Next]ボタンを押します。

図：パスワードの設定

　データベースの管理ユーザのパスワードを指定します。PostgreSQLでは、インストール時に管理用のWindowsユーザも同時に作成されます。ここで指定するパスワードは、管理用のWindowsユーザとPostgreSQLの管理ユーザに対して適用されます。

　[password]、[Retype password]（パスワード再入力）の欄に同じパスワードを入力します。パスワードには、第三者に類推されにくい、任意の文字列を指定します。[Next]ボタンを押します。

図：ポート番号の指定

　PostgreSQLで使用するポートを指定します。今回はデフォルトの「5432」をそのまま使用します。

　ポートとは、パソコンの通信に使う出入り口のようなものです。通信をするソフトウェアに対して専用のポートを指定する必要があるため、今回はPostgreSQLのデフォルトでもあり、他のソフトウェアで指定されていない「5432」を使用します。[Next]ボタンを押し、次に進みます。

図：地域の指定

次に、地域を設定します。日本で使用するので[Locale]を「Japanese, Japan」とし、[Next]ボタンを押します。

図：準備完了

ここまでで、インストールに必要な情報は入力が完了しました。[Next]ボタンを押すと、インストールが始まります。

図：インストールの開始

インストールが終わるまで、しばらく待ちます。

図：インストールの完了

インストールが完了すると、この画面が表示されます。[Launch Stack Builder at exit?] というチェックボックスがデフォルトだと選択されていますが、今回はチェックを外して [Finish] ボタンを押します。以上で、インストール作業はすべて完了です。

このチェックを付けて次に進むとスタックビルダーというツールで、PostgreSQLを使う時に便利なツールやソフトウェアがインストールできます。スタックビルダーは、インストールの後でも実行できます。

3.2.3 PostgreSQL の動作確認

インストールが正常に完了したことを確認するために、簡単な動作確認をしましょう。ここでは、PostgreSQLに対してコマンド操作ができるpsqlというソフトウェアを使います。

コマンドプロンプトを開いて、「"C:¥Program Files¥PostgreSQL¥9.5¥bin¥psql.exe" -U postgres」と入力して [Enter] キーを押します。これは、psqlを使ってPostgreSQLに postgres ユーザでアクセスするという意味です。

```
C:¥WINDOWS¥system32¥cmd.exe
C:¥Users>"C:¥Program Files¥PostgreSQL¥9.5¥bin¥psql.exe" -U postgres_
```

図：psql の起動

ログイン用のパスワードを聞かれるので、インストール時に指定したパスワードを入力します。セキュリティのため、入力したパスワードは画面には表示されません。

```
C:\WINDOWS\system32\cmd.exe - "C:\Program Files\PostgreSQL\9.5\bin\psql.exe" -U postgres
C:\Users>"C:\Program Files\PostgreSQL\9.5\bin\psql.exe" -U postgres
ユーザ postgres のパスワード:
```

図：パスワードの入力

ログインに成功すると、以下のような画面が表示されます。

```
C:\WINDOWS\system32\cmd.exe - "C:\Program Files\PostgreSQL\9.5\bin\psql.exe" -U postgres
C:\Users>"C:\Program Files\PostgreSQL\9.5\bin\psql.exe" -U postgres
ユーザ postgres のパスワード:
psql (9.5.1)
"help" でヘルプを表示します.

postgres=#
```

図：ログイン後の状態

動作確認のために、インストールしたバージョンを確認しましょう。コマンドプロンプトに「SELECT version();」と入力して Enter キーを押します。すると、次のような画面が表示されます。

```
C:\WINDOWS\system32\cmd.exe - "C:\Program Files\PostgreSQL\9.5\bin\psql.exe" -U postgres
C:\Users>"C:\Program Files\PostgreSQL\9.5\bin\psql.exe" -U postgres
ユーザ postgres のパスワード:
psql (9.5.1)
"help" でヘルプを表示します.

postgres=# SELECT version();
                    version
-----------------------------------------------------------
 PostgreSQL 9.5.1, compiled by Visual C++ build 1800, 32-bit
(1 行)

postgres=#
```

図：データベースからの切断

バージョンが9.5.1であることが確認できました。ここまでで動作確認は完了です。「\q」と入力することで、データベースから切断できます。

3.2.4 環境変数の設定

今回、psql を使って PostgreSQL に接続する時に「"C:¥Program Files¥PostgreSQL¥9.5¥bin¥psql.exe" -U postgres」と、長いコマンドを入力しました。今後も SQL を発行するために psql を使う機会が多くあります。そのたびに、このような長いコマンドを入力するのは手間がかかります。

そこで、psql.exe が格納されている bin フォルダを環境変数 Path に設定することで、「psql」と入力するだけで psql を使えるようにします。

環境変数 Path に psql.exe が保存されているフォルダ「C:¥Program Files¥PostgreSQL¥9.5¥bin」を追記して、設定を適用します。

設定が適用されているかも確認しておきましょう。コマンドプロンプトを開いて「psql -U postgres」と入力し、Enter キーを押します。設定が正常に完了していれば psql の起動が成功し、パスワード入力の画面が表示されます。

```
C:¥Users>psql -U postgres
ユーザ postgres のパスワード:
psql (9.5.1)
"help" でヘルプを表示します.

postgres=#
```

図：環境変数の設定後

3.3 SQLの基本

前節では、RDBMSをインストールして簡単な動作確認をしました。

本節では、いよいよデータベース問い合わせ言語であるSQLの基本的な文法を解説します。Javaとは別の新しい言語ですが、インストールしたPostgreSQLを使って、実際にSQLを打ち込みながら少しずつ慣れていきましょう。

> **NOTE　SQLの方言**
>
> SQLは、RDBMSによって使える命令の種類もまちまちです。
> RDBMSを作成しているソフトウェア会社が独自に標準的なSQL命令のセットから拡張して、便利な命令を実装しているため、いわゆるSQL言語の方言のようなものが生まれたのです。A社のAというRDBMSで使えた命令がB社のBというRDBMSでは使えないということがあります。
> 本節では、RDBMSの種類に依存しない基本的な文法を対象とします。

3.3.1　SQLの実行の方法

SQLの実行方法は大きく分けて2種類あります。

1つ目はツールを使ってSQLを入力し、直接データベースに結果を問い合わせる方法です。前節で使ったpsqlも、この分類に含まれます。

2つ目はプログラムにSQLを発行させる方法です。プログラムに直接SQLを埋め込む、または、外部ファイルにSQLを記載するなどの方法で記述して、プログラムからそれをデータベースに発行します。Javaでデータベースを使用するプログラムが、この分類に含まれます。

3.3.2　psqlを使った接続と切断

psqlを使って、SQLを実際に発行していきます。まずは、psqlへの接続と切断の方法を解説します。

接続

psqlを使ってデータベースに接続します。以後のSQLの発行は、すべてデータベースへ接続した状態で行います。接続のコマンドは、以下の通りです。

リスト：接続の基本型
```
psql -U ユーザ名
```

ユーザ名の部分には、データベースに存在するアカウントのユーザ名を入力します。また、psqlコマンドにはオプションと呼ばれる追加のコマンドを設定することで、psqlにさまざまな動作をさせることができます。主なオプションは次の通りです。

表：psqlコマンドのオプション

オプション	意味
-U ユーザ名	入力したユーザ名でデータベースに接続
-d データベース名	入力したデータベース名のデータベースに接続
-h ホスト名	入力したホスト名のマシンに接続
-L ファイル名	問い合わせの結果をファイルに出力
-f ファイル名	ファイルに記載されたSQLを発行

例えば、ユーザ名とデータベース名を指定して接続したい場合は、次のようなコマンドを入力します。オプションとオプションの間は半角スペースで区切ります。

リスト：複数のオプションの指定
```
psql -U ユーザ名 -d データベース名
```

切断

psqlを終了する時には、データベースへの接続を切断する必要があります。切断のコマンドは次の通りです。切断後、psqlが終了し、コマンドプロンプトの操作に戻ります。

リスト：切断
```
¥q
```

3.3.3 データベース

データを格納するためのデータベースを作成／削除する SQL を解説します。

データベースの作成

テーブルやインデックスを格納するデータベースを作成します。コマンドは次の通りです。

リスト：データベースの作成
```
CREATE DATABASE データベース名;
```

「sample」という名前のデータベースを作る場合は、次のようなコマンドを入力します。

リスト：データベース作成の例
```
CREATE DATABASE sample;
```

SQL を発行後、「CREATE DATABASE」というメッセージが表示されたらデータベースの作成は成功しています。

次に、実際にデータベースが作成されたかを確認しましょう。データベースの一覧を表示するには、次のコマンドを入力します。

リスト：データベース一覧の表示
```
¥l
```

すると、次のように表示されます。

実行結果
```
postgres=# ¥l
                                   データベース一覧
   名前    |  所有者  | エンコーディング |   照合順序    | Ctype( 変換演算子 ) |  アクセス権
-----------+----------+------------------+---------------+---------------------+-------------
 postgres  | postgres | UTF8             | Japanese_Japan.932 | Japanese_Japan.932 |
 sample    | postgres | UTF8             | Japanese_Japan.932 | Japanese_Japan.932 |
```

```
template0 | postgres | UTF8        | Japanese_Japan.932 | Japanese_Japan.932 | =c/postgres             +
          |          |             |                    |                    | postgres=CTc/postgres
template1 | postgres | UTF8        | Japanese_Japan.932 | Japanese_Japan.932 | =c/postgres             +
          |          |             |                    |                    | postgres=CTc/postgres
(4 行)
```

細かく異なる場所があるかもしれませんが、名前の列に sample と表示された行があったらデータベースの作成は正常に完了しています。

> **NOTE** コマンドプロンプトで 1 行に表示される文字数の変更
>
> コマンドプロンプトで 1 行に表示される文字数は、デフォルトで 80 文字（全角は 2 文字換算）です。80 文字を超えた分は自動的に折り返されて表示されます。例えば、データベース一覧の表示は 1 行が 80 文字以上あるため、途中で折り返しが入って、表のレイアウトが崩れてしまいます。

図：途中で折り返しが入った状態

コマンドプロンプトでは設定を変更して、1 行に表示される文字数を増やすことができます。設定変更の仕方は、次の通りです。

[1] コマンドプロンプトのタイトルバーで右クリックで「プロパティ」を選択

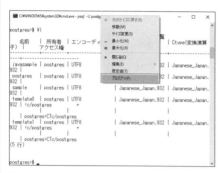

図：プロパティの選択

[2] プロパティダイアログの［レイアウト］タブを選択

図：レイアウトタブ

[3]［画面バッファーのサイズ］－［幅］の数値を変更

ここに入力する数値を変更することによって、折り返しする文字数が変わります。今回は、データベース一覧のレイアウトが崩れない程度の文字数ということで、110 を設定します。

[4]［ウィンドウのサイズ］－［幅］の数値を変更

ここに入力する数値を変更することによって、コマンドプロンプトのウィンドウ幅が広がります。今回は、データベース一覧のレイアウトが崩れない程度の文字数ということで、110 を設定します。

図:幅の指定

[5] [OK] ボタンを押して設定変更を反映

設定を変更した後、もう一度データベース一覧の表示をしてみましょう。今度は表のレイアウトが崩れることなく表示されたかと思います。

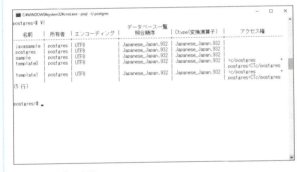

図:幅の指定後の表示

データベースの削除

作成したデータベースは削除することもできます。コマンドは次の通りです。

リスト:データベースの削除

```
DROP DATABASE データベース名;
```

sampleデータベースを削除したい場合、次のようなコマンドを入力します。

リスト：データベースの削除の例
```
DROP DATABASE sample;
```

SQLを発行後、「DROP DATABASE」というメッセージが表示されたら、データベースの削除は完了です。データベース一覧を表示して、sampleデータベースが正常に削除されたか確認しましょう。

実行結果

3.3.4 テーブル

テーブルを作成／削除する方法を解説します。テーブルを作成する際には、各カラムに名前とデータ型を指定する必要があります。

データ型

テーブルの定義域にはデータ型を設定します。データ型は大きく分けるとビット型、文字列型、整数値型、小数型、日時型に分けられます。データ型はRDBMSによって名前が違ったり、独自の定義が追加されていたりします。ここでは、PostgreSQLを例に解説します。

表:データ型

分類	型名	格納できる値
ビット型	bytea	可変長のバイナリデータ
文字列型	character varying(n)、varchar(n)	n 文字格納できる文字列データ(可変長)
	character(n)、char(n)	n 文字格納できる文字列データ(固定長)
	text	文字数制限なしの文字列データ
整数値型	smallint	-32768 ～ 32767 の整数値データ
	integer	-2147483648 ～ 2147483647 の整数値データ
	bigint	-9223372036854775808 ～ 9223372036854775807 の整数値データ
小数型	numeric	整数部、小数部の桁数をユーザが指定
	real	単精度の小数データ
	double precision	倍精度の小数データ
日時型	timestamp [(p)]	日時データ(p に小数点以下の桁数を指定)
	date	日付データ
	time [(p)]	時刻データ(p に小数点以下の桁数を指定)

　文字列型のデータ型の解説で、可変長と固定長という用語が出てきました。character varying(n)、varchar(n) には可変長の文字列、character(n)、char(n) には固定長の文字列を格納できます。2 つのデータ型は同じように見えますが、可変長文字列と固定長文字列では次のような違いがあります。

- 可変長:格納しようとした文字だけを格納
- 固定長:格納しようとした文字を格納、余った文字数には空白(スペース)を格納

　例えば、「Java」という文字列を 10 文字の可変長/固定長の文字列型で格納した場合は、次のようなデータとして保存されます。

- 可変長:「Java」
- 固定長:「Java□□□□□□」(□=スペース)

制約

　定義域には、制約を設定できます。主な制約の種類を次に示します。

表：制約

制約名	定義例	制約内容
NOT NULL	NOT NULL	指定した列には NULL 値を格納できない
一意制約（UNIQUE 制約）	UNIQUE	指定した列、列の組に重複した値を入れられない
主キー制約	PRIMARY KEY	指定した列、列の組に重複した値、または NULL 値を入れられない
CHECK 制約	CHECK(条件式)	指定した列に条件に一致した値以外は入れられない

テーブルの作成

データを格納するテーブルを作成します。構文は、次の通りです。

リスト：テーブル作成（構文）

```
CREATE TABLE テーブル名 (
  列名 データ型 ,
  列名 データ型
);
```

例えば、sample という名前のテーブルを作成するには、次のように入力します。

リスト：テーブル作成の例

```
CREATE TABLE sample (
  column1 varchar(10),
  column2 integer
);
```

制約を付ける場合には、次のように入力します。

リスト：制約の例

```
CREATE TABLE sample (
  column1 varchar(10) PRIMARY KEY,
  column2 integer CHECK(column2 > 0)
);
```

テーブルを作成できたので、データベースに存在するテーブルの一覧を表示させます。sample データベースにアクセスしている状態で、次のコマンドを入力します。

リスト：テーブル一覧の表示

```
\d
```

テーブルの一覧に sample テーブルが存在すれば、テーブルの作成は成功しています。

実行結果
```
sample=# \d
            リレーションの一覧
 スキーマ |  名前  |  型  | 所有者
----------+--------+------+----------
 public   | sample | テーブル | postgres
(1 行)
```

また、テーブルの定義は次のコマンドで確認できます。

リスト：テーブル定義の表示

```
\d テーブル名
```

実行結果
```
sample=# \d sample
           テーブル "public.sample"
   列    |         型          | 修飾語
---------+---------------------+----------
 column1 | character varying(10) | not null
 column2 | integer             |
インデックス：
    "sample_pkey" PRIMARY KEY, btree (column1)
検査制約：
    "sample_column2_check" CHECK (column2 > 0)
```

テーブルの変更

一度作成したテーブルの定義は、後から変更することもできます。ただし、テーブルに既にデータが入っている場合や制約が定義されている場合、変更後の定義と格納されているデータで矛盾が生じ、変更に失敗する場合もあります。

構文は、次の通りです。

リスト：テーブル定義の変更（構文）
```
ALTER TABLE テーブル名
  〔ADD | DROP | ALTER | RENAME〕変更文；
```

sampleテーブルに列を追加／削除するコマンドの例は、次の通りです。

リスト：column3列の追加
```
ALTER TABLE sample
  ADD COLUMN column3 varchar(10);
```

リスト：column3列の削除の例
```
ALTER TABLE sample
  DROP COLUMN column3;
```

列のデータ型を変更するコマンドの例は、次の通りです。

リスト：column3列のデータ型を変更
```
ALTER TABLE sample
  ALTER COLUMN column3 TYPE varchar(10);
```

テーブルの削除

テーブルの削除には、次のコマンドを使います。

リスト：テーブル定義の変更（構文）
```
DROP TABLE テーブル名；
```

sampleテーブルを削除するコマンドは、次の通りです。

リスト：テーブルを削除する例
```
DROP TABLE sample;
```

 3.3.5 インデックス

テーブルに付与するインデックスを作成／削除する方法を解説します。

インデックスの作成

データベースのデータを効率よく検索するにはインデックスの作成が効果的です。インデックスを作成するコマンドは次の通りです。

リスト：インデックスの作成（構文）
```
CREATE INDEX インデックス名 ON テーブル名 ( カラム名 );
```

sample テーブルに index1 という名前のインデックスを作成するコマンドは次の通りです。index1 インデックスには、column1 カラムが含まれます。

リスト：インデックスの作成の例
```
CREATE INDEX index1 ON sample (column1);
```

データベース内にあるインデックスの一覧は、次のコマンドで確認できます。

リスト：インデックス一覧の表示
```
¥di
```

実行結果
```
sample=# ¥di
                    リレーションの一覧
 スキーマ |    名前     |   型     | 所有者  | テーブル
----------+-------------+----------+---------+----------
 public   | index1      | インデックス | postgres | sample
 public   | sample_pkey | インデックス | postgres | sample
(2 行)
```

インデックスの定義内容を確認するには、次のコマンドを入力します。

リスト：インデックスの定義を表示

```
\d インデックス名
```

実行結果

```
sample=# \d index1
        インデックス "public.index1"
   列    |          型           |   定義
---------+-----------------------+---------
 column1 | character varying(10) | column1
btree, テーブル "public.sample" 用
```

インデックスの削除

インデックスを削除する構文は、次の通りです。

リスト：インデックスの削除（構文）

```
DROP INDEX インデックス名;
```

例えば sample テーブルのインデックス index1 を削除するには、次のコマンドを入力します。

リスト：index1 インデックスを削除する例

```
DROP INDEX index1;
```

3.3.6　ロールと権限

権限の付与とはく奪、ロールの作成の方法について解説します。

ロールの作成

RDBMS には、権限をいくつかまとめて管理するロールというしくみがあります。PostgreSQL では、ロール単位でユーザのデータベースに対する権限を管理します。ロールを作成するコマンドは次の通りです。

リスト：ロールの作成（構文）
```
CREATE ROLE ロール名 WITH オプション;
```

指定できる主なオプションを次に示します。

表：ロール作成に指定できるオプション

オプション	解説
LOGIN	ロールがログイン可能かを指定
PASSWORD パスワード	ロールにログイン時のパスワードを設定

例えば、sample_user というロールを作成するには、次のようなコマンドを入力します。パスワードの指定などで任意の文字列を使う場合には、その文字列を'（シングルクォート）で囲みます。

リスト：ロールの作成
```
CREATE ROLE sample_user WITH LOGIN PASSWORD 'pass';
```

ロールの一覧は pg_user というテーブルで管理されているので、次の SQL を使って表示できます。

リスト：ロール一覧の表示
```
SELECT usename FROM pg_user;
```

実行結果
```
   usename
--------------
 postgres
 sample_user
(2 行)
```

権限の種類

RDBMS では、データベースの各オブジェクト（テーブル、インデックスなど）に対する権限を設定できます。主な権限を次に示します。

表：権限の種類

権限	解説
CONNECT	データベースに接続できる権限
SELECT	テーブルのデータを検索できる権限
INSERT	テーブルに新規データを追加できる権限
DELETE	テーブルのデータを削除できる権限
ALL PRIVILEGES	すべての機能を使用できる権限

権限の付与

権限を付与するコマンドは、次の通りです。

リスト：権限の付与（構文）
```
GRANT 権限 ON 権限を付与する対象 TO 権限を付与するロール；
```

例えば、sample_user ロールに sample テーブルに対する SELECT 権限と INSERT 権限を付与するには、次のように入力します。

リスト：権限の付与の例
```
GRANT SELECT, INSERT ON sample TO sample_user;
```

権限のはく奪

権限を付与するコマンドは、次の通りです。

リスト：権限のはく奪（構文）
```
REVOKE 権限 ON 権限をはく奪する対象 FROM 権限をはく奪するロール；
```

例えば、sample_user ロールの sample テーブルに対する SELECT 権限をはく奪するには、次のように入力します。

リスト：権限のはく奪
```
REVOKE SELECT ON sample FROM sample_user;
```

3.3.7 選択（SELECT）

データベースに格納されたデータを抽出するSELECT文について解説します。

SELECT文の基本型

データベースに格納されているデータを検索するにはSELECT文を使います。SELECT文は、以下の句からなります。

- 結果を表示するカラムを指定するSELECT句
- 検索対象のテーブルを指定するFROM句

構文は、次の通りです。

リスト：SELECT文（構文）
```
SELECT 列名 FROM テーブル名;
```

例えば、sampleテーブルからcolumn1カラムだけを取り出すには、次のようにします。

リスト：SELECT文の例
```
SELECT column1 FROM sample;
```

実行結果
```
 column1
 ---------
 abcd
 あいうえ
 efgh
(3 行)
```

SELECT句に*（アスタリスク）を指定すると、すべての列が表示されます。

リスト：SELECT文の例
```
SELECT * FROM sample;
```

```
実行結果

 column1 | column2
---------+---------
 abcd    |      10
 あいうえ |      20
 efgh    |      30
(3 行)
```

並べ替え (ORDER BY)

SELECT 文で検索した結果は、指定がなければ行が挿入された順番で表示されます。

レコードが数行のうちであれば、並び順は気にする必要はありませんが、レコードの数が大量になると、意味のある並び順で並んでいた方が見やすくなります。レコードの並び順を指定するには ORDER BY 句を使います。ORDER BY 句は次のように指定します。

リスト: ORDER BY 句 (構文)
```
SELECT 列名 FROM テーブル名 ORDER BY カラム名 [ASC | DESC];
```

カラム名の後に ASC を付けると昇順、DESC を付けると降順に並べ替えができます。

例えば、sample テーブルの column2 カラムについて降順に並べ替えるには、次のように入力します。

リスト: ORDER BY 句の例
```
SELECT * FROM sample ORDER BY column2 DESC;
```

```
実行結果

 column1 | column2
---------+---------
 efgh    |      30
 あいうえ |      20
 abcd    |      10
(3 行)
```

集合（GROUP BY）と集合関数

SELECT文ではデータベースに格納されたデータを表示するだけでありません。格納されたデータをもとに、集計した結果を表示することもできます。集計には、集合関数と呼ばれる関数を使います。主な集計関数を次に示します。

表：集計関数

集計関数	解説
avg(カラム名)	集合の平均値を求める
max(カラム名)	集合の最大値を求める
min(カラム名)	集合の最小値を求める
sum(カラム名)	集合の合計値を求める
count(*)	集合の要素の個数を求める

集計関数は、次のようにして使います。

リスト：集計関数（構文）

```
SELECT 集計関数 FROM テーブル名 GROUP BY カラム名；
```

例えば、人ごとに優／良／可／不可といった成績を保存しておくテーブルがあったとします。

表：scoreテーブル

name	score
鈴木	優
加藤	良
佐藤	優
高橋	不可
田中	可

この表のデータを使って、成績ごとの人数をカウントするSELECT文は次の通りです。

リスト：集計関数の例

```
SELECT score, count(*) FROM score GROUP BY score;
```

実行結果
```
 score | count
-------+-------
 優    |     2
 不可  |     1
 可    |     1
 良    |     1
(4 行)
```

別名を付ける（AS キーワード）

集合関数のカラムに別名を付けることもできます。これには、AS キーワードを使います。以下は、count 関数を使った先ほどの例を AS キーワードを使って書き換えた例です。

リスト：AS キーワードの例
```
SELECT score, count(*) AS number FROM score GROUP BY score;
```

実行結果
```
 score | number
-------+--------
 優    |      2
 不可  |      1
 可    |      1
 良    |      1
(4 行)
```

3.3.8 条件指定（WHERE 句／HAVING 句）

抽出したいデータに、条件を指定する WHERE 句と HAVING 句について解説します。

検索条件を指定（WHERE 句）

SELECT 文で条件を指定することで、一部のレコードだけを抽出できます。条件の指定には WHERE 句を使用します。

WHERE 句は次のように指定します。なお、WHERE 句は文法上、ORDER BY

句や GROUP BY 句よりも前に指定します。

リスト：WHERE 句（構文）
```
SELECT カラム名 FROM テーブル名 WHERE カラム名 比較演算子 条件；
```

例えば、以下のような商品を管理するテーブルがあったとします。

表：item テーブル

category	name	price
果物	みかん	50
果物	ぶどう	200
お菓子	クッキー	100
お菓子	チョコレート	300
お菓子	キャンディー	150

この表から、category カラムにお菓子が格納されているレコードを抽出する SQL は、次の通りです。

リスト：WHERE 句の例
```
SELECT * FROM item WHERE category='お菓子'；
```

実行結果
```
 category |    name    | price
----------+------------+-------
 お菓子   | クッキー   |   100
 お菓子   | チョコレート |   300
 お菓子   | キャンディー |   150
（3 行）
```

比較演算子

WHERE 句で条件指定をするには、比較演算子を使います。postgreSQL で使用できる比較演算子には、以下のようなものがあります。

表：比較演算子

演算子	使用例	説明
=	カラム名 = 条件	等しい
<>	カラム名 <> 条件	異なる
<	カラム名 < 条件値	条件値よりカラム名の値が小さい
>	カラム名 > 条件値	条件値よりカラム名の値が大きい
<=	カラム名 <= 条件値	条件値よりカラム名の値が小さいか、等しい
>=	カラム名 >= 条件値	条件値よりカラム名の値が大きいか、等しい

抽出条件に NULL を指定する

NULLと等しいことを確認したい場合には、IS NULL演算子を使用します（=演算子は利用できません）。IS NULL演算子は、以下のように使います。

リスト：IS NULL 演算子（構文）
```
SELECT カラム名 FROM テーブル名 WHERE カラム名 IS NULL;
```

論理演算（AND／OR）

WHERE句では、複数の条件をAND／OR演算子で連結できます。AND／OR演算子は、以下のように使います。

リスト：AND／OR 演算子（構文）
```
SELECT カラム名 FROM テーブル名
  WHERE カラム名 比較演算子 条件〔AND | OR〕カラム名 比較演算子 条件;
```

例えば、先ほどのitemテーブルから「categoryカラムがお菓子であり、かつ、priceカラムが300であるレコード」を抽出する場合は、以下のようにします。

リスト：AND／OR 演算子の例
```
SELECT * FROM item
  WHERE category='お菓子' AND price=300;
```

実行結果

```
 category |   name    | price
----------+-----------+-------
 お菓子   | チョコレート |   300
(1 行)
```

IN 演算子

「あるカラムが A、または B、または C」という条件を表すには、OR 演算子を使ってそれぞれの条件をつなげることでも指定できます。しかし、OR 演算子では、指定する値が増えるたびに SQL が長くなり、読みにくくなりがちです。

そこで、同じカラムに対して値をいくつか指定して、いずれかに一致するレコードを抽出したい場合は IN 演算子を使います。IN 演算子は、以下のように使います。

リスト：IN 演算子（構文）

```
SELECT カラム名 FROM テーブル名
  WHERE カラム名 IN( 値1, 値2, ...);
```

例えば、item テーブルから name カラムがみかん／クッキー／キャンディーいずれかであるものを抽出したい場合は、次のようにします。

リスト：IN 演算子の例

```
SELECT * FROM item
  WHERE name IN('みかん','クッキー','キャンディー');
```

実行結果

```
 category |   name    | price
----------+-----------+------
 果物     | みかん     |   50
 お菓子   | クッキー   |  100
 お菓子   | キャンディー |  150
(3 行)
```

範囲での抽出

数値や日付の範囲を指定してレコードを抽出したい場合には、BETWEEN 演算子を使用します。BETWEEN 演算子は、以下のように使います。

リスト：BETWEEN 演算子（構文）
```
SELECT カラム名 FROM テーブル名
  WHERE カラム名 BETWEEN 値の始まり AND 値の終わり;
```

例えば、item テーブルから price カラムが 100 〜 200 であるレコードを抽出するには、次のようにします。

リスト：BETWEEN 演算子の例
```
SELECT * FROM item
  WHERE price BETWEEN 100 AND 200;
```

実行結果
```
 category |   name    | price
----------+-----------+------
 果物     | ぶどう    | 200
 お菓子   | クッキー  | 100
 お菓子   | キャンディー | 150
(3 行)
```

集計した結果を更に絞り込む (HAVING 句)

HAVING 句を利用することで、集計関数で集計した結果を使って、更にデータを絞り込めます。具体的には「count 関数を使って集計した列の中で、集計値が 2 以上のものを抽出する」といった条件指定ができます。

HAVING 句は、以下のように使います。

リスト：HAVING 句（構文）
```
SELECT 集計関数 FROM テーブル名
  GROUP BY カラム名
  HAVING 条件;
```

例えば、item テーブルのレコードをカテゴリ（category カラム）ごとに集計し、そのカウント数が 3 以上のレコードを抽出するには、次のようにします。

リスト：HAVING 句の例

```
SELECT category, count(*) FROM item
GROUP BY category
HAVING count(*) >= 3;
```

実行結果

```
 category | count
----------+-------
 お菓子   |   3
(1 行)
```

3.3.9 挿入（INSERT）と更新（UPDATE）

テーブルにデータを挿入する INSERT 文と、データを更新する UPDATE 文について解説します。

INSERT 文の基本

テーブルに新しいレコードを追加するには、INSERT 文を使います。INSERT 文は、次のように使います。

リスト：INSERT 文（構文）

```
INSERT INTO テーブル名( カラム名1, カラム名2, ...) VALUES( 値1, 値2, ...);
```

INTO 句の後に指定したカラム名の順番と VALUES 句で指定する値の順番は、対応させる必要があります。テーブルのすべてのカラムに値を入力する場合には、INTO 句のカラム名は省略できます。

リスト：全カラムに値を指定する INSERT 文（構文）

```
INSERT INTO テーブル名 VALUES( 値1, 値2, ...);
```

INSERT 文を使って、item テーブルにレコードを追加してみましょう。

item テーブルには category、name、price という 3 つのカラムが存在するので、すべてのカラムに値を入力する場合には、次のような INSERT 文となります。

リスト：INSERT 文の例
```
INSERT INTO item VALUES('医薬品', '風邪薬', 1000);
```

同じ内容をカラム名を指定する INSERT 文で書くと、次のようになります。

リスト：INSERT 文の例
```
INSERT INTO item(category, name, price) VALUES('医薬品', '風邪薬', 1000);
```

UPDATE 文の基本

テーブルに格納されたデータを更新するには、UPDATE 文を使います。UPDATE 文は、次のように使います。

リスト：UPDATE 文（構文）
```
UPDATE テーブル名
  SET カラム名1 = 値1, カラム名2 = 値2, ...
  WHERE 条件;
```

WHERE 句で指定した条件に一致したレコードを対象として、SET 句で指定したカラムを更新します。SET 句にはテーブルに存在するカラムを1つ以上指定します。WHERE 句を指定しない場合には、テーブルに存在するすべてのレコードが更新の対象となります。

UPDATE 文を使って、item テーブルのレコードを更新してみましょう。以下は、name カラムが風邪薬であるレコードの、price カラムを更新する例です。

リスト：UPDATE 文の例
```
UPDATE item
  SET price = 1500
  WHERE name = '風邪薬';
```

price カラムが更新されているか、SELECT 文を使って確認してみましょう。

更新の確認
```
sample=# SELECT * FROM item WHERE name='風邪薬';
 category |  name  | price
----------+--------+-------
 医薬品    | 風邪薬 |  1500
(1 行)
```

3.3.10 削除（DELETE ／ TRUNCATE）

テーブルに格納されたデータを削除する DELETE 文と、テーブルのデータをすべて削除する TRUNCATE 文について解説します。

DELETE 文の基本

テーブルに格納されたデータを削除するには DELETE 文を使います。DELETE 文は、以下のように使います。

リスト：DELETE 文（構文）
```
DELETE FROM テーブル名 WHERE 条件;
```

WHERE 句で指定した条件に一致したレコードを削除対象とします。WHERE 句を指定しない場合、テーブルに存在するすべてのレコードが削除対象となります。

DELETE 文を使って、item テーブルのレコードを削除してみましょう。例えば、name カラムが風邪薬のレコードを削除するには、以下のようにします。

リスト：DELETE 文の例
```
DELETE FROM item WHERE name = '風邪薬';
```

レコードが削除されているかを、SELECT 文を使って確認してみましょう。

削除の確認
```
sample=# SELECT * FROM item WHERE name='風邪薬';
 category | name | price
----------+------+-------
(0 行)
```

データの全削除 (TRUNCATE)

　テーブルに格納されているデータをすべて削除する場合には、DELETE 文ではなく、TRUNCATE 文を使った方が高速で処理ができます。TRUNCATE 文の構文は、以下の通りです。

リスト：DELETE 文（構文）
```
TRUNCATE テーブル名1, テーブル名2, ...;
```

3.3.11　結合

　2つ以上のテーブルを結合するINNER JOIN句とOUTER JOIN句を解説します。

INNER JOIN 句を使った内部結合

　2つのテーブルを共通するカラムの値を使って結合することもできます。「結合に使用するカラムの両方に、同じ値が存在するレコードだけを抽出」する結合方法を**内部結合**と呼びます。内部結合は、次のように使います。

リスト：内部結合（構文）
```
SELECT テーブル名.カラム名, テーブル名.カラム名, ...
  FROM テーブル名1 INNER JOIN テーブル名2
  ON 結合条件
```

　結合するテーブル名を INNER JOIN でつなぎ、その後の ON 句で結合条件を指定します。
　構文だけでは分かりづらいので、実際のテーブルを使って解説します。例えば、次のようなテーブルがあったとします。price テーブルは商品の価格を格納し、category テーブルは商品の分類を格納します。

表：price テーブル

category_cd	item_name	price
01	みかん	50
01	ぶどう	200

category_cd	item_name	price
02	クッキー	100
02	チョコレート	300
02	キャンディー	150
03	風邪薬	2000

表：category テーブル

category_cd	category_name
01	果物
02	お菓子
03	医薬品

　price ／ category テーブルを category_cd カラムを結合条件として内部結合するには、次のようにします。結果を確認すると、category_cd カラムによって紐付いた category_name カラム（category テーブル）が、price テーブルに結合されていることが分かると思います。

リスト：内部結合の例

```
SELECT category.category_name, price.item_name, price.price
  FROM category INNER JOIN price
  ON category.category_cd = price.category_cd;
```

実行結果

```
 category_name |  item_name   | price
---------------+--------------+-------
 果物          | ぶどう       |   200
 果物          | みかん       |    50
 お菓子        | キャンディー |   150
 お菓子        | チョコレート |   300
 お菓子        | クッキー     |   100
 医薬品        | 風邪薬       |  2000
(6 行)
```

WHERE 句を使った内部結合

　INNER JOIN 句を使わず、FROM ／ WHERE 句でも、内部結合を指定できます。構文は、次の通りです。

リスト：内部結合（構文）

```
SELECT テーブル名.カラム名, テーブル名.カラム名, ...
  FROM テーブル名1, テーブル名2
  WHERE 結合条件
```

　INNER JOIN句を使った先ほどの例を、FROM／WHERE句の書式で書き直したのが以下です。

リスト：内部結合の例（FROM／WHERE句）

```
SELECT category.category_name, price.item_name, price.price
  FROM category, price
  WHERE category.category_cd = price.category_cd;
```

外部結合

　結合に使用するカラムに共通する値がない場合でも、データが存在する方のデータを抽出する結合方法を**外部結合**と呼びます。最初に指定したテーブル（左）のレコードを残す方法を**左外部結合**と呼び、後で指定したテーブル（右）のレコードを残す方法を**右外部結合**と呼びます。

リスト：左外部結合（構文）

```
SELECT テーブル名.カラム名, テーブル名.カラム名, ...
  FROM テーブル名1 LEFT OUTER JOIN テーブル名2
  ON 結合条件
```

リスト：右外部結合（構文）

```
SELECT テーブル名.カラム名, テーブル名.カラム名, ...
  FROM テーブル名1 RIGHT OUTER JOIN テーブル名2
  ON 結合条件
```

　構文は、内部結合とほぼ同じです。INNER JOIN句をLEFT／RIGHT OUTER JOIN句に置き換えると、外部結合になります。
　では、実際のテーブルを使って解説します。先ほど使ったprice／categoryテーブルにデータを追加しました。この状態で左外部結合と右外部結合の動作を確認します。

表：price テーブル

category_cd	item_name	price
01	みかん	50
01	ぶどう	200
02	クッキー	100
02	チョコレート	300
02	キャンディー	150
03	風邪薬	2000
05	電子レンジ	10000

表：category テーブル

category_cd	category_name
01	果物
02	お菓子
03	医薬品
04	雑貨

　まずは、category テーブルを左側のテーブルに指定して、左外部結合してみましょう。

リスト：左外部結合の例

```
SELECT category.category_name, price.item_name, price.price
  FROM category LEFT OUTER JOIN price
  ON category.category_cd = price.category_cd;
```

実行結果

```
 category_name |   item_name   | price
---------------+---------------+-------
 果物          | ぶどう        |   200
 果物          | みかん        |    50
 お菓子        | キャンディー  |   150
 お菓子        | チョコレート  |   300
 お菓子        | クッキー      |   100
 医薬品        | 風邪薬        |  2000
 雑貨          |               |
(7 行)
```

　price テーブルには存在しないレコード（= category テーブルの category_cd カラムが 04 のレコード）が抽出されています。左側のテーブルのレコードがすべて

取り出されるのが、左外部結合です。

続いて、price テーブルを右側に指定して右外部結合をする例です。

リスト：右外部結合の例

```
SELECT category.category_name, price.item_name, price.price
  FROM category RIGHT OUTER JOIN price
  ON category.category_cd = price.category_cd;
```

実行結果

```
category_name | item_name   | price
--------------+-------------+-------
果物          | ぶどう      |   200
果物          | みかん      |    50
お菓子        | キャンディー |   150
お菓子        | チョコレート |   300
お菓子        | クッキー    |   100
医薬品        | 風邪薬      |  2000
              | 電子レンジ  | 10000
(7 行)
```

category テーブルには存在しないレコード（= price テーブルの category_cd カラムが 05 のレコード）も抽出されています。右側のテーブルのレコードがすべて取り出されるのが右外部結合です。

副問い合わせを使った条件指定

副問い合わせ（サブクエリ）という方法を利用することで、SELECT 文の結果を検索条件として使用できます。副問い合わせでは、外側の SELECT 文（主問い合わせ）と内側の SELECT 文（副問い合わせ）で構成されます。内側の SQL で取得した結果を、外側の SQL の WHERE 句の条件に当てはめて、外側の SQL を実行します。まずは構文を示します。

リスト：副問い合わせを使った抽出（構文）

```
SELECT カラム名 FROM テーブル名
  WHERE カラム名 IN (
    SELECT カラム名 FROM テーブル名
    WHERE 条件
  );
```

では、実際のテーブルを使って動作を解説します。以下のテーブルを利用します。

表：price テーブル

category_cd	item_name	price
01	みかん	50
01	ぶどう	200
02	クッキー	100
02	チョコレート	300
02	キャンディー	150
03	風邪薬	2000
05	電子レンジ	10000

表：category テーブル

category_cd	category_name
01	果物
02	お菓子
03	医薬品
04	雑貨

以下は、category テーブルに含まれる category_cd で price テーブルを検索する例です。

リスト：副問い合わせを使った抽出

```
SELECT * FROM price
  WHERE category_cd IN (
    SELECT category_cd FROM category
  );
```

実行結果

```
 category_cd |  item_name   | price
-------------+--------------+-------
 01          | みかん        |    50
 01          | ぶどう        |   200
 02          | クッキー      |   100
 02          | チョコレート  |   300
 02          | キャンディー  |   150
 03          | 風邪薬        |  2000
(6 行)
```

3.4 データベースの接続

ここまでは、RDBMSを使ってSQLの基本的な文法を解説しました。本節からはJavaを使ったデータベースへの接続、SQLの発行の方法を解説します。

3.4.1 Javaを使ったデータベース接続

Javaを使ったデータベース接続はどのようなしくみで行われているのか、その概要について解説します。

JDBCとJDBCドライバ

Javaでは、データベースを扱うために **JDBC**(Java DataBase Connectivity)と呼ばれるクラス群が標準で用意されています。一般的には、このJDBCを利用して、データベース連携アプリケーションを作成します。

ただし、このままでは個別のRDBMSに対応できません。JDBCを、個々のRDBMSで使用するために **JDBCドライバ** と呼ばれるソフトウェアが必要です。JDBCドライバは、RDBMSごとに種類が異なり、それぞれの開発元から入手する必要があります。

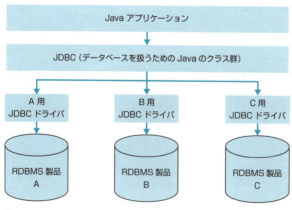

図:JDBCとJDBCドライバ

JDBCでは、データベースへの接続やSQLの発行、結果の取得など、データベースを操作する上で基本となる機能が提供されています。これらは、RDBMSの種類によらず共通であるため、JDBCを使ったアプリケーションはRDBMSの種類が変わっても、ほぼ実装を変えずに済みます。RDBMSの種類の違いによる差異は、JDBCドライバで吸収されます。

データベースへSQLを発行する時の流れ

JDBCを使ってSQLを発行するには、次の順番で処理します。

図：SQLを発行する順番

データベースに対してSQLを発行するには、前節のpsqlと同じようにまず、データベースに接続する必要があります。そして、SQLを発行し、処理が完了したらデータベースへの接続を必ず切断します。

どのような複雑な処理を実装しているプログラムでも、この「接続→処理→切断」の流れは変わりません。

3.4.2 開発環境の構築

Javaでデータベースにアクセスするアプリケーションを開発するために、まずは、開発環境を構築します。

JDBCドライバの入手

まずは、PostgreSQLにアクセスするためのJDBCドライバを入手します。次のURLから配布サイトにアクセスしてください。

https://jdbc.postgresql.org/

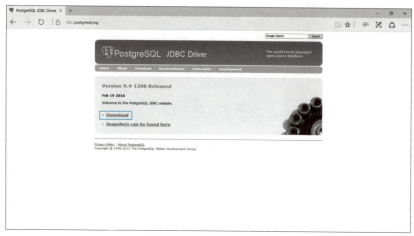

図：JDBC ドライバの入手先

　ページが表示されたら、[Download] リンクを選びます。今回は、執筆時点での最新バージョンである「Version 9.4-1208」を使います。

図：バージョンの選択

　ダウンロードページが表示されたら [Current Version] の下の [JDBC4

Postgresql Driver, Version 9.4-1208］リンクを選びます。バージョン違いの JDBC も一覧表示されているので、間違えないようにしてください。本書では、JDBC のバージョン 4 を使うため、「JDBC4」と書かれたリンクを選択しています。

リンクを選択すると、JDBC ドライバ postgresql-9.4.1208.jre6.jar のダウンロードが始まります。

プロジェクトの作成とクラスパスの設定

次に、Eclipse を起動して、プロジェクトを新規作成します。ツールバーの［New］→［Java Project］を選択すると、以下のような画面が表示されます。

図：Java Project の選択

▼

図：プロジェクト名の指定

[Project name]に「DBTest」と入力して、[Finish]ボタンを押します。

プロジェクトの作成が完了したら、次はJDBCドライバをDBTestプロジェクトで使うために、クラスパスを設定します。DBTestプロジェクトを選択した状態で、ツールバーの[Project]→[Properties]を選択します。

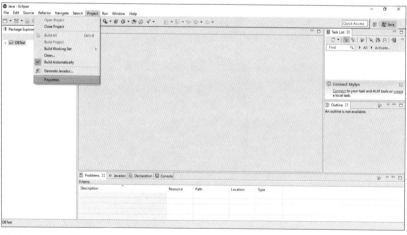

図：Propertiesの選択

[Properties for DBTest] ウィンドウが開くので、左側のメニューから [Java Build Path] を選択し、右側の [Libraries] タブを選択します。

図：Libraries タブの選択

　[Add External JARs...] ボタンを押し、先ほどダウンロードした JDBC ドライバのファイルを選択します。JDBC ドライバのファイルの格納場所はどこでも構いませんが、今回はプロジェクトのフォルダ配下に lib フォルダを作成して、そこに格納しています。

図：JDBC ドライバの選択

　[Libraries] タブに JDBC ドライバのファイルが表示されていれば、クラスパスの設定は完了です。[OK] ボタンを押して、変更を適用します。

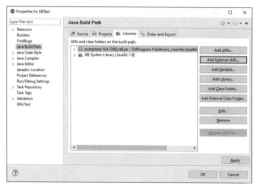

図：設定後の画面

データベースとテーブルの作成

サンプルプログラムで使用するデータベースとテーブルを作成します。以降は、ここで作成したデータベースとテーブルが存在する前提で解説を進めます。

まずは、「javasample」という名前でデータベースを作成します。psqlでログインした状態で次のコマンドを入力します。

リスト：javasample データベースを作成

```
CREATE DATABASE javasample;
```

次に、「book」という名前のテーブルを作成します。データベースに接続した状態で、次のコマンドを入力します。

リスト：book テーブルを作成

```
CREATE TABLE book (
  id text PRIMARY KEY,
  name text,
  price integer
);
```

また、book テーブルには、表のようなデータが格納されているものとします。

表：bookテーブルに格納されているデータ

id	name	price
001	百科事典	2000
002	小説	1000
003	コミック	500
004	ビジネス書	500
005	技術書	3000

SELECT文を発行するプログラム

　データベースを操作するアプリケーションのサンプルとして、まずは、SELECT文を発行するプログラムを解説します。

　データベースアプリケーションの基本である「接続→処理→接続の切断」の流れで、コードを実装します。

1. データベースへの接続
2. SELECT文の発行と結果の取得
3. 結果の表示
4. データベース接続の切断

　この流れをプログラムにしたのが、次のサンプルプログラムです。

リスト：SelectSample.java

```java
package jp.co.bbreak.sokusen._3._4;

import java.sql.*;

public class SelectSample {
  public static void main(String args[]) {
    // データベースへの接続情報を格納する変数
    Connection conn = null;

    // JDBCドライバの読み込み
    try {
      // postgreSQLのJDBCドライバを読み込み
      Class.forName("org.postgresql.Driver");
    } catch (ClassNotFoundException e) {
      // JDBCドライバが見つからない場合
      e.printStackTrace();
```

```java
    }
    try {
      // 1. データベースへの接続
      conn = DriverManager.getConnection("jdbc:postgresql:javasample", ↴
"postgres", "password");

      // 2. SELECT 文の発行と結果の取得
      // Statement オブジェクトを生成
      Statement stmt = conn.createStatement();
      // SELECT 文の発行と検索結果を格納する
      ResultSet rset = stmt.executeQuery("SELECT * FROM book");

      // 3. 結果の表示
      while (rset.next()) {
        System.out.println(rset.getString("name"));
      }
    } catch (SQLException e) {
      // 接続、SELECT 文の発行でエラーが発生した場合
      e.printStackTrace();
    } finally {
      // 4. データベース接続の切断
      if (conn != null) {
        try {
          conn.close();
          conn = null;
        } catch (SQLException e) {
          // データベース接続の切断でエラーが発生した場合
          e.printStackTrace();
        }
      }
    }
  }
}
```

実行結果

```
百科事典
小説
コミック
ビジネス書
技術書
```

見たことがないクラスやメソッドが多いため、困惑するかもしれませんが、1つ1つ処理を追っていけば、それほど難しくありません。また、このサンプルプログラムの大半を占める接続と切断の処理は、定型文のようなものです。一度流れを理解

してしまえば、今後、データベースを操作するアプリケーションを作成する際にも楽になるでしょう。

以降では、サンプルプログラムを処理のまとまりごとに分けて解説します。

java.sql パッケージのインポート

JDBC を使うために、java.sql パッケージをインポートします。

リスト：インポート

```
import java.sql.*;
```

先ほど、「JDBC は、Java でデータベースを扱うためのクラス群である」と説明しましたが、この java.sql パッケージがそれに該当します。

java.sql パッケージで主に使うクラスを、以下に示します。

表：java.sql パッケージの主なクラス

クラス名	説明
Connection	データベースへの接続するためのクラス
DriverManager	JDBC ドライバを扱うための機能が実装されたクラス
Statement	静的な SQL を実行して、結果を取得するクラス
PreparedStatement	動的な SQL を実行して、結果を取得するクラス
ResultSet	SQL の実行結果を格納するクラス

静的な SQL と動的な SQL という新しい用語が出てきましたが、Java では SQL の一部の値を処理の結果に応じて変更できます。このように、SQL の一部が変化するものを**動的な SQL** と呼びます。また、SQL が変化せず、一定であるものを**静的な SQL** と呼びます。

今回のサンプルプログラムでは、静的な SQL を取り扱います。動的な SQL については、後であらためて解説します。

JDBC ドライバの読み込み

JDBC ドライバを使うには、JDBC ドライバを読み込む必要があります。

リスト：JDBC ドライバの読み込み

```
try {
  // postgreSQL の JDBC ドライバを読み込み
  Class.forName("org.postgresql.Driver");
} catch (ClassNotFoundException e) {
  // JDBC ドライバが見つからない場合
  e.printStackTrace();
}
```

クラスの起動時のパラメータとして任意の JDBC ドライバを指定する方法もありますが、本書では、クラス内に直接 JDBC ドライバの種類を記載する方法を使います。読み込みには、Class.forName というメソッドを使います。構文は、次の通りです。

リスト：JDBC ドライバの読み込み（構文）

```
Class.forName(JDBC ドライバの完全修飾名 );
```

Class.forName メソッドに指定する引数は、JDBC ドライバによって異なります。postgreSQL では「org.postgresql.Driver」を指定します。また、JDBC ドライバがクラスパスに設定されていないなどの理由で読み込みが失敗した場合は、「ClassNotFoundException」という例外が発生します。そのため、try-catch 構文で例外処理しています。

データベースへの接続

JDBC ドライバの読み込みが終わったら、データベースに接続します。

リスト：データベースへの接続

```
conn = DriverManager.getConnection("jdbc:postgresql:javasample", "postgres", ↲
"password");
```

DriverManager クラスの getConnection メソッドを使ってデータベースに接続します。接続情報は Connection クラスのインスタンスに格納します。構文は、次の通りです。

リスト：データベースへの接続（構文）

```
DriverManager.getConnection(jdbc:postgresql:データベース名 , ユーザ名 , パスワード );
```

　第1引数には、データベース接続のための情報を「jdbc:postgresql: データベース名」という形式で指定します。今回は、同じコンピュータにインストールされた postgreSQL の「javasample」というデータベースを使うため、「jdbc:postgresql:javasample」となります。第1引数で指定する文字列は、RDBMS やデータベースへの接続条件によって異なるので、注意してください。
　第2、3引数には、データベースへの接続に使用するユーザ名とパスワードを指定します。

SELECT 文の発行と結果の取得

　データベースに接続できたら、SQL を発行する準備は完了です。Statement クラスを利用して SELECT 文を発行します。

リスト：SELECT 文の発行と結果の取得

```
// Statement オブジェクトを生成
Statement stmt = conn.createStatement();
// SELECT 文の発行と検索結果を格納する
ResultSet rset = stmt.executeQuery("SELECT * FROM book");
```

　SELECT 文を発行するために、まずは Connection クラスの createStatement メソッドを使って Statement オブジェクトを生成します。Statement は、SQL を格納するためのオブジェクトです。
　次に、生成した Statement オブジェクトの executeQuery メソッドを使って SELECT 文を発行します。executeQuery メソッドの構文は、次の通りです。

リスト：SELECT 文の発行（構文）

```
executeQuery(SQL 文字列 );
```

　executeQuery メソッドは SELECT 命令を発行し、データベースから取得したレコードを返します。結果の情報は、ResultSet クラスのオブジェクトで受け取ります。

結果の表示

取得したレコードを順番に表示します。

リスト：while ブロック

```
while (rset.next()) {
  System.out.println(rset.getString("name"));
}
```

ResultSet のオブジェクトの next メソッドを使って、次のレコードを取得します。その後、getString メソッドで、現在のレコードの指定されたカラムの値を取り出します。next メソッドは次に指定するレコードがなくなると false を返すため、while 命令の終了条件とすることで、すべてのレコードを取り出したところで処理が終了します。

データベース接続の切断

データベースを使った処理が完了したら、データベース接続を切断します。

リスト：finally ブロック

```
finally {
  // 4. データベース接続の切断
  if (conn != null) {
    try {
      conn.close();
      conn = null;
    } catch (SQLException e) {
      // データベース接続の切断でエラーが発生した場合
      e.printStackTrace();
    }
  }
}
```

データベース処理の途中でエラーが発生しても、データベース接続は切断しなければならないので、切断の処理は finally ブロックに記載します。Connection クラスの close メソッドを使って切断処理を実行します。

try-with-resources 構文による書き換え

前の例では、SELECT 文を発行するプログラムを紹介しましたが、finally ブロックで try-catch ブロックが入れ子になっており、読みにくいと感じませんでしたか。Connection クラスの close メソッドの中で、SQLException のエラーが発生する可能性があるために、このような冗長なコード実装になっています。

しかし、Java 7 から導入された try-with-resources 構文を利用すれば、このような冗長なコードをシンプルに書き直すことができます。以下は、本文のサンプルを try-with-resources 構文で書き直したものです。

リスト：SelectSample2.java

```java
package jp.co.bbreak.sokusen._3._4;

import java.sql.*;

public class SelectSample2 {
  public static void main(String args[]) {
    // JDBC ドライバの読み込み
    try {
      // postgreSQL の JDBC ドライバを読み込み
      Class.forName("org.postgresql.Driver");
    } catch (ClassNotFoundException e) {
      // JDBC ドライバが見つからない場合
      e.printStackTrace();
    }

    // 1. データベースへの接続
    try(Connection conn = DriverManager.getConnection("jdbc:postgresql:↲
javasample", "postgres", "password");) {
      // 2.SELECT 文の発行と結果の取得
      // Statement オブジェクトを生成
      Statement stmt = conn.createStatement();
      // SELECT 文の発行と検索結果を格納する
      ResultSet rset = stmt.executeQuery("SELECT * FROM book");

      // 3. 結果の表示
      while (rset.next()) {
        System.out.println(rset.getString("name"));
      }
    } catch (SQLException e) {
      // 接続、SELECT 文の発行でエラーが発生した場合
      e.printStackTrace();
    }
  }
}
```

tryブロックの直後に、自動的に破棄したいリソース（接続）の宣言文を記述するだけです。これによって、tryブロックを出たタイミングで、接続が自動的に破棄されます。

　try-with-resources構文を利用した結果、finallyブロックがまるごとなくなり、すっきりとした記述となりました。

3.5 トランザクション

本節では、データベースのデータの整合性を維持するために欠かせないトランザクション管理について解説します。

3.5.1 トランザクション管理

トランザクションとは、複数の SQL 処理のまとまりのことを指します。例えば、銀行の預金を管理するデータベースにおいて、A さんの口座から B さんの口座へ 100 万円振り込みをしたとします。この時、データベースで行われるデータの変更は次の通りです。

1. 最初の状態

口座名	残高
A さん口座	3,000,000
B さん口座	1,000,000

2. A さんの口座の残高から 100 万円減らす

口座名	残高
A さん口座	2,000,000
B さん口座	1,000,000

-1,000,000

3. B さんの口座の残高を 100 万円増やす

口座名	残高
A さん口座	2,000,000
B さん口座	2,000,000

+1,000,000

図：データの変更

このように、互いに連動しているような SQL の処理はひとまとまりで実行されるべきです。このような分割できない処理の単位をトランザクションと呼びます。

トランザクション管理とは

トランザクション管理では、トランザクション内で変更されたデータ内容をデータベースに反映するかどうかを決めることができます。データ内容を反映する処理を**コミット**、キャンセルして元に戻す処理を**ロールバック**と呼びます。

トランザクションの中で変更されたデータは、コミット／ロールバックされるまではデータベースに反映されず、仮想的なデータベースの中で自分だけが変更を確認できる状態で存在します。データベースには、トランザクションの最後にコミットを実施した時点で反映されます。

データの変更に失敗した場合はどうでしょう。先ほどの口座間での預金のやりとりの例で考えてみます。「Aさんの口座から100万円預金を減らす」処理は失敗したが、「Bさんの口座で100万円預金を増やす」処理は成功した場合に、この変更をデータベースに反映してしまうと、データベース全体での預金の量が合わなくなってしまいます。

このような場合にも、更新に失敗したタイミングで、それまでの更新をキャンセルし、トランザクションが開始する前の状態に戻します。これで、データの整合性が維持されました。

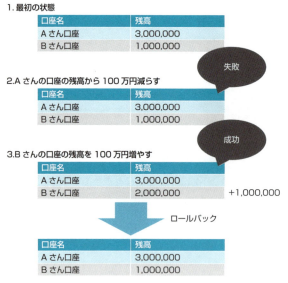

図：データの不整合

3.5.2 ロック

トランザクション管理で使用する**ロック**という考え方について解説します。

ロックとは

RDBMSでは、複数のユーザが同時にトランザクション処理を実行できます。別々のトランザクション処理で同一のレコードを更新した場合、先のトランザクションでの更新が後のトランザクションの更新で上書きされてしまうことがあります。

そのような問題を避けるために、RDBMSではロックという機能があります。ロックとは、トランザクションで更新中のデータを、他のトランザクションからは更新できないようにする機能です。ロックは、トランザクションがコミット／ロールバックされたタイミングで解除されます。

占有ロックと共有ロック

ロックは、占有ロックと共有ロックの2種類に分類できます。両者は、ロック中にデータを参照できるかどうかという点で異なります。

占有ロックは参照も更新もできません。一方、**共有ロック**では更新はできませんが、参照は可能です。

表：他のトランザクションからのアクセス

種類	参照	更新
占有ロック	×	×
共有ロック	○	×

デッドロック

ロックは、データの変更を正常に行うために必要なものですが、適切に使用しないとデッドロックという現象を起こす可能性があります。

デッドロックとは2つ以上のトランザクションが、互いにロックされているデータのロック解除を待ち続けてしまう現象のことです。デッドロックを起こしたトランザクションは処理を完了できず、コミットもロールバックもできないまま処理が

止まってしまいます。

次はデッドロックの例です。次のような2つのトランザクションがあったとします。

トランザクション1の処理（AさんからBさんへ振り込み）
1. Aさんの預金データを減らす
2. Bさんの預金データを増やす

トランザクション2の処理（BさんからAさんへ振り込み）
1. Bさんの預金データを減らす
2. Aさんの預金データを増やす

トランザクション1がAさんの預金データを更新するためにロックし、トランザクション2がBさんの預金データを更新するためにロックしている状態です。

図：ロック状態

この状態で、トランザクション1がBさんの預金データを更新するためにロックをかけようとしますが、既にトランザクション2によってロックがかかっているため、ロックの解除を待ちます。

図：トランザクション1はロック解除を待つ

また、トランザクション2がAさんの預金データを更新するためにロックをかけようとしますが、既にトランザクション1によってロックがかかっているため、ロックの解除を待ちます。

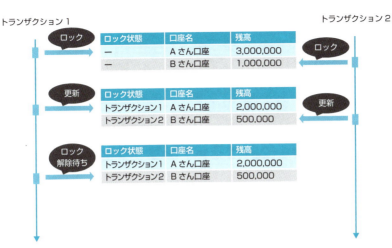

図：トランザクション2はロック解除を待つ

互いに互いのロック解除を待つため、いつまでも次の処理を行うことができません。この状態をデッドロックといいます。

デッドロックへの対応は、片方のトランザクションを強制的にロールバックしてロックを解除するか、一定時間処理が止まったら自動的に処理を中止するよう、RDBMSの設定を変更することなどが挙げられます。

3.5.3　Javaにおけるトランザクション管理

Javaアプリケーションにおけるトランザクション管理について解説します。

UPDATE文を発行するプログラム

Javaにおけるトランザクション管理のしくみは、どのように実装するのかを解説します。処理の流れそのものはSELECT文と同じで、「接続→処理→切断」の順です。

1. データベースへの接続
2. コミットモードの変更
3. UPDATE文の発行と結果の取得
4. 変更の反映（コミット）
5. データベース接続の切断

この処理の流れをプログラムにしたのが、次のサンプルプログラムです。更新に使うテーブルの定義とデータは、以下の通りです。

表：bookテーブルに格納されているデータ

id	name	price
001	百科事典	2000
002	小説	1000
003	コミック	500
004	ビジネス書	500
005	技術書	3000

リスト：UpdateSample.java

```
package jp.co.bbreak.sokusen._3._5;
```

```java
import java.sql.*;

public class UpdateSample {
  public static void main(String args[]) {
    // データベースへの接続情報を格納する変数
    Connection conn = null;

    // JDBC ドライバの読み込み
    try {
      // postgreSQL の JDBC ドライバを読み込み
      Class.forName("org.postgresql.Driver");
    } catch (ClassNotFoundException e) {
      // JDBC ドライバが見つからない場合
      e.printStackTrace();
    }

    try {
      // 1. データベースへの接続
      conn = DriverManager.getConnection("jdbc:postgresql:javasample", ↲
"postgres", "password");

      // 2. コミットモードの変更
      conn.setAutoCommit(false);

      // 3.UPDATE 文の発行と結果の取得
      // Statement オブジェクトを生成
      Statement stmt = conn.createStatement();
      // UPDATE 文の発行と結果を取得
      int result = stmt.executeUpdate("UPDATE book SET price=600 WHERE name = ↲
'ビジネス書'");
      // 更新行数の表示
      System.out.println(result);

      // 4. 変更の反映（コミット）
      conn.commit();

    } catch (SQLException e) {
      try {
        // ロールバック
        conn.rollback();
      } catch(SQLException ex) {
        // ロールバックでエラーが発生した場合
        ex.printStackTrace();
      }

      // 接続、UPDATE 文の発行でエラーが発生した場合
      e.printStackTrace();
```

```
    } finally {
      // 5. データベース接続の切断
      if (conn != null) {
        try {
          conn.close();
          conn = null;
        } catch (SQLException e) {
          // データベース接続の切断でエラーが発生した場合
          e.printStackTrace();
        }
      }
    }
  }
}
```

実行結果

```
1
```

実際に、ビジネス書の価格（price カラム）が更新されたかを確認しましょう。psql で SELECT 文を発行した結果を、以下に示します。

更新の確認

```
javasample=# SELECT * FROM book WHERE name = 'ビジネス書';
 id  |   name    | price
-----+-----------+-------
 004 | ビジネス書 |   600
(1 行)
```

price カラムの値が 500 から 600 に変更されています。UPDATE 文が正常に発行されたことが確認できました。

では、以下ではコードの詳細について解説していきます。

UPDATE 文の発行と結果の取得

executeUpdate メソッドで、UPDATE 文を発行し、戻り値として更新されたレコード数を取得します。

リスト：UPDATE 文の発行と結果の取得

```
// Statement オブジェクトを生成
```

```
Statement stmt = conn.createStatement();
// UPDATE 文の発行と結果を取得
int result = stmt.executeUpdate("UPDATE book SET price=600 WHERE name = ⤵
'ビジネス書'");
// 更新行数の表示
System.out.println(result);
```

「Statement オブジェクトの取得→ SQL 文の発行→結果の表示」という流れは、SELECT 文のサンプルと同じですが、SQL 発行に使用されているメソッドが異なります。

UPDATE ／ INSERT ／ DELETE 文など、データを変更する SQL では、Statement クラスの executeUpdate メソッドを使用します。これらデータを変更する SQL をまとめて「更新系 SQL」と呼びます。executeUpdate メソッドの構文は、次の通りです。

リスト：データを変更するSQLの発行（構文）

```
executeUpdate(SQL);
```

executeUpdate メソッドの戻り値は、SQL によって変更されたレコードの行数を int 型で返します。更新行数は今回は 1 行であるため、実行結果には「1」という値が表示されています。

オートコミット設定とコミット

コミットには、更新系 SQL で変更されたデータを確定させるという意味があります。コミットをしない限り、いくら更新系 SQL でデータを変更しても、実際のデータベースには反映されません。

Java で更新系 SQL を発行する場合には、通常、**オートコミット**と呼ばれるしくみで、SQL が発行されるたびにコミットされるようになっています。しかし、今回のサンプルでは、コミットの解説のためにオートコミットを無効にしています。それが、サンプルの以下の部分です。

リスト：オートコミットを無効にする

```
// 2. コミットモードの変更
conn.setAutoCommit(false);
```

setAutoCommit メソッドの引数に false を指定することによって、オートコミットを無効にします。オートコミットが無効の場合は、手動で明示的にコミットをする必要があります。コミット処理は commit メソッドで行います。

リスト：コミット
```
conn.commit();
```

データベースへの接続や SQL 発行でエラーが発生した場合、ロールバック処理で変更をキャンセルします。ロールバック処理は rollback メソッドで行います。

リスト：ロールバック
```
conn.rollback();
```

実際にコミットされるまでデータベースには変更が反映されていないか、サンプルプログラムの各時点でのテーブルの状態を確認してみましょう。まずは、実行前の book テーブルの更新対象のレコードを確認します。

book テーブルの内容を確認
```
javasample=# SELECT * FROM book WHERE name = 'ビジネス書';
 id  |    name    | price
-----+------------+-------
 004 | ビジネス書 |   500
(1 行)
```

次に、サンプルで「3. UPDATE 文の発行と結果の取得」の処理を実行した時点で、book テーブルの状態を確認します。プログラムの実行を途中で止めたい場合は、Eclipse のデバッグモードという実行モードでクラスを実行します。

次の通り、price カラムの内容がまだ変更されていないことが確認できます。

3. でのテーブルの状態
```
javasample=# SELECT * FROM book WHERE name = 'ビジネス書';
 id  |    name    | price
-----+------------+-------
 004 | ビジネス書 |   500
(1 行)
```

プログラムを最後まで実行し、変更がコミットされると、bookテーブルの更新対象のレコードは次のように更新された状態になります。

プログラムを最後まで実行した結果

```
javasample=# SELECT * FROM book WHERE name = 'ビジネス書';
 id |   name    | price
----+-----------+-------
 004 | ビジネス書 |   600
(1 行)
```

> **NOTE** デバッグモードの使い方
>
> デバッグモードでは、プログラムの実行を止めたいタイミングをプログラムの行ごとに指定できます。実行を止める場所のことを**ブレークポイント**（Breakpoint）と呼びます。
>
> ブレークポイントを付けた行は、その行が実行される前に処理が止まります。今回は「3.UPDATE文の発行と結果の取得」の処理を実行した時点で処理を止めたいので、「conn.commit( );」の行でブレークポイントを指定します。
>
> ブレークポイントを付けるには、対象の行を選択した状態で [Ctrl] + [Shift] + [B] を押します。ブレークポイントが付くと、行の左端に青い丸印が付きます。
>
>
>
> 図：ブレークポイントの指定
>
> ブレークポイントを指定できたら、デバッグモードでクラスを実行しましょう。ツールバーの［Run］→［Debug］で実行できます。実行が始まると、次のようなダイアログが表示されます。

図：デバッグ表示の確認

デバッグ用の表示に切り替えますかという旨の表示なので、[Yes] ボタンを押します。すると、Eclipse の表示レイアウトが次のように変化します。

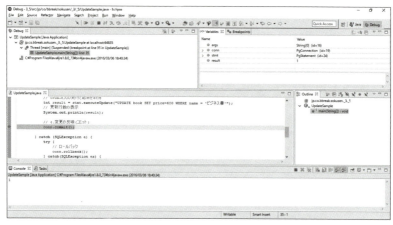

図：デバッグ画面

先ほどブレークポイントを指定した行の背景色が緑に変わっていれば、その行で処理が止まっていることを表しています。この状態では、以下のような操作が可能です。

- 画面右上の [Variables] タブから変数の内容を確認
- F6 キーを押すことで、1 行ずつ処理を進める

確認を終えた後、プログラムを最後まで実行するには F8 キーを押します。また、もとの開発画面には、右上の [Java] ボタンを押すことで戻ることができます（配置がデフォルトの場合）。

3.6 パラメータ付き SQL の処理

前節では、静的な SQL を発行するプログラムについて学びました。

本節では、プログラム内で生成した値を SQL の条件指定に使用する、動的な SQL を発行する方法について解説します。

3.6.1 プリペアードステートメント

SELECT 文などで WHERE 句に指定した値を動的に変更できれば、検索する対象が変わるたびにプログラム上の SQL を毎回変更せずに済むので効率的です。

```
SELECT * FROM book WHERE id = '001';
```

そして、WHERE 句の '001' の部分を動的に変更するしくみが、Java には存在します。このしくみのことを**プリペアードステートメント**と呼びます。

3.6.2 プリペアードステートメントの利用例

SELECT 文を発行する先ほどのサンプルを一部変更して、プリペアードステートメントを使用できるようにします。変更後のプログラムは、以下の通りです。

表：book テーブルに格納されているデータ

id	name	price
001	百科事典	2000
002	小説	1000
003	コミック	500
004	ビジネス書	500
005	技術書	3000

リスト：SelectSample.java

```java
package jp.co.bbreak.sokusen._3._6;

import java.sql.*;

public class SelectSample {
  public static void main(String args[]) {
    // JDBC ドライバの読み込み
    try {
      // postgreSQL の JDBC ドライバを読み込み
      Class.forName("org.postgresql.Driver");
    } catch (ClassNotFoundException e) {
      // JDBC ドライバが見つからない場合
      e.printStackTrace();
    }

    // 1. データベースへの接続
    try(Connection conn = DriverManager.getConnection("jdbc:postgresql:javasample",
"postgres", "password");) {
      // 2.SELECT 文の発行と結果の取得
      // PreparedStatement オブジェクトを生成
      PreparedStatement stmt = conn.prepareStatement("SELECT * FROM book WHERE id = ?");
      // パラメータの指定
      stmt.setString(1,"001");
      // SELECT 文の発行と検索結果を格納する
      ResultSet rset = stmt.executeQuery();

      // 3. 結果の表示
      while (rset.next()) {
        System.out.println(rset.getString("name"));
      }
    } catch (SQLException e) {
      // 接続、SELECT 文の発行でエラーが発生した場合
      e.printStackTrace();
    }
  }
}
```

実行結果

百科事典

結果を確認できたところで、ポイントとなるコードについて解説していきます。

プリペアードステートメントオブジェクトの生成

プリペアードステートメントのオブジェクトは、Connection クラスの prepareStatement メソッドを使って取得します。

リスト：オブジェクトの生成
```
PreparedStatement stmt = conn.prepareStatement("SELECT * FROM book WHERE id = ?");
```

prepareStatement メソッドの構文は、以下の通りです。

リスト：プリペアードステートメントのオブジェクトを生成（構文）
```
prepareStatement(SQL 文字列 );
```

prepareStatement メソッドに指定した SQL に注目です。これまで、条件値が記載されていた場所に「?」と書かれています。この「?」のことを**バインド変数**と呼び、ここにプログラム内で生成した値などを格納します。

パラメータの指定

バインド変数に文字列型のパラメータを指定するには、PreparedStatement クラスの setString メソッドを指定します。

リスト：パラメータの指定
```
stmt.setString(1,"001");
```

setString メソッドの構文は、以下の通りです。

リスト：パラメータの設定（構文）
```
stmt.setString( パラメータの位置 , パラメータ値 );
```

第 1 引数には、バインド変数の位置を int 型の値で渡します。位置は先頭のバインド変数なら 1、次のバインド変数なら 2 です。配列やコレクションクラスのように位置が 0 から始まるのではなく、1 から始まることに注意ください。第 2 引数にはバインド変数に入力するパラメータ値を String 型で渡します。

パラメータを指定する際には、データベースで使われているデータ型に応じた値を格納する必要があります。ここでは文字列型の値を設定するので、setString メソッドを利用していますが、使用するメソッドもデータ型によって変わります。
　データベースで使われているデータ型と、パラメータの指定に使用するメソッドの対応は、以下の通りです。

表：データ型とメソッドの対応

PostgreSQL のデータ型	Java のデータ型	PreparedStatement のメソッド
bytea	byte	setByte(int parameterIndex, byte x)
character varying(n)、varchar(n)	String	setString(int parameterIndex, String x)
character(n)、char(n)	String	setString(int parameterIndex, String x)
text	String	setString(int parameterIndex, String x)
smallint	short	setShort(int parameterIndex, short x)
integer	int	setInt(int parameterIndex, int x)
bigint	long	setLong(int parameterIndex, long x)
numeric	java.math.BigDecimal	setBigDecimal(int parameterIndex, BigDecimal x)
real	float	setFloat(int parameterIndex, float x)
double	precision long	setLong(int parameterIndex, long x)
timestamp	java.sql.Timestamp	setTimestamp(int parameterIndex, Timestamp x)
date	java.sql.Date	setDate(int parameterIndex, Date x)
time	java.sql.Time	setTime(int parameterIndex, Time x)

3.7 ORMで快適データベースプログラミング

Javaを使った業務アプリケーションでは、ほとんどの場合、データベースとの連携が前提になっているのが普通です。そのため、データベースをより手軽により便利に扱うしくみが、いくつも準備されています。その中でも本節では、ORMというしくみについて解説します。

3.7.1 ORM（Object-relational mapping）

ORM（オブジェクト関係マッピングとも呼びます）とは、データベースに格納されているデータとJavaで扱うデータを対応付けすることです。

Javaでは、オブジェクト指向に基づいて現実世界のモノを中心としてデータを定義します。一方、データベースでは、検索のしやすさ、データ同士の整合性を優先してデータを定義します。このデータに対する考え方の違いを吸収するために、プログラム上の実装が複雑になることがよくありました。その問題を解決するために考案されたのが、ORMというしくみです。

ORMを使うことで、このJavaとデータベースの間にある考え方の隔たりを埋めることができます。

ORMを実現する方法

本書では、ORMを実現するための方法を2種類紹介します。

- DAOとDTOと呼ばれるしくみを組み合わせた方法
- JPAというツールを使う方法

それぞれの方法について、サンプルプログラムを使って詳しく解説していきます。

3.7.2　DAO (Data Access Object) と DTO (Data Transfer Object)

まずは、DAO と DTO について、それぞれサンプルを使って解説します。

DAO とは

　DAO とはデータベースへのアクセスを専門に行うクラスです。データベースへの接続／切断、SQL の発行を 1 つのクラスの中に実装します。

　データベースを扱うアプリケーションでは、データベースアクセスを担うクラスと、得られたデータを使って処理を実行するクラスを明確に分けることがほとんどです。クラスを分けることによる利点として、以下の点が挙げられます。

データベース処理を DAO に任せることができる

　データベースへのアクセスを専門で行うクラスを作成することで、そのクラスを利用する側は、データベースへの接続／切断、SQL の発行などの手順を意識することなく、データベースを利用できます。

テーブル構成の変更による影響を小さくできる

　DAO を使わない場合は、テーブルのカラム数やデータ型が変わった時、そのデータを利用しているクラスすべてが影響を受けます。しかし、DAO を使っている場合は、DAO の内部でテーブルの変更の影響を吸収するので、データを利用するクラスへの影響は最小限になります。

　具体的には、DAO から得られるアウトプットがテーブルの構成に関わらず一定であれば、他のクラスへの影響はなくなります。

DTO とは

　DTO とは、DAO で取得したテーブルのデータを保持することを専門に行うクラスです。DTO には、以下の要素だけを定義します。

- テーブルのカラムに対応したプロパティ
- プロパティのゲッタとセッタ

DTOを利用するメリットは、データベースへのアクセス回数を少なくできることです。

DTOで一度データを保持することで、同じデータを利用する処理はデータベースにアクセスすることなく、DTOからデータを取得できます。一般的に、データベースへのアクセスには時間がかかるため、DTOを利用することで処理を効率化できます。

DAOとDTOを使ったデータベースアクセス

DAOとDTOを使ったデータベースアクセスの流れは次の図の通りです。

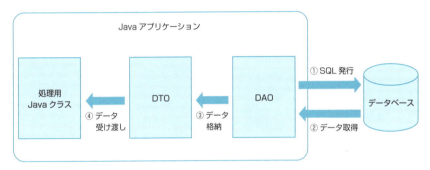

図：DAOとDTOを使ったデータベースアクセスの流れ

では、次のようなbookテーブルを操作するDAOとDTOを作成してみましょう。

表：bookテーブル

カラム名	データ型	格納データ
id	text	一意なコード
name	text	書籍名
price	integer	値段

DTOのコードは、以下の通りです。各カラムごとにフィールドを宣言し、そのフィールドに、それぞれゲッタとセッタを定義しています。

リスト：SampleDTO.java

```java
public class SampleDTO {
  private String id;
  private String name;
  private int price;

  public String getId() {
    return id;
  }

  public void setId(String id) {
    this.id = id;
  }

  public String getName() {
    return name;
  }

  public void setName(String name) {
    this.name = name;
  }

  public int getPrice() {
    return price;
  }

  public void setPrice(int price) {
    this.price = price;
  }
}
```

次に、DAOのサンプルです。

データベースからデータを取得するコードはこれまでと同じですが、その後、取得したデータをDTOに格納する処理が、ここまでとは異なる部分です。取得したデータをセッタ経由で、DTOのインスタンスに格納します。

リスト：SampleDAO.java

```java
package jp.co.bbreak.sokusen._3._7;

import java.sql.Connection;
import java.sql.DriverManager;
import java.sql.ResultSet;
import java.sql.SQLException;
import java.sql.Statement;
```

```java
import java.util.ArrayList;

public class SampleDAO {
  public ArrayList<SampleDTO> findAll() {
    // DTO を格納するリスト
    ArrayList<SampleDTO> sampleDTOs = new ArrayList<>();

    // JDBC ドライバの読み込み
    try {
      // postgreSQL の JDBC ドライバを読み込み
      Class.forName("org.postgresql.Driver");
    } catch (ClassNotFoundException e) {
      // JDBC ドライバが見つからない場合
      e.printStackTrace();
    }

    // データベースへの接続
    try(Connection conn = DriverManager.getConnection("jdbc:postgresql:↲
javasample", "postgres", "password");) {
      // SELECT 文の発行
      // Statement オブジェクトを生成
      Statement stmt = conn.createStatement();
      // SELECT 文の発行と検索結果を格納する
      ResultSet rset = stmt.executeQuery("SELECT * FROM book");

      // 結果を DTO に格納する
      while (rset.next()) {
        // DTO オブジェクトの生成
        SampleDTO dto = new SampleDTO();
        // id の値をセット
        dto.setId(rset.getString("id"));
        // name の値をセット
        dto.setName(rset.getString("name"));
        // price の値をセット
        dto.setPrice(rset.getInt("price"));
        // リストに格納
        sampleDTOs.add(dto);
      }
    } catch (SQLException e) {
      // 接続、SELECT 文の発行でエラーが発生した場合
      e.printStackTrace();
    }

    return sampleDTOs;
  }
}
```

実行のためのクラスを作って、動作を確認してみましょう。

リスト：Main.java

```java
package jp.co.bbreak.sokusen._3._7;

import java.util.ArrayList;

public class Main {

  public static void main(String[] args) {
    SampleDAO dao = new SampleDAO();

    // データベースアクセス
    ArrayList<SampleDTO> books = dao.findAll();

    // 結果の表示
    for(SampleDTO book : books) {
      System.out.println("id:" + book.getId());
      System.out.println("name:" + book.getName());
      System.out.println("price:" + book.getPrice());
    }
  }
}
```

実行結果

```
id:001
name: 百科事典
price:2000
id:002
name: 小説
price:1000
id:003
name: コミック
price:500
id:005
name: 技術書
price:3000
id:004
name: ビジネス書
price:600
```

DTOからデータを取得できることを確認できました。

DTOにデータを格納することで、2回目以降に同じデータにアクセスする場合に

も、DTO のインスタンスに格納されたデータを取得すればよいので、データベースへのアクセスが不要になります。

3.7.3　JPA（Java Persistence API）

JPA を使った ORM の実装を解説します。

JPA とは

JPA とは、ORM を実装するための Java EE の規格です。JPA を利用することで、データベースを Java のオブジェクトとして操作できます。これによって、データベース連携に際して、データベース固有の操作を意識する必要がなくなります。

本項では、JPA の規格で実装された「EclipseLink JPA」を使って、JPA による ORM を解説します。

JPA を使ったデータベースアクセスの流れ

データベースとのやりとりには、JPA を間に挟みます。開発者は Java のオブジェクトを操作することで、データベースを操作します。

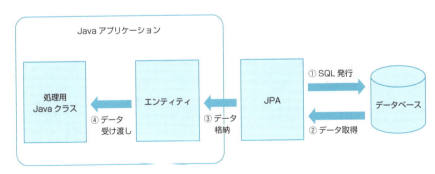

図：JPA を使ったデータベースアクセス

1 つのテーブルと対応する Java のオブジェクトのことを**エンティティ**（Entity）と呼びます。

プロジェクトの作成

JPA を Eclipse で使用するために、環境構築をしましょう。

まずは、JPA 用のプロジェクトを新規作成します。ツールバーから[File]→[New]→［Other］を選択し、一覧から「JPA Project」を選びます。

図：JPA Project の選択

［New JPA Project］ウィンドウが表示されるので、[Project name] に「SampleJPA」を、[Target runtime] に「jre1.8.0」を設定し、[Next] ボタンを押します。

図：プロジェクト名とランタイムの設定

次の画面では特に変更する項目はないので、そのまま［Next］ボタンを押します。

図：プロジェクトの設定

次の画面では、［Platform］に「EclipseLink 2.5.x」を、［JPA implementation］は「Disable Library Configuration」を選択します。これで設定が完了しましたので、［Finish］ボタンを押して、プロジェクトを作成します。

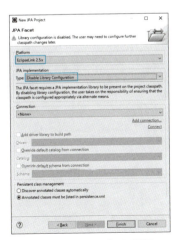

図：JPA を実装したライブラリの選択

JPA プロジェクトの作成が完了すると、次のようなダイアログが表示されます。

図：パースペクティブの選択

　JPA を使う上で必要なパースペクティブ（必要な情報を表示するビューの集合）を開くかどうかを確認しています。次の手順でデータベースの接続設定をするために、これらのパースペクティブを使用するため、[Yes] ボタンを押します。
　すると、Eclipse の画面に [Data Source Explorer] [JPA Structure] [JPA Details] などのビューを備えたパースペクティブが表示されます。

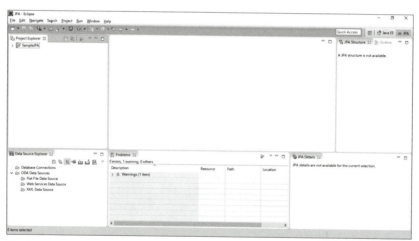

図：パースペクティブの表示

データベース接続の設定

　JPA がデータベースに接続するには、まず、以下の情報を設定する必要があります。

- 使用する RDBMS
- RDBMS に対応する JDBC ドライバ
- データベースへの接続情報

［Data Source Explorer］ビューの［Database Connections］を右クリックして、表示されたコンテキストメニューから［New］を選択します。

すると、［New Connection Profile］ウィンドウが開きます。［Connection Profile Types］で「PostgreSQL」を選択して、［Name］に任意の名前を指定します。今回は「PostgreSQL」と入力しています。入力が終わったら［Next］ボタンを押します。

図：データベース接続

続いて、JDBC ドライバと、データベースへの接続情報を入力します。

図：データベース接続情報の設定

　［Drivers］の横の丸いアイコン（New Driver Definition）を選択します。すると、ドライバの選択画面が表示されるので、［Name/Type］タブの［Available driver templates］で「PostgreSQL JDBC Driver」を選択します。

図：PostgreSQL JDBC Driverの設定

　次に［JAR List］タブを選択します。
　［Clear All］ボタンを押し、デフォルトの設定を削除します。
　続いて、［Add JAR/Zip...］ボタンを押します。ファイル選択の画面でJDBCドライバのJARファイルを選択します。ファイルの格納場所は任意に決められますが、今回は、workspaceフォルダの下にlibフォルダを作成し、その中に格納しています。
　JARファイルを選択できたら、［OK］ボタンを押します。

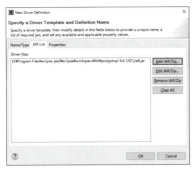

図：JDBCドライバの選択

もとの画面に戻ったら、データベースへの接続情報を設定します。

表：接続情報

項目名	設定値
Database	database
URL	jdbc:postgresql:javasample
User name	postgres
Password	postgres ユーザのパスワード
Save password	チェック

図：データベース接続情報の設定

データベース接続設定が正しく行われているか、テスト接続をして確認しましょう。右下の［Test Connection］ボタンを押し、「Ping succeeded!」と表示されたら、

データベースへの接続が成功しています。

接続を確認できたら、[Finish]ボタンを押します。

[Data Souerce Explorer]ビューに「PostgreSQL」という項目が増えていたら、正しく設定は認識されています。このビューからは、データベース名やテーブル名を参照できます。

図：[Data Souerce Explorer]ビューに「PostgreSQL」が表示される

JPAプロジェクトにデータベース接続情報を設定

新規作成したJPAプロジェクトに、先ほど追加したデータベース接続情報を設定します。SampleJPAプロジェクトを選択し、ツールバーの[Project]→[Properties]を選択します。

[Properties for SampleJPA]ウィンドウが表示されたら、左側のメニューから[JPA]を選択します。

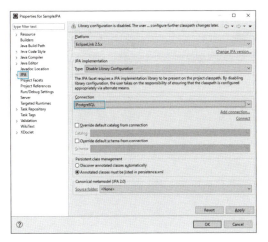

図：JPA の選択

　Connection の欄を「<None>」から、先ほど追加したデータベース接続の設定である「PostgreSQL」に変更します。変更できたら、[OK] ボタンを押して、設定を完了します。

EclipseLink JPA と JDBC ドライバの導入

　JPA の実装である EclipseLink JPA ライブラリをプロジェクトに導入します。ライブラリファイルを入手するために以下のページを開きます。

```
http://www.eclipse.org/eclipselink/
```

　次に [Download] リンクを選択して、執筆時点での最新バージョンである [EclipseLink 2.6.2. Installer Zip] リンクから、ファイルをダウンロードします。入手した zip ファイルを解凍し、以下の 2 ファイルを、ライブラリを格納している任意のフォルダに移動します。

- javax.persistence_2.1.1.v201509150925.jar
- eclipselink.jar

Eclipseのツールバーから［Project］→［Properties］を選択して、左側のメニューから［Java Build Path］を選択します。［Libraries］タブの［Add External JARs...］ボタンを押して先ほどの2つのJARファイルを選択し、プロジェクトに追加します。

　Project Explorerに2つのJARファイルが表示されていれば、導入は完了です。

図：JARファイルの追加後の表示

　また、プロジェクトにもJDBCドライバの設定が必要なため、同じく［Add External JARs...］ボタンからJDBCドライバを選択しておきます。

接続情報の設定

　接続情報を、JPAプロジェクトの設定ファイルに設定します。設定ファイルはpersistence.xmlという名前で存在します。Project Explorerから「JPA Content」の配下のpersistence.xmlをダブルクリックし、編集を開始します。

　ファイルを開いたら、［Connection］タブを選択して、次のように設定を変更します。

表：接続情報

項目名	設定値
Transaction type	Resource Local
Driver	org.postgresql.Driver
URL	jdbc:postgresql:javasample
User name	postgres
Password	postgresユーザのパスワード

　接続情報を、表の通りに入力します。

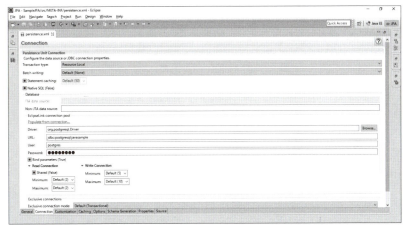

図：persistence.xml

クラス実行時のテーブル自動作成を設定

クラス実行時にテーブルを自動作成するように、persistence.xml に設定を追加します。[Database action]を「Drop and Create」に変更します。

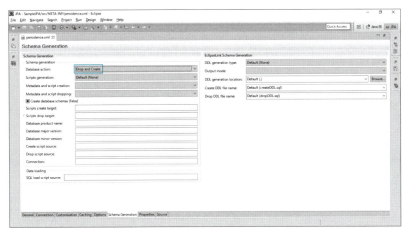

図：Database action の設定

これは、クラスが実行されるたびにテーブルをエンティティの定義で作り直すという設定です。他の設定項目の意味は、以下の通りです。

表：Database action

項目名	意味
Defalut（NONE）	データベースに対して何もしない（デフォルト設定）
Create	テーブルが存在しない場合、テーブルをエンティティの定義で作成
Drop	テーブルが存在する場合、テーブルを削除
Drop and Create	テーブルを削除した後、エンティティの定義で新規作成
NONE	データベースに対して何もしない

　ここまでの設定を完了すると、persistence.xml の内容は次のようになっています。［Source］タブを選択すると、内容が確認できます。

リスト：persistence.xml

```xml
<?xml version="1.0" encoding="UTF-8"?>
<persistence version="2.1" xmlns="http://xmlns.jcp.org/xml/ns/persistence"
xmlns:xsi="http://www.w3.org/2001/XMLSchema-instance" xsi:schemaLocation=
"http://xmlns.jcp.org/xml/ns/persistence http://xmlns.jcp.org/xml/ns/
persistence/persistence_2_1.xsd">
  <persistence-unit name="SampleJPA" transaction-type="RESOURCE_LOCAL">
    <properties>
      <property name="javax.persistence.jdbc.url" value="jdbc:postgresql:
javasample"/>
      <property name="javax.persistence.jdbc.user" value="postgres"/>
      <property name="javax.persistence.jdbc.password" value="password"/>
      <property name="javax.persistence.jdbc.driver" value="org.postgresql.
Driver"/>
      <property name="javax.persistence.schema-generation.database.action"
value="drop-and-create"/>
    </properties>
  </persistence-unit>
</persistence>
```

エンティティの新規作成

　テーブルに対応する Java オブジェクトであるエンティティを新規作成します。今回は毎日の天気の情報を格納する Weather エンティティを作成します。

表：Weather エンティティ

Key（キー）	Name（フィールド名）	Type（データ型）
○	date	String
	weather	String

先ほど作成したSampleJPAプロジェクトを選択した状態で、ツールバーから[File] → [New] → [Other]を選択し、一覧から「JPA Entity」を選択します。

[New JPA Entity]ウィンドウが表示されるので、[Class name]欄に「Weather」と入力して[Next]ボタンを押します。

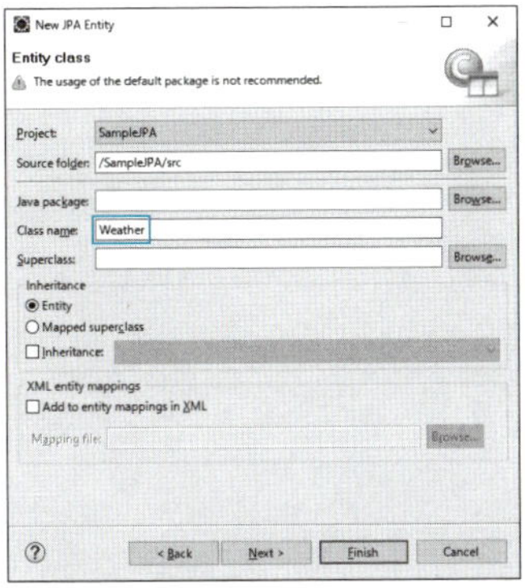

図：クラス名の指定

次の画面では、エンティティが持つフィールドを定義します。先ほどの表「Weatherエンティティ」のように、フィールドを定義していきます。

まず、[Entity fields]の[Add...]ボタンを押して、エンティティを追加する画面を表示します。[Type]にデータ型、[Name]にフィールド名を入力します。設定後に[Entity fields]のdate行のチェックボックスをチェックします。

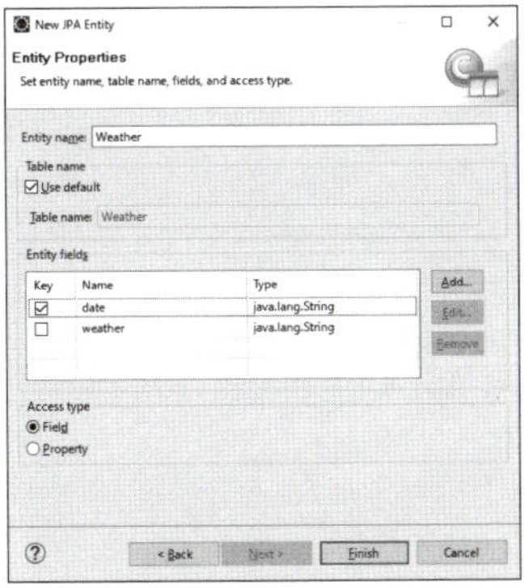

図：dateにチェックを付ける

設定が終わったら、[Finish] ボタンを押して、エンティティを作成します。すると、次のようなクラスが自動生成されます。

リスト：Weather.java

```java
import java.io.Serializable;
import java.lang.String;
import javax.persistence.*;

/**
 * Entity implementation class for Entity: Weather
 *
 */
@Entity

public class Weather implements Serializable {

   @Id
   private String date;
   private String weather;
   private static final long serialVersionUID = 1L;

   public Weather() {
      super();
   }
   public String getDate() {
      return this.date;
   }

   public void setDate(String date) {
      this.date = date;
   }
   public String getWeather() {
      return this.weather;
   }

   public void setWeather(String weather) {
      this.weather = weather;
   }
}
```

作成の直後は、「Table "Weather" cannot be resolved」というエラーが表示されます。このエラーは、データベース側にWeatherエンティティに対応するWeatherテーブルが存在しないために発生しています。テーブルは実行時に作成されるため、今はそのままにしておきます。

図：エラー

　自動生成したクラスについて、解説します。
　エンティティのクラスには、大まかに次のような特徴があります。Weatherクラスをこの特徴と照らし合わせて確認すると、それぞれに一致する実装になっていることが分かります。

- クラス名は対応する表と同じ名前である
- クラスに @Entity アノテーション（後述）が設定されている
- 主キーに対応するフィールドに @Id アノテーションが設定されている
- フィールドに対してゲッタ、セッタが定義されている

　エンティティを作成したら、そのエンティティをJPAの管理対象とするため、設定ファイルに追加する必要があります。Project Explorerからpersistence.xmlを右クリックし、コンテキストメニューから［Synchronize Class List］を選択します。

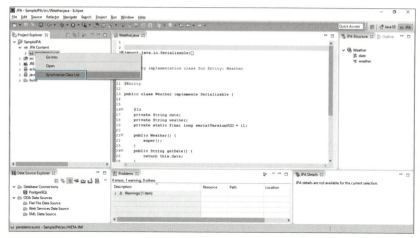

図：Synchronize Class List の選択

これで、persistence.xml に Weather エンティティが追加されました。ファイルの内容を確認すると、「<class>Weather</class>」という行が新たに追加されていることが確認できます。

実行クラスの作成

以上で JPA を利用するための準備は完了です。動作を確認するため、Weather クラスを使って、テーブルに対してデータを追加／抽出する実行クラスを作成します。

以下のクラスを新規作成して実行してみましょう。今回、説明のため、実行結果から「[EL Info]: 」から始まる JPA のログメッセージは省略しています。

リスト：Main.java

```java
import javax.persistence.*;

public class Main {

    public static void main(String[] args) {
        // EntityManager の生成
        EntityManagerFactory emf = Persistence.createEntityManagerFactory("SampleJPA");
        EntityManager em = emf.createEntityManager();
```

```java
        // トランザクションの開始
        EntityTransaction et = em.getTransaction();
        et.begin();

        // エンティティの生成
        Weather weather = new Weather();
        weather.setDate("2016-02-10");
        weather.setWeather(" はれ ");

        // テーブルへの格納
        em.persist(weather);

        // トランザクションの終了 ( コミット )
        et.commit();

        // テーブルからデータを抽出
        Weather result = em.find(Weather.class, "2016-02-10");
        System.out.println(result.getWeather());

        // EntityManager のクローズ
        em.close();
        emf.close();
    }
}
```

実行結果
```
はれ
```

ここで weather テーブルにレコードが登録されているか、psql を使って確認してみます。

実行結果
```
javasample=# SELECT * FROM weather;
    date    | weather
------------+---------
 2016-02-10 | はれ
(1 行 )
```

実行クラスで指定したデータが登録されていることから、JPA での動作が正常であることが確認できました。次に、実行クラスの各処理について解説していきます。

リスト：EntityManager の生成

```
EntityManagerFactory emf = Persistence.createEntityManagerFactory("SampleJPA");
EntityManager em = emf.createEntityManager();
```

最初に EntityManager を生成します。

EntityManager は、データベースへの接続や処理を担当するクラスです。EntityManager のインスタンスは、EntityManagerFactory というクラスから生成できます。EntityManagerFactory と EntityManager のインスタンスの生成の構文は、以下の通りです。

リスト：EntityManagerFactory インスタンスの生成（構文）

```
EntityManagerFactory emf = Persistence.createEntityManagerFactory( ユニット名 );
```

ユニット名とは、persistence.xml で定義した設定の名前です。ユニット名は、<persistence-unit> 要素の name 属性で定義されています。

このように、クラスの動作を制御するパラメータを設定ファイルで定義することで、データベースの設定などに変更があった場合にも、クラスへの影響が小さくなります。このような実装方法を**依存性の注入**（DI）と呼びます。

リスト：ユニット名の定義

```
<persistence-unit name="SampleJPA" transaction-type="RESOURCE_LOCAL">
```

依存性を注入した createEntityManagerFactory インスタンスから、EntityManager インスタンスを生成します。これで、エンティティを介したデータベース操作が可能となります。

リスト：トランザクション制御

```
EntityTransaction et = em.getTransaction();
et.begin();
```

エンティティの操作でも、データベース処理と同じく、トランザクションの制御が必要です。

JPA のトランザクション制御には、EntityTransaction クラスを使用します。

getTransaction メソッドで EntityTransaction のインスタンスを生成し、begin メソッドでトランザクションを開始します。

EntityTransaction クラスの主なメソッドは、以下の通りです。

表：EntityTransaction クラスの主なメソッド

メソッド名	説明
begin( )	トランザクションを開始する
commit( )	コミットをしてトランザクションでの変更を確定する
rollback( )	ロールバックをしてトランザクションでの変更を取り消す

次に、Weather エンティティを生成し、セッタを使ってデータを格納します。

リスト：エンティティの生成とデータ格納

```
Weather weather = new Weather();
weather.setDate("2016-02-10");
weather.setWeather(" はれ ");

// テーブルへの格納
em.persist(weather);
```

persist メソッドを使うことで、エンティティとテーブルの同期がとられます。この時点で、Weather クラスのインスタンスにはセッタによってデータが格納されているので、weather テーブルにもデータが格納されます。

リスト：コミット処理

```
et.commit();
```

トランザクションをコミットして、変更を確定します。

続いて、登録したデータを取得しているのが、以下のコードです。

リスト：データの抽出

```
Weather result = em.find(Weather.class, "2016-02-10");
System.out.println(result.getWeather());
```

ここでは find メソッドを使って、テーブルのデータを抽出しています。find メソッ

ドの構文は、以下の通りです。

リスト：find メソッド（構文）
```
エンティティクラス名 result = em.find( エンティティクラス名 .class, 主キー );
```

find メソッドでは主キーを指定することで、テーブルからデータを抽出します。今回は Weather エンティティの主キーである date カラムの値を指定しています。

リスト：EntityManager のクローズ
```
em.close();
emf.close();
```

最後に、EntityManager ／ EntityManagerFactory のインスタンスを close メソッドでクローズすることで、エンティティとテーブルの同期状態が解除されます。

CHAPTER 4

テキストの入出力

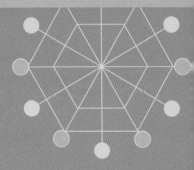

4.1 テキストファイルの読み込み

本章では、テキストファイルの読み込み/書き込みについて学んでいきます。まずは、読み込みからです。

テキストの読み込みには、いくつかの方法があります。

- ファイルの文字を 1 文字ずつ読み込んでいく方法（FileReader クラス）
- テキストを 1 行ずつ読み込む方法（BufferedReader クラス）
- テキストを一度にすべて読み込む方法（Scanner クラス、Files クラス）

以下では、それぞれの方法について、具体的なコードを見ながら理解していきましょう。

4.1.1 ファイルの文字を 1 文字ずつ読み込んでいく方法

FileReader は、ファイルから文字単位でデータ入力を行うためのクラスです。Java 1.1 以降から使用されています。まずは、FileReader のコンストラクタを見ていきましょう。

表：FileReader クラスのコンストラクタ

コンストラクタ	概要
FileReader(File file)	読み込みもとの File を指定して、新規の FileReader を作成
FileReader(String fileName)	読み込みもとのファイル名を指定して、新規の FileReader を作成

次に、主なメソッドを紹介します。指定したファイルの読み込み時と、ファイルを閉じる時に使用するメソッドです。

表：FileReader クラスの主なメソッド

メソッド	概要
int read( )	単一の文字を読み込む
void close( )	入力ストリームを閉じて、ストリームに関連するすべてのシステムリソースを解放

読み込みたいファイルを対象として、File クラスのオブジェクトを作成します。その上で、File オブジェクトを引数として、FileReader クラスのオブジェクトを作成します。

リスト：FileReader オブジェクトの作成

```
File file = new File(file_name);
FileReader filereader = new FileReader(file);
```

　作成した FileReader クラスのオブジェクトに対して、read メソッドでファイルから文字を1文字読み込みます。
　read メソッドは1文字ずつ読み込むため、while ループで読み込み処理を繰り返します。また、このメソッドは読み込んだ値を文字コード（int 型）として返すため、文字として使用する場合は文字型にキャスト（型変換）する必要があります。読み込んだ戻り値が -1 だった場合は、ファイルの末尾に到達しているので終了します。

リスト：文字列を1文字ずつ読み込む方法

```
int singleCh = 0;
while((singleCh = filereader.read()) != -1){
  System.out.print((char)singleCh);
}
```

　FileReader オブジェクトを利用する場合には、指定されたファイルがない場合に発生する FileNotFoundException と read メソッドの IOException 例外を、try-catch 句で処理しなければいけません。
　以上をまとめたコードが、以下です。

リスト：ReadText1.java

```
package jp.co.bbreak.sokusen._4._1;

import java.io.File;
import java.io.FileNotFoundException;
import java.io.FileReader;
import java.io.IOException;

public class ReadText1 {

  public static void main(String[] args) {
```

```java
    try {
      // ファイルオブジェクトの生成
      File file = new File("c:¥¥sokusen¥¥Sample.txt");

      // 入力ストリームのオブジェクトの生成
      FileReader filereader = new FileReader(file);

      int singleCh = 0;

      // while文を利用してファイルを読み込み
      while ((singleCh = filereader.read()) != -1) {
        System.out.print((char) singleCh);
      }

      // 入力ストリームを閉じる
      filereader.close();
    } catch (FileNotFoundException e) {
      System.out.println(e);
    } catch (IOException e) {
      System.out.println(e);
    }
  }
}
```

4.1.2 テキストを1行ずつ読み込む方法

　FileReaderを使って、テキストを1文字ずつ読み込むのは、なかなか面倒です。そこで、テキストを1行単位に読み込むBufferedReaderクラスを利用することで、効率よくテキストを読み込んでみましょう。

　まずは、BufferedReaderクラスのコンストラクタから見ていきます。

表：BufferedReaderクラスのコンストラクタ

コンストラクタ	概要
BufferedReader(Reader in)	デフォルトサイズのバッファでバッファリングされた、文字型入力ストリームを作成
BufferedReader(Reader in, int sz)	指定されたサイズのバッファでバッファリングされた、文字型入力ストリームを作成

　次に、主なメソッドを紹介します。

表：BufferedReader クラスの主なメソッド

メソッド	概要
String readLine( )	テキストを 1 行ずつ読み込む。ただし、行の終端文字は含めない。ストリームの終わりに達している場合は null を返す
Stream\<String\> lines( )	テキストを 1 行ずつ読み込む。ファイルの最終行かをチェックしていた null チェックが不要になる（Java 8 から追加されたメソッド）

　readLine メソッドでは、読み込んだテキストを 1 行ずつ処理するため、while ループで読み込み処理を繰り返します。readLine メソッドの戻り値が null でない場合、次の行が存在すると判定して boolean 型の値を返します。true の場合は、次の行に文字があるということになります。

リスト：文字列を 1 行ずつ読み込む方法（1）

```
BufferedReader br = new BufferedReader(new FileReader(' テキストのパス '));
String line = br.readLine();
while (line != null) {
  System.out.println(line);
}
```

　もしくは、以下のように判定処理を while ブロックにまとめても構いません。

リスト：文字列を 1 行ずつ読み込む方法（2）

```
String line;
while((line = br.readLine()) != null) {
  System.out.println(line);
}
```

　以上をまとめたコードが、以下です。

リスト：ReadText2.java

```
package jp.co.bbreak.sokusen._4._1;

import java.io.BufferedReader;
import java.io.File;
import java.io.FileNotFoundException;
import java.io.FileReader;
import java.io.IOException;
```

```java
public class ReadText2 {

  public static void main(String[] args) {
    try {
      // ファイルオブジェクトの生成
      File file = new File("c:¥¥sokusen¥¥Sample.txt");
      FileReader fRd = new FileReader(file);
      BufferedReader bufRd = new BufferedReader(fRd);

      String line = "";

      // while文を利用してファイルを読み込み
      while ((line = bufRd.readLine()) != null) {
        System.out.println(line);
      }

      // 入力ストリームを閉じる
      bufRd.close();

    } catch (FileNotFoundException e) {
      System.out.println(e);
    } catch (IOException e) {
      System.out.println(e);
    }
  }
}
```

　上の例では、ファイルを操作後にcloseメソッドを使用して、BufferedReaderオブジェクトを閉じました。

　しかし、Java 7 から追加されたtry-with-resources文を使用すると、closeメソッドで明示的にBufferedReaderオブジェクトを閉じる必要がなくなります。これは、java.lang.AutoCloseableインターフェイスを実装しているクラスは、tryブロックを抜けたところで、自動でcloseしてくれるためです。

　上記のReadText2.javaを、try-with-resources文を使って書き換えると、以下のようになります。

リスト：try-with-resources文の使用例

```java
public static void main(String[] args) {

  // ファイルオブジェクトの生成
  File file = new File("c:¥¥sokusen¥¥Sample.txt");
```

```java
// FileReader と BufferedReader を try の後ろで宣言
try (FileReader fRd = new FileReader(file);
    BufferedReader bufRd = new BufferedReader(fRd)) {

  String line = "";

  // while 文を利用してファイルを読み込み
  while ((line = bufRd.readLine()) != null) {
    System.out.println(line);
  }

  // ここで実行していた close 処理を省略できた

} catch (FileNotFoundException e) {
  System.out.println(e);
} catch (IOException e) {
  System.out.println(e);
}
}
```

　try-with-resources 文を使用する場合は、try のすぐ後でクローズの対象となるリソースオブジェクトを宣言します。上記のように、複数のリソースがある場合は、セミコロン（;）で区切ってください。

4.1.3　テキストを一度にすべて読み込む方法（1）

　テキストを一度に全行を読み込む方法に、Scanner クラスがあります。
以下は、Scanner クラスで利用できるコンストラクタとメソッドです。

表：Scanner クラスのコンストラクタ／メソッド

メソッド	概要
Scanner(File source)	指定されたファイルから入力を受け取る Scanner を作成（コンストラクタ）
boolean hasNextLine( )	次の行が存在する場合は true を返す
boolean useDelimiter(String pattern)	スキャナで利用する区切り文字を、指定されたパターンに設定
String next( )	スキャナから次のトークンを取得
String nextLine( )	スキャナから次の行を取得

　nextLine メソッドは読み込んだテキストを 1 行ずつ処理するため、while ループ

で読み込み処理を繰り返します。hasNextLine メソッドは、次の行が存在するかを判定して boolean 型の値を返します。true の場合は、次の行に文字があるということになります。

リスト：文字列を 1 行ずつ取得する方法
```
while (scan.hasNextLine()) {
  System.out.println(scan.nextLine());
}
```

Scanner クラスでは、ループを使用せずにテキストの中身を取得する方法もあります。正規表現を組み合わせることで、最終行までのデータを読み込むことができます。

以下のコードであれば、「¥z」でファイルの末尾を判定して、そこまでまとめてテキストを取得します。

リスト：テキストの最終行まで一気に取得する方法
```
System.out.println(scan.useDelimiter("¥¥z").next());
```

以上をまとめたコードが、以下です。

リスト：ReadText3.java
```
package jp.co.bbreak.sokusen._4._1;

import java.io.File;
import java.io.FileNotFoundException;
import java.util.Scanner;

public class ReadText3 {

  public static void main(String[] args) {
    try {

      // ファイルオブジェクトの生成
      File file = new File("c:¥¥sokusen¥¥Sample.txt");

      // Scanner オブジェクトの生成
      Scanner scan = new Scanner(file);

      // ファイルの末尾までをまとめて読み込み
```

```
      System.out.println(scan.useDelimiter("¥¥z").next());

      // 入力ストリームを閉じる
      scan.close();

    } catch (FileNotFoundException e) {
      System.out.println(e);
    }
  }
}
```

4.1.4 テキストを一度にすべて読み込む方法 (2)

ファイルの内容をまとめて読み込む方法には、Scanner クラスの他に Files クラスがあります。Files クラスは Java 7 から導入されました。

このクラスは static メソッドだけで構成されているため、コンストラクタはありません。

表：Files クラスの主なメソッド

メソッド	概要
boolean isReadable(Path path)	ファイルが読み取り可能かどうかを判定
byte[] readAllBytes(Path path)	ファイルからすべてのバイトを読み取り、バイト配列として返す（ファイルサイズが 2GB を超える場合は OutOfMemoryError 例外をスロー）
List<String> readAllLines (Path path, Charset cs)	指定された文字セットで、ファイルからすべての行を String として取得（Java 8 以降は文字セットを省略可。省略時は UTF-8）
Stream<String> lines (Path path, Charset cs)	指定された文字セットで、ファイル内からすべての行を Stream として取得（Java 8 以降は文字セットを省略可。省略時は UTF-8）

Files クラスで、対象となるファイル／フォルダは、Path ／ Paths クラスで指定できます。Paths クラスの主なメソッドは、以下の通りです。

表：Paths クラスの主なメソッド

メソッド	概要
Path get(String first, String... more)	指定されたパス文字列を連結して、ファイルパスを返す（get("C:¥¥","temp","aaa") の時、戻り値は「C:¥temp¥aaa」）

以上のメソッドを組み合わせ、テキストを読み込む処理を作成します。

リスト：ReadText4.java

```java
package jp.co.bbreak.sokusen._4._1;

import java.io.IOException;
import java.nio.charset.Charset;
import java.nio.charset.StandardCharsets;
import java.nio.file.Files;
import java.nio.file.Path;
import java.nio.file.Paths;
import java.util.ArrayList;
import java.util.List;

public class ReadText4 {

    public static void main(String[] args) {

        // ファイルオブジェクトの生成
        Path path = Paths.get("c:\\sokusen\\Sample.txt");

        // 文字セットを指定する
        Charset cs = StandardCharsets.UTF_8;
        List<String> list = new ArrayList<String>();

        try {
            list = Files.readAllLines(path, cs);
        } catch (IOException e) {
            e.printStackTrace();
        }

        // 取得したテキストの内容を出力
        for (String readLine : list) {
            System.out.println(readLine);
        }
    }
}
```

4.2 テキストファイルの書き込み

テキストの読み込みと同じく、書き込みにもいくつかの方法があります。

- FileWriter クラスを使用したファイル書き込み
- BufferedWriter クラスを使用したファイル書き込み
- Files クラスを使用したファイル書き込み

以下では、それぞれの方法について、具体的なコードを見ながら理解していきます。

4.2.1 FileWriter クラスを使用したファイル書き込み

FileWriter は文字ファイルを書き込むための簡易クラスです。Java 1.1 以降から使用されています。ファイル読み込みで使用した FileReader に似ています。

表：FileWriter クラスのコンストラクタ

コンストラクタ	概要
FileWriter(File file)	File オブジェクトから FileWriter オブジェクトを作成
FileWriter(File file, boolean append)	File オブジェクトから FileWriter オブジェクトを作成（第 2 引数が true の場合、ファイルに追加書き込み、false の場合はファイルの先頭から書き込み）
FileWriter(String fileName)	指定されたファイル名から FileWriter オブジェクトを作成
FileWriter(String fileName, boolean append)	指定されたファイル名から FileWriter オブジェクトを作成（第 2 引数が true の場合、ファイルに追加書き込み、false の場合はファイルの先頭から書き込み）

次に、主なメソッドを紹介します。

表：FileWriter クラスの主なメソッド

メソッド	概要
int write(String str)	指定された文字列 str を書き込む
String close( )	入力ストリームを閉じて、そのストリームに関連するすべてのシステムリソースを解放

FileWriter クラスを利用するには、引数に File オブジェクト、またはファイルパス（String）を指定して、FileWriter オブジェクトを作成します。

リスト：FileWriter オブジェクトの作成（1）
```
File file = new File("c:¥¥sokusen¥¥sampleWrite.txt");
FileWriter fw = new FileWriter(file, true);
```

以下のようにまとめて記述しても構いません。

リスト：FileWriter オブジェクトの作成（2）
```
FileWriter fw = new FileWriter("c:¥¥sokusen¥¥sampleWrite.txt", true);
```

そして write メソッドを使用して文字列をファイルに出力します。オブジェクトを生成する際に、第 2 引数に true を指定している場合には、既存のファイルに追記します。

リスト：テキストの書き込み
```
fw.write(" 出力文字列 1¥r¥n");
```

FileWriter クラスは、指定されたファイルが存在しない場合には、オブジェクトを生成するタイミングで新規にファイルを作成します（第 2 引数に true を指定した場合も同様です）。指定されたパスが存在しない場合は、IOException 例外が発生します。

以上をまとめたコードが、以下です。

リスト：WriteText1.java
```
package jp.co.bbreak.sokusen._4._2;

import java.io.File;
import java.io.FileWriter;
import java.io.IOException;

class WriteText1 {
  public static void main(String[] args) {
    try{
```

```
        // 出力先ファイルのFileオブジェクトを作成
        File file = new File("c:\\sokusen\\sampleWrite.txt");

        // FileWriterオブジェクトを作成（追記モード）
        FileWriter fw = new FileWriter(file, true);

        // 文字列を出力
        fw.write(" 出力文字列1\r\n");
        fw.write(" 出力文字列2\r\n");

        // FileWriterオブジェクトをクローズ
        fw.close();
    } catch(IOException e) {
        System.out.println(e);
    }
  }
}
```

4.2.2 BufferedWriterクラスを使用したファイル書き込み

BufferedWriterクラスを利用することで、出力する文字列をバッファリングしてから、ファイルに書き込むため、効率よく文字を出力できます。これによって、実行時のCPU負荷を軽減できます。

以下は、BufferedWriterクラスのコンストラクタと、主なメソッドです。

表：BufferedWriterクラスのコンストラクタ

コンストラクタ	概要
BufferedWriter(Writer out)	デフォルトサイズの出力バッファを確保した上で、出力ストリームを作成
BufferedWriter(Writer out, int sz)	指定されたサイズで出力バッファを確保した上で、出力ストリームを作成

表：BufferedWriterクラスの主なメソッド

メソッド	概要
void write(String str)	指定された文字列を書き込む
void newLine( )	改行文字を書き込む
void close( )	入力ストリームを閉じて、そのストリームに関連するすべてのシステムリソースを解放

BufferedWriter クラスをインスタンス化するには、引数として FileWriter オブジェクトを渡します。これによって、BufferedWriter を経由して FileWriter を使用することになるのです。このような使い方をすることを「ラップする」「ラッピング」といいます。FileWriter オブジェクトを BufferedWriter でくるむようにして使うことから、このようにいわれています。

リスト：BufferedWriter によるラッピング（1）

```
File file = new File(file_name);
FileWriter filewriter = new FileWriter(file);
BufferedWriter bw = new BufferedWriter(filewriter);
```

　以下のようにまとめても構いません。

リスト：BufferedWriter によるラッピング（2）

```
File file = new File(file_name);
BufferedWriter bw = new BufferedWriter(new FileWriter(file));
```

　FileWriter クラスでは、書き込みに際して改行コードを指定していましたが、BufferedWriter クラスには改行コードを出力する専用の newLine メソッドが用意されています。

リスト：改行コードの出力

```
bufwriter.newLine();
```

　newLine メソッドは、Windows／Linux などの環境に合わせて、適した改行コードを設定してくれます。BufferedWriter オブジェクトを利用する際には、改行文字を直接書き込むのではなく、newLine メソッドを優先して利用するようにしましょう。
　以上をまとめたコードが、以下です。

リスト：WriteText2.java

```java
package jp.co.bbreak.sokusen._4._2;

import java.io.BufferedWriter;
import java.io.File;
import java.io.FileWriter;
import java.io.IOException;

public class WriteText2 {
  public static void main(String[] args) {
    try {
      // 出力先ファイルのFileオブジェクトを作成
      File file = new File("c:¥¥sokusen¥¥sampleWrite2.txt");

      BufferedWriter bufwriter = new BufferedWriter(new FileWriter(file));

      // ファイルが書き込み可能かチェック
      if (file.isFile() && file.canWrite()) {
        // 文字列の書き込み
        bufwriter.write(" 文字列の追加1 ");
        // 改行コードを追加する
        bufwriter.newLine();

        // 文字列の書き込み
        bufwriter.write(" 文字列の追加2");
        // 改行コードを追加
        bufwriter.newLine();

        // bufwriterオブジェクトをクローズ
        bufwriter.close();
      }
    } catch (IOException e) {
      System.out.println(e);
    }
  }
}
```

4.2.3　**Files クラスによるファイル書き込み**

読み込みで使用した Files クラスは、書き込みでも使用できます。

表：Files クラスの主なメソッド

メソッド	概要
boolean isWritable(Path path)	ファイルが書き込み可能かどうかを判定
BufferedWriter newBufferedWriter(Path path, Charset cs, OpenOption... options)	テキストを書き込むための BufferedWriter を作成
Path write(Path path, Iterable<? extends CharSequence> lines, Charset cs, OpenOption... options)	テキストをファイルに書き込む

　以下は、newBufferedWriter メソッドで、BufferedWriter オブジェクトを生成する例です。BufferedWriter クラスを使って書き込みたい場合は、この方法を使用してください。

リスト：Files クラスを使った BufferedWriter オブジェクトの作成

```
File file = new File(file_name);
BufferedWriter bw = Files.newBufferedWriter(file, StandardCharsets.UTF_8)
```

　List クラスに設定しておいたテキストを、まとめてファイルに書き込むこともできます。

リスト：List クラスを使用した書き込み

```
Path path = Paths.get( パス );
List list = new ArrayList();
// ここで、書き込みしたい文字列を準備しておく
Files.write(path, list, Charset.forName("MS932"));
```

　以下は、ファイルから読み込んだ内容を、別のファイルに書き込む例です。

リスト：WriteText3.java

```java
package jp.co.bbreak.sokusen._4._2;

import java.io.BufferedReader;
import java.io.BufferedWriter;
import java.io.IOException;
import java.nio.charset.StandardCharsets;
import java.nio.file.Files;
import java.nio.file.Path;
import java.nio.file.Paths;

public class WriteText3 {
  public static void main(String[] args) throws IOException {
    // 読み込み用ファイル
    Path input = Paths.get("c:\\sokusen\\Sample.txt");

    // 書き込み用ファイル
    Path output = Paths.get("c:\\sokusen\\sampleWrite3.txt");

    // 読み込み用ファイルの内容を、BufferedReader オブジェクトに書き込み
    try (BufferedReader reader = Files.newBufferedReader(input,
        StandardCharsets.UTF_8);
      BufferedWriter writer = Files.newBufferedWriter(output,
          StandardCharsets.UTF_8)) {

      // 読み込み用ファイルを1行ずつ読み込み、空行でない場合、
      // 書き込み用ファイルに書き込み
      for (String line = reader.readLine(); line != null;
        line = reader.readLine()) {
        // 標準出力への出力
        System.out.println(line);
        // ファイルへの書き込み
        writer.write(line);
        writer.newLine();
      }
    }
  }
}
```

4.3 CSV ファイルの入出力

本節では、CSV ファイル（Comma Separated Values）の入出力について解説します。

CSV 形式では、データの各要素をカンマ（,）で区切り、改行がそのままデータ行の区切りを表します。CSV データは「.csv」という拡張子の付いたファイルとして保存します。

CSV ファイルといっても、読み書きの基本は、ここまでに学んだものと同じです。ただし、データがカンマで区切られているので、読み込みに際しては、カンマ単位で区切る処理が必要となります。

4.3.1 CSV ファイルの読み込み

BufferedReader クラスを利用して、以下のような CSV ファイルを読み込んでみましょう。

リスト：ReadCsvFile.csv

```
社員番号,名前漢字,名前カナ,性別,入社年月日,所属部署,社員区分
1,秋元飛鳥,アキモトアスカ,2,20150401,人事部,1
2,佐藤寛輝,サトウヒロキ,1,20100401,開発部,2
3,和田真綾,ワダマアヤ,2,20150401,経理部,1
```

以下が、具体的なサンプルです。CSV ファイルを読み込んで、2 次元配列（List<List>）に読み込んだデータを 1 行単位で格納します。

このサンプルプログラムでは、「C:¥sokusen」フォルダの配下に Sample.csv を格納してください。

リスト：ReadCsv.java

```java
package jp.co.bbreak.sokusen._4._3;

import java.io.BufferedReader;
import java.io.FileNotFoundException;
import java.io.IOException;
```

```java
import java.nio.charset.Charset;
import java.nio.file.Files;
import java.nio.file.Paths;
import java.util.ArrayList;
import java.util.Arrays;
import java.util.List;

/**
 * CSVファイルを読み込むクラス。
 *
 */
public class ReadCsv {

    public static void main(String[] args) {
        // 読み込んだ内容を格納するためのリスト
        List<List<String>> ret = new ArrayList<List<String>>();
        // 入力ストリームのオブジェクトの生成
        BufferedReader br = null;

        try {
            // 対象となるCSVファイルのパスを設定
            br = Files.newBufferedReader(Paths.get("c:\\sokusen\\Sample.csv"),
                Charset.forName("Windows-31J"));
            // CSVファイルから読み込んだ行データを格納するString
            String line = "";

            while ((line = br.readLine()) != null) {
                // CSVファイルの1行を格納するリスト
                List<String> tmpList = new ArrayList<String>();
                String array[] = line.split(",");
                // 配列からリストに変換
                tmpList = Arrays.asList(array);
                // リストの内容を出力
                System.out.println(tmpList);
                // リストに1行データを格納
                ret.add(tmpList);
            }
        } catch (FileNotFoundException e) {
            e.printStackTrace();
        } catch (IOException e) {
            e.printStackTrace();
        } finally {
            try {
                if (br != null) {
                    br.close();
                }
            } catch (IOException e) {
                e.printStackTrace();
```

```
            }
          }
        }
      }
```

　実行結果は以下のようになります。1 行ずつ [] で囲まれています。これは、List<List<String>> の形式で、データが格納されていることを表しています。

実行結果
```
[1, 秋元飛鳥, アキモトアスカ, 2, 20150401, 人事部, 1]
[2, 佐藤寛輝, サトウヒロキ, 1, 20100401, 開発部, 2]
[3, 和田真綾, ワダマアヤ, 2, 20150401, 経理部, 1]
```

　File ／ FileReader クラスをラップしてファイルを読み込む部分までは、テキストの読み込みと同じです。ポイントは、行単位に読み込んだデータからカンマを検出し、List オブジェクトに格納していく方法です。

カンマの検出方法

　決められた区切り文字を検出するために、Java 1.4 以前では StringTokenizer というクラスを使用していました。しかし、現在では推奨されていないので、String クラスの split メソッドを使用して、カンマ区切り文字列からデータを取り出していきます。

リスト：カンマ区切り文字列の分割
```
String array[] = line.split(",");
```

　split メソッドの引数には、区切り文字を指定します。正規表現を指定することもできます。split メソッドの戻り値は、区切り文字で分割された文字列配列なので、後は、これを順番に List オブジェクトに格納していくことで、List<List<String>>（2 次元配列）ができあがります。

4.3.2 CSVファイルへの書き込み

続いて、BufferedWriterクラスを使用して、CSVファイルにデータを書き込んでみましょう。File／FileWriterクラスをラップして、ファイルを書き込む部分までは、テキストの書き込みと同じです。

ここでは、先ほども利用したReadCsvFile.csvを読み込んで、項目の最後に「住所」を追加してみます。アイデアとしては、以下の通りです。

先ほど、読み込んだデータはList<List<String>>オブジェクト（2次元配列）」に詰め込みました。List<String>の部分に1行分のデータが入っています。この1行分のデータが、行数分、外側のListに設定されています。

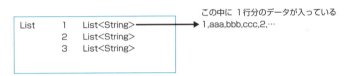

図：List<List<String>> のイメージ

住所を追加するには、1行分のデータを読み込んだ後に、カンマを追加して、用意しておいた社員の住所データを追記します。

リスト：住所の追加

```
BufferedWriter bufWriter = new BufferedWriter(new FileWriter(outputFile));

// CSVファイルの全データ
List<List<String>> allData = CSV読み込み処理の戻り値を設定

// 1行分のデータ
List<String> list = allData.get(allList);

for (String data : list) {
    bufWriter.write(data);
    bufWriter.write(",");
}

// 追加する住所データを追加
bufWriter.write(" 住所 ");
```

以上の理解を前提に、CSV ファイルの書き込み処理を作成します。

リスト：WriteCsv.java

```java
package jp.co.bbreak.sokusen._4._3;

import java.io.BufferedReader;
import java.io.BufferedWriter;
import java.io.FileNotFoundException;
import java.io.IOException;
import java.nio.charset.Charset;
import java.nio.file.Files;
import java.nio.file.Paths;
import java.util.ArrayList;
import java.util.Arrays;
import java.util.List;
import java.util.regex.Matcher;
import java.util.regex.Pattern;

public class WriteCsv {
  public static void main(String[] args) {
    // 出力ストリームオブジェクトの生成
    BufferedWriter bufWriter = null;
    try {
      bufWriter = Files.newBufferedWriter(
          Paths.get("c:\\sokusen\\outputCSV.csv"),
          Charset.forName("Windows-31J"));

      // CSV ファイルの読み込み
      List<List<String>> allData = readCSV();

      for (List<String> newLine : allData) {

        // 1 行分のデータ
        List<String> list = newLine;

        for (String data : list) {
          bufWriter.write(data);
          bufWriter.write(",");
        }

        // 追加する住所データを追加
        bufWriter.write(" 住所 ");

        // 改行コードを追加
        bufWriter.newLine();
      }
```

```
      } catch (FileNotFoundException e) {
        e.printStackTrace();
      } catch (IOException e) {
        e.printStackTrace();
      } finally {
        try {
          if (bufWriter != null) {
            bufWriter.close();
          }
        } catch (IOException e) {
          e.printStackTrace();
        }
      }
    }
    ... 中略（CSV 読み込み（readCSV メソッド）については前項を参照）...
}
```

「C:¥sokusen」フォルダに、outputCSV.csv というファイル名で、CSV ファイルが作成されます。このファイルをテキストエディタで開くと、社員区分の後方に住所を追加されていることが確認できます。

実行結果

```
1,秋元飛鳥 ,アキモトアスカ ,2,20150401,人事部 ,1,住所
2,佐藤寛輝 ,サトウヒロキ ,1,20100401,開発部 ,2,住所
3,和田真綾 ,ワダマアヤ ,2,20150401,総務部 ,1,住所
```

4.4 XML の扱い

本節では、XML ファイルの入出力方法について説明します。

XML とは eXtensible Markup Language の略で、インターネット上でさまざまなデータを扱う場合に用いられるマークアップ言語の一種です。Web 上で、データを交換する際などに利用します。

4.4.1 XML とは

XML の仕様は W3C（World Wide Consortium）という標準化団体によって提案された仕様です。XML は、HTML と同じく、SGML から派生してきました。最初の仕様は XML 1.0 として 1998 年に勧告され、2000 年に XML 1.0 第 2 版が勧告されています。テキストの記述方法を規定した仕様であり、XML 仕様に従って書かれた文書のことを **XML 文書** といいます。

XML は、Java との相性がよいといわれています。その理由は、

- 基本的なフォーマットであるテキストファイルであること
- Unicode に対応している

などの点です。この 2 点によって、Java のアプリケーションで、XML はよく利用されます。

4.4.2 XML の構造

XML が、どのような構造になっているのかを見てみましょう。XML はツリー構造でなければいけません。

ツリー構造とは最上位に唯一のルート要素があり、その下に要素がぶら下がっている構造です。その形からツリー構造、または**木構造**と呼ばれています。上にある要素を**親**、または**親ノード**、要素の下の要素を**子**、または**子ノード**と呼びます。

以下は、ツリー構造のイメージです。

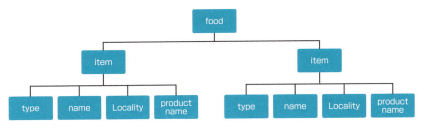

図：ツリー構造

　上のツリー構造を実際の XML ファイルで記載してみると、以下のようになります。

リスト：XML ファイルの例

```
<?xml version="1.0" encoding="UTF-8"?>
<food>
  <item>
    <type>vegetable</type>
    <name> たまねぎ </name>
    <locality> 北海道 </locality>
    <productname> スーパー北もみじ </productname>
  </item>
  <item>
    <type>fruit</type>
    <name> イチゴ </name>
    <locality> 岐阜県 </locality>
    <productname> 美人姫 </productname>
  </item>
  <item>
    <type>meat</type>
    <name> 牛肉 </name>
    <locality> 山形県 </locality>
    <productname> 米沢牛 </productname>
  </item>
</food>
```

　XMLファイルでは、まず、**XML宣言**を記載しなければいけません。XML宣言とは、XML文書の先頭で、その文書がXMLであることを示す文字列です。

リスト：XML 宣言

```
<?xml version="1.0" encoding=" 文字符号化形式 " standalone="yes|no" ?>
```

version 属性は、XML 仕様のバージョンを示すもので、普通は "1.0"（デフォルト）です。

encoding 属性では、文書の文字符号化方式を指定します。デフォルトは UTF-8、UTF-16 です。

standalone 属性は、DTD ファイルを使用しているかどうかを表します。値が "yes" の場合は、DTD ファイルを使用していないことを、"no" の場合は、DTD ファイルを使用していることを示します。省略時は "no" と見なされます。

XML 宣言は、すべての属性がデフォルトである場合は省略可能です。

NOTE DTD

DTD とは、Document Type Definition（文書型定義）のことです。以下の 4 つの宣言から構成されています。

- 要素タイプ宣言
- 属性リスト宣言
- エンティティ宣言
- 記法宣言

DTD を指定しておけば、タグの表記、構成をあらかじめ規定できるので、XML 文書が見やすくなり、作成した XML が定義に一致しているかを、プログラムで調べることが可能になります。

4.4.3　XML ファイルの読み込み

XML ファイルを読み込むには、以下のような方法があります。

DOM（Document Object Model）
    WWW の事実上の標準化団体である W3C（World Wide Web Consortium）で正式に勧告（Recommendation）された仕様です。プログラミング言語に依存しない API であり、XML 文書に対応するツリー構造を静的にメモリ上に保持するため、ツリー上の任意の要素にランダムにアクセスできます。

SAX（Simple API for XML）

メーリングリスト XML-DEV のコラボレーションによって誕生し、国際的な標準化団体による仕様ではないにも関わらず、デファクトスタンダードとなっている API です。Java 用のイベント駆動型の軽量 API であり、ランダムアクセスや構造の変更といった要件には弱いものの、逐次処理が可能であれば、メモリ消費量、実行速度の点で優れています。

JAXP

Java の標準パッケージに含まれ、DOM ／ SAX の API を抽象化して、Java アプリケーションに対して、XML プロセッサの実装に依存しない普遍的な API を提供します。JAXP のみに準拠すれば、XML プロセッサの実装に依存しない汎用的なコードが記述できるようになります。

本書では、これら API の中でも特に標準化が進んでいる DOM を利用します。

DOM の基本

DOM では、XML を「木構造のデータ集合」として処理します（先ほども紹介した図の構造です）。DOM では、最初に XML 文書をすべてメモリ上に読み込み、読み込んだ要素やテキスト、属性などのデータは、階層的に配置されます。その上で、ルート要素から子要素に向けて、順にアクセスします。

DOM で利用する、いくつかのクラスについても紹介しておきます。まずは、XML 文書から DOM Document インスタンスを取得する、DocumentBuilder クラスです。

表：DocumentBuilder クラスの主なメソッド

メソッド	概要
Document parse(InputStream is)	指定された InputStream から XML 文書を読み取り、Document オブジェクトを返す
Document parse(InputStream is, String systemId)	指定された InputStream から XML 文書を読み取り、Document オブジェクトを返す（第 2 引数では、相対 URI を解決するための基底 URL を指定）
Document parse(String uri)	指定された URI を読み取り、Document オブジェクトを返す
Document parse(File f)	指定されたファイルを読み取り、Document オブジェクトを返す
Document parse(InputSource is)	指定された InputSource から XML 文書を読み取り、Document オブジェクトを返す

DocumentBuilder オブジェクトそのものは、DocumentBuilderFactory クラスの newInstance メソッドから作成できます（Calendar クラスにもよく似ています）。

リスト：DocumentBuilder の使用方法

```
File file = new File("ファイルパスを指定");

// DOM パーサ用ファクトリの生成
DocumentBuilderFactory docFactory = DocumentBuilderFactory.newInstance();
DocumentBuilder docBuilder = null;

docBuilder = docFactory.newDocumentBuilder();
Document doc = docBuilder.parse(file);
```

次に、Node を使用して、要素／属性の情報を取得します。XML などの決まった文法に従った文章を解析することを**パース**、パースを実施するプログラムを**パーサ**といいます。Node は、パースに際して使用するインターフェイスです。

ノード（Node）とは、タグを表すエレメント（要素）や、文を表すテキストの総称です。DOM では、文書中の要素やテキストをノード（枝）と見なして扱います。XML は、先ほど説明したように木構造になっています(**ノードツリー**とも呼びます)。その木の「枝」を扱うのが Node インターフェイスなのです。

ノードツリーのノードは、階層的な関係を持っています。階層関係にあるノード同士を親ノード／子ノードと呼びます。同じレベルのノードは兄弟ノードと呼ばれます。以下は、その関係を示した図です。

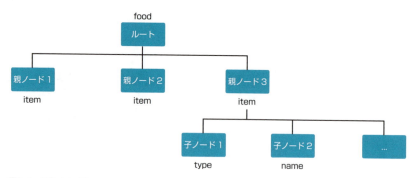

図：ノードのイメージ

最上位のノードは**ルート**（根）と呼ばれます。ルート以外のすべてのノードは、必ず1つの親ノードを持っています。先ほどのサンプルであれば、<item> 要素が親ノードで、<type> ／ <name> ／ <locality> ／ <productname> が子ノードです。

Node には、以下のようなメソッドが用意されています。

表：Node クラスの主なメソッド

メソッド	概要
Node getFirstChild( )	親ノード直下の最初の子ノードを返す
Node getLastChild( )	親ノード直下の最後の子ノードを返す
Node getNextSibling( )	次の兄弟ノードを返す
String getNodeName( )	ノードの名前を返す
String getNodeType( )	ノードの種類を返す
String getNodeValue( )	ノードの値を返す
NodeList getChildNodes( )	子ノードの一覧（NodeList）を返す

子ノードが1つしかない場合は、getFirstChild メソッドで子ノードを取得できます。しかし、複数ある場合は、getNextSibling メソッドで順に兄弟ノードを辿っていかなければなりません。

そこで便利なのが getChildNodes メソッドです。getChildNodes メソッドによって、子ノードがまとめて NodeList オブジェクトとして取得できます。

NodeList クラスには、以下のようなメソッドが用意されています。

表：NodeList クラスの主なメソッド

メソッド	概要
int getLength( )	リスト内のノード数を返す
Node item(int index)	リスト内の index 番目のノードを返す

XML ファイルの読み込み処理は、以上のクラスを組み合わせて作成します。以下に、具体的なコードを見てみましょう。

なお、このサンプルでは「C:¥sokusen」フォルダの配下に、読み込みのためのファイルとして Sample.xml を用意してください。

リスト：ReadXml1.java

```java
package jp.co.bbreak.sokusen._4._4;

import java.io.File;
import java.io.IOException;

import javax.xml.parsers.DocumentBuilder;
import javax.xml.parsers.DocumentBuilderFactory;
import javax.xml.parsers.ParserConfigurationException;

import org.w3c.dom.Document;
import org.w3c.dom.Element;
import org.w3c.dom.Node;
import org.w3c.dom.NodeList;
import org.xml.sax.SAXException;

public class ReadXml1 {
  public static void main(String[] args) {
    File file = new File("c:\\sokusen\\Sample.xml");

    // DOMパーサ用ファクトリの生成
    DocumentBuilderFactory docFactory = DocumentBuilderFactory
        .newInstance();
    DocumentBuilder docBuilder = null;

    try {
      docBuilder = docFactory.newDocumentBuilder();
      Document doc = docBuilder.parse(file);

      Element root = doc.getDocumentElement();

      // ルート要素のノード名を取得する
      System.out.println("ノード名：" + root.getNodeName());

      // ルート要素の子ノードを取得する
      NodeList rootChildren = root.getChildNodes();

      System.out.println("子要素の数：" + rootChildren.getLength());
      System.out.println("------------------");

      for (int i = 0; i < rootChildren.getLength(); i++) {
        // 子ノードを取り出す
        Node child = rootChildren.item(i);

        // 要素ノードの場合
        if (child.getNodeType() == Node.ELEMENT_NODE) {
          NodeList personChildren = child.getChildNodes();
```

```java
          for (int j = 0; j < personChildren.getLength(); j++) {
            // 抜き出した子ノードの中から順番に項目を取りだす
            Node personNode = personChildren.item(j);

            // ノード名を取得
            String text = personChildren.item(j).getNodeName();

            if (personNode.getNodeType() == Node.ELEMENT_NODE) {
              // ノード値を取得
              String value = personChildren.item(j)
                  .getTextContent().trim();
              if (text.equals("type")) {
                System.out.println(" 種類 : " + value);
              } else if (text.equals("name")) {
                System.out.println(" 名前 : " + value);
              } else if (text.equals("locality")) {
                System.out.println(" 産地 : " + value);
              } else if (text.equals("productname")) {
                System.out.println(" 製品名 : " + value);
              }
            }
          }
        }
        System.out.println("------------------");
      }
    }
  } catch (ParserConfigurationException pce) {
    pce.printStackTrace();
  } catch (SAXException se) {
    // 文法エラーが発生した場合
    se.printStackTrace();
  } catch (IOException e) {
    // ファイル読み込みエラーが発生した場合
    e.printStackTrace();
  }
 }
}
```

実行結果

```
ノード名：food
子要素の数：7
------------------
種類：vegetable
名前：たまねぎ
産地：北海道
製品名：スーパー北もみじ
------------------
種類：fruit
名前：イチゴ
産地：岐阜県
製品名：美人姫
------------------
種類：meat
名前：牛肉
産地：山形県
製品名：米沢牛
------------------
```

　子ノードを読み込む際には、対象となるノードが要素（Node.ELEMENT_NODE）でない可能性がある点に注意してください。ここでは、ノードを読み込む際に、getNodeTypeメソッドでノードの種類が要素であることを確認してから、処理を行っています。

　ここで解説したノード名／ノード値の判定などは、実際のプログラミングにも利用できるはずです。これを参考に、実際のアプリケーションでもXMLを積極的に活用してみてください。

4.5 ログの出力

ログとは、コンピュータの利用状況やプログラムの実行状況、データ通信の送受信状況などを記録したファイルのことです。OSやアプリケーションが作成するファイルで、日時／処理内容などを記録しています。多くの場合、拡張子は「.log」とします。ログを解析することでいつ、誰が、何をして、どうなったのかなどを把握できます。

また、ログをログファイルに書き込むことを**ロギング**、システムの稼働中にログを書き込むプログラムのことを**ロガー**といいます。

ログには、いくつかの種類があります。

- サーバやネットワーク機器のシステムログ
- 認証ログ
- データベースの監査ログ
- サイトへのアクセスログ

本節では、アプリケーションから出力されるアクセスログや、エラーログの出力について解説していきます。

4.5.1 JavaのロギングAPI

Javaでは、標準のログ機能がjava.util.loggingパッケージとして提供されています。java.util.loggingはJava 1.4から登場したロギングAPIです（それ以前のJavaでは、標準でロギングAPIが用意されていませんでした）。

外部ライブラリとしてslf4j／logback／log4jといったものもありますが、まずはJava標準のライブラリであるjava.util.loggingパッケージを理解していきましょう。他のロギングAPIより劣っている点もありますが、シンプルで簡単に使用でき、環境や設定ファイルを準備する手間が省けるというメリットがあります。

なぜロガークラスを作成するのか

　プログラムの動作を確認したい時やバグを特定したい時にもっとも簡単な方法は、System.out.println メソッドをソースコードの中に記述して、必要な情報をコンソールに出力していくことです。

　そして、小さいプログラム（研修用の課題など）の場合には、この方法でも問題ありません。しかし、大規模なプログラムの場合には適していません。バグが見つかるたびに System.out.println メソッドを追加して、バグが解消したら、そのコードを消去して、コンパイルして再度動作を確認……という作業は、効率的な方法ではありません。

　そもそも、println メソッドには、ログのために追加したことが後で分かるように、ソースコードにも「TODO」などの目印を付けなければいけません。削除する時に、必要なコードまで消してしまう危険もあります。

　以上のような理由から、大規模なプログラムを複数人で開発する時には、ロガークラスと呼ばれるログ出力のための専用クラスを作成して、ログを出力すべきです。

4.5.2　ログレベル

　ログレベルとは、ログをどこまで出力するのかを決める基準となる値です。ロガーでは、指定されたレベルに応じて、出力を自動的に絞り込んでくれます。これによって、用途に応じて必要なログだけを確認できる訳です。

　java.util.logging パッケージが出力するログは、以下の7レベルに分かれています。

表：ログレベルの種類

ログレベル	出力するログの内容
SEVERE	非常に重要
WARNING	警告
INFO	情報
CONFIG	構成の設定に関する情報
FINE	デバッグ時などに必要な詳細情報
FINER	より詳細な情報
FINEST	もっとも詳細な情報

　この他に、すべてのログを出力する「ALL」、出力しない「NONE」があります。システム運用時には、一般的に「INFO」を設定します。INFO は、標準のログレ

ベルです。

　ログレベルは、プログラム、もしくは、プロパティファイルの「.level」という項目で変更できます。

4.5.3　ログの出力先

　java.util.logging パッケージでは、ログの出力を担当するハンドラを差し替えることで、ログの出力先を変更できます。以下は、標準で提供されているハンドラです。

表：標準で用意されているハンドラ

名前	概要
StreamHandler	ハンドラの基底クラスで、ストリーム上にログを出力
ConsoleHandler	コンソールにログを出力
FileHandler	指定のファイルにログを出力
SocketHandler	動作環境のログをリアルタイムに確認したい場合に使用
MemoryHandler	メモリにログをキャッシュ

　プロパティファイルの「handlers」という項目で変更できます。handlers と、複数形になっていることから分かると思いますが、出力先は複数設定できます。ログレベルも、ハンドラ単位に設定できます。

4.5.4　ログ出力のフォーマット

　ログを出力する際のフォーマットは、フォーマッタで変更できます。java.util.logging パッケージのフォーマッタには、以下のものがあります。

- 簡単なログを出力するための SimpleFormatter
- XML 形式でログを出力する XMLFormatter

　Java 7 からは、SimpleFormatter フォーマッタで使用するフォーマットを変更できるようになりました。デフォルトのフォーマットは読みにくいので、まずは、自分でフォーマットを設定するようにしましょう。プロパティファイルでは「.formatter」という項目で設定できます。

表：ログ出力のためのフォーマッタ

名前	概要
SimpleFormatter	Java 6 以前は 1 ～ 2 行でログを出力。Java 7 からはフォーマットをカスタマイズすることも可能
XMLFormatter	XML 形式でログを整形

　下記は、SimpleFormatter のフォーマット例です。「java.util.logging.SimpleFormatter.format=」から先で、日時やメッセージの順番を指定しています。例えば以下は、「年 - 月 - 日 T 時：分：秒, ミリ秒 [ログレベル] ロガー名称 呼び出しクラス メソッド メッセージ文字列」というフォーマットを定義しています。

リスト：SimpleFormatter のフォーマット例

```
java.util.logging.SimpleFormatter.format=↲
%1$tFT%1$tT, %1$tL+%1$tZ %2$s %3$s ¥%4$s %5$s %6$s%n
```

表：SimpleFormatter のフォーマット設定

設定項目	内容
%1$tF	1$ でパラメータ date を、日付形式（YYYY-mm-DD）で整形
%1$tT	1$ でパラメータ date を、時刻表示（HH:MM:SS）で整形
%1$tL	1$ でパラメータ date を、3 桁のミリ秒で整形
%1$tZ	1$ でパラメータ date から、時刻帯の名称を出力
%2$s	2$ でパラメータ source を、文字列（s）で整形
%3$s	3$ でパラメータ logger を、文字列（s）で整形
%4$s	4$ でパラメータ level を、文字列（s）で整形
%5$s	5$ でパラメータ message を、文字列（s）で整形
%6$s	6$ でパラメータ thrown を、文字列（s）で整形

4.5.5　ログ出力を制御するプロパティファイル

　ログ出力に関する設定を記述しているのが、logging.properties と呼ばれるプロパティファイルです。標準の logging.properties は、JDK をインストールしたフォルダ配下の「jre¥lib」配下に格納されています。まずは、中身を確認してみましょう。

リスト：logging.properties（抜粋）

```
logging.properties
… 中略 …
```

```
handlers= java.util.logging.ConsoleHandler

#handlers= java.util.logging.FileHandler, java.util.logging.ConsoleHandler

.level= INFO

java.util.logging.FileHandler.pattern = %h/java%u.log
java.util.logging.FileHandler.limit = 50000
java.util.logging.FileHandler.count = 1
java.util.logging.FileHandler.formatter = java.util.logging.XMLFormatter

java.util.logging.ConsoleHandler.level = INFO
java.util.logging.ConsoleHandler.formatter = java.util.logging.SimpleFormatter
com.xyz.foo.level = SEVERE
```

この中でよく設定するのは、「handlers」「.level」「formatter」です。ログの出力方法を変更するには、

- 標準のプロパティファイルを直接編集する
- プログラムから設定する
- 自分でプロパティファイルを作成する

などの方法があります。
では、個々の設定項目について、詳しく見ていきます。

FileHandler ハンドラの指定

ConsoleHandler と共に、よく利用するハンドラとして FileHandler があります。以下に、FileHandler ハンドラで利用できるプロパティをまとめます。

表：FileHandler ハンドラのプロパティ

設定項目	内容
pattern	出力ファイル名を決める方法を指定するために使用
limit	出力ファイルの最大容量（単位はバイト）
count	出力ファイルを循環する最大数*
formatter	出力のためのフォーマッタ

* 循環とは、ここで指定した値のログ数を超えると古いものから順に削除するということです。指定した数値よりログ数が増えないように制御するための項目です。

設定項目	内容
filter	ログ出力先の設定に使用（デフォルトでは無指定）
encoding	使用する文字セットエンコーディングの名前
append	ファイルを追加書き込みモードにする場合は true を設定（デフォルトは false）
level	ログレベル

pattern プロパティで利用できる書式文字列は、以下の通りです。

表：pattern プロパティの書式

設定項目	内容
/	ファイルパスの区切り文字
%t	システムの一時フォルダ
%h	user.home システムプロパティの値
%g	ログのローテーションを識別する生成番号（0、1、2... のような連続する番号）。「java%g.log」とした場合は、java0.log、java1.log... のようにカウント
%u	重複を解決する一意の番号

例えば、test%u.%g.log と指定した場合、「test1.0.log」、「test2.0.log」、「test3.0.log」というようにファイル名が設定されます。

デフォルトのログ出力レベル

「.level」の箇所が、デフォルトでは INFO になっています。ここでは、すべてのハンドラ共通のログレベルを設定するものです。先ほど説明した出力したいログレベルを設定してください。

4.5.6 コンソールへのログ出力

ここからは、java.util.logging パッケージを利用した具体的な例を見ていきます。

まず紹介するのは、System.out.println メソッドをロガーで置き換えるだけの例です。コンソールにログを出力します。

リスト：OutputConsoleLog.java

```
package jp.co.bbreak.sokusen._4._5;

import java.util.logging.ConsoleHandler;
```

```java
import java.util.logging.Level;
import java.util.logging.Logger;

public class OutputConsoleLog {
  public static void main(String[] args) {

    // INFO レベルを設定
    Logger.getGlobal().setLevel(Level.INFO);

    Logger logger = Logger.getLogger(Logger.GLOBAL_LOGGER_NAME);

    // ログの出力先を設定
    logger.addHandler(new ConsoleHandler() {
      {
        setOutputStream(System.out);
        setLevel(Level.INFO);
      }
    });

    Logger.getGlobal().severe("ログレベル：severe");
    Logger.getGlobal().warning("ログレベル：warning");
    Logger.getGlobal().info("ログレベル：info");
    Logger.getGlobal().config("ログレベル：config");
    Logger.getGlobal().fine("ログレベル：fine");
    Logger.getGlobal().finer("ログレベル：finer");
    Logger.getGlobal().finest("ログレベル：finest");
  }
}
```

実行結果は、以下の通りです。

リスト：コンソールに出力されたログ

```
4 08, 2016 3:15:47 午前 jp.co.bbreak.sokusen._4._4.OutputConsoleLog main
重大：ログレベル：severe
4 08, 2016 3:15:48 午前 jp.co.bbreak.sokusen._4._4.OutputConsoleLog main
警告：ログレベル：warning
4 08, 2016 3:15:48 午前 jp.co.bbreak.sokusen._4._4.OutputConsoleLog main
情報：ログレベル：info
```

getLoggerメソッドで、Loggerクラスのインスタンスを作成します。この時、ロガーに設定する名前を引数に設定しています。指定された名前のロガーが、既に作成されていた場合は、そのロガーが返されます。

getGlobalメソッドは、デフォルトで用意されているグローバルロガーを取得する

ためのメソッドです。

表：Logger クラスの主なメソッド

戻り値	主なメソッド	概要
Logger	getLogger(String name)	指定されたサブシステムのロガーを取得／作成
void	setLevel(Level newLevel)	指定されたログレベルを設定
void	log(Level level, String msg)	指定されたログレベルで、指定されたメッセージをハンドラに転送

　ロガーを作成できたら、後は、setLevel メソッドでログレベルを設定し、ログメソッドでログを出力するだけです。ログメソッドには、汎用的な log メソッドの他、severe ／ warning ／ info ／ config ／ fine ／ finer ／ finest など、ログレベルに応じたメソッドもあります。

4.5.7　プログラム内部からプロパティを設定してログ出力

　ログ出力の方法を変更するために、プロパティファイルを編集しても構いませんが、プログラム内からプロパティ情報を直接編集することもできます。

　java.util.logging パッケージのクラスは、LogManager クラスの設定に従って動作するようになっています。以下の内容で、LogManager を設定してみましょう。プロパティの内容は、定数 PROPERTIES_STRING に設定しています。

- ハンドラには java.util.logging.ConsoleHandler（コンソールに出力）を設定
- ログレベルは info
- 出力されるログのレイアウトを変更するために SimpleFormatter を設定
- SimpleFormatter の出力フォーマット（format）を自分でカスタマイズ

　では、具体的なコードを見ていきます。

リスト：SampleLogger1.java

```
package jp.co.bbreak.sokusen._4._5;

import java.io.ByteArrayInputStream;
import java.util.logging.LogManager;
import java.util.logging.Logger;
```

```java
public class SampleLogger1 {
  // プロパティの設定内容
  protected static final String PROPERTIES_STRING = "handlers=java.util.↲
logging.ConsoleHandler¥n"
    + ".level=INFO¥n"
    + "java.util.logging.ConsoleHandler.level=INFO¥n"
    + "java.util.logging.ConsoleHandler.formatter=java.util.logging.↲
SimpleFormatter¥n"
    + "java.util.logging.SimpleFormatter.format=%1$tY-%1$tm-%1$td ↲
%1$tH:%1$tM:%1$tS.%1$tL %4$s [%3$s] %5$s (%2$s) %6$s%n¥n";

  private static Logger logger = null;

    // スタティックイニシャライザでLogManagerに値を設定
  static {
    try {
      // LogManagerにプロパティの設定内容を取得
      LogManager.getLogManager().readConfiguration(
        new ByteArrayInputStream(PROPERTIES_STRING.getBytes("UTF-8")));
      logger = Logger.getLogger(SampleLogger1.class.getName());
    } catch (Exception e) {
      e.printStackTrace();
    }
  }

  public static void main(String[] args) {
      SampleLogger1 saLogger = new SampleLogger1();
      saLogger.outLog();
  }

  public void outLog() {
    logger.severe("LOGTEST:SEVERE レベル ");
    logger.warning("LOGTEST:WARNING レベル ");
    logger.info("LOGTEST:INFO レベル ");
    logger.config("LOGTEST:CONFIG レベル ");
    logger.fine("LOGTEST:FINE レベル ");
    logger.finer("LOGTEST:FINER レベル ");
    logger.finest("LOGTEST:FINEST レベル ");
  }
}
```

実行結果は、以下の通りです。

リスト：プログラム内部からプロパティを設定した場合のログ

```
2016-04-08 03:20:36.970 重大 [jp.co.bbreak.sokusen._4._4.SampleLogger1] ⤵
LOGTEST:SEVERE レベル (jp.co.bbreak.sokusen._4._4.SampleLogger1 outLog)
2016-04-08 03:20:37.031 警告 [jp.co.bbreak.sokusen._4._4.SampleLogger1] ⤵
LOGTEST:WARNING レベル (jp.co.bbreak.sokusen._4._4.SampleLogger1 outLog)
2016-04-08 03:20:37.032 情報 [jp.co.bbreak.sokusen._4._4.SampleLogger1] ⤵
LOGTEST:INFO レベル (jp.co.bbreak.sokusen._4._4.SampleLogger1 outLog)
```

　ここでは、スタティックイニシャライザ(Static Initializer)を使用しています。スタティックイニシャライザとは、クラスのロード時に一度だけ実行される処理です。これを使用してLogManagerにプロパティを設定しています。

　LogManagerクラスにプロパティ設定を読み込むのは、readConfigurationメソッドの役割です。ここでは、定数PROPERTIES_STRINGの内容を、ByteArrayInputStreamオブジェクト経由で読み込んでいます。

4.5.8　プロパティファイルを使用してログ出力

　ここまでは、プログラム内でログを設定してきましたが、一般的には設定情報は外部化した方が後からの修正も便利です。変更があっても、プログラム本体を修正する必要がないからです。本項では、ログの出力内容を記載したプロパティファイルを自分で作成してログを出力する方法を説明します。

　なお、プロパティファイルの名前は、Logger.propertiesとします。ファイル名は、拡張子が「.properties」であれば、自由に命名して構いません。

リスト：Logger.properties

```
handlers=java.util.logging.ConsoleHandler, java.util.logging.FileHandler
.level=FINE

java.util.logging.ConsoleHandler.level=INFO
java.util.logging.ConsoleHandler.formatter=java.util.logging.SimpleFormatter

java.util.logging.FileHandler.level=FINEST
java.util.logging.FileHandler.pattern=TestPropertiesLog%u.%g.log
java.util.logging.FileHandler.formatter=java.util.logging.SimpleFormatter
java.util.logging.FileHandler.append=true
java.util.logging.FileHandler.count=5

java.util.logging.SimpleFormatter.format = %1$tF %1$tT.%1$tL %4$s %2$s %5$s %6$s%n
```

まず、handlersプロパティにログの出力先を指定します。ここでは、コンソールにログを出力するためのConsoleHandlerとファイルにログを出力するためのFileHandlerを指定しています。両方のハンドラを指定するのが一般的です。

次に.levelプロパティでログレベルを指定しています。これは、ハンドラ共通の出力レベルを設定するものです。この後に、個々のハンドラでのログレベルも設定できますが、ここでINFOを設定すると、各ハンドラの設定時にFINEと設定しても、INFOまでのログしか出力されません。共通でのログレベルの設定には気を付けてください。

次に、個々のハンドラを設定していきます。ここでは、ハンドラによって出力レベルを変えています。ConsoleHandlerの出力レベルは「INFO」、FileHandlerの出力レベルは「FINE」とします。

また、フォーマッタには、SimpleFormatterを設定しています。SimpleFormatterの出力フォーマットは、最低限しなくても構いませんが、デフォルトのままではログが2行になって出力されてしまいます。

リスト：SimpleFormatterによるデフォルトのログ出力（例）

```
2 27, 2016 12:38:12 午前 jp.co.bbreak.sokusen._4.SampleLogger2 outLog
情報: TEST:info レベル
```

このようなログには、以下のような問題があります。

- 2行に分かれていて、見にくい
- ミリ秒の表記がない
- 時間が午前／午後のAM／PM表示

これらを解消するために、自分でフォーマットを明示的に設定すべきです。以下は、1行で表示するようにフォーマットを修正した例です。

リスト：自分で修正したフォーマットによるログ出力（例）

```
2016-02-27 00:37:27.895 情報 jp.co.bbreak.sokusen._4.SampleLogger2 ⤶
outLog TEST:info レベル
```

「YYYY-MM-DD 時間.ミリ秒 ログレベル クラス名 メソッド名 ログ内容」とい

うフォーマットで、ログが出力されています。日時、ログレベル、クラス名、メソッド名、ログ内容などの順番は自分の好み、またはプロジェクトの規約に従って変更してください。

最後に、ログファイルの出力先は、pattern プロパティで指定できます。サンプルのように、ログファイル名だけを指定した場合は、カレントフォルダにログファイルが出力されます。特定のフォルダにログを出力するならば、以下のようにします。

リスト：「c:/temp」フォルダにログを出力する例

```
java.util.logging.FileHandler.pattern=C:/temp/SampleLogger%u.%g.log
```

プロパティファイルの配置場所

プロパティファイルは、カレントフォルダから読み込む方法と、クラスローダを利用する方法があります。

まず、カレントフォルダから取得するには、プロジェクトフォルダの直下にプロパティファイルを配置してください。その上で、以下のように LogManager を設定します。

リスト：カレントフォルダから読み込む場合

```
private static final String PROPERTIES = "SampleLogger.properties";
InputStream inStream = new FileInputStream(PROPERTIES);
LogManager.getLogManager().readConfiguration(inStream);
```

クラスローダを使用する場合には、実行するファイルを置いている src フォルダ直下にプロパティファイルを配置します。その上で、以下のように LogManager を設定します。

リスト：クラスローダを使用する場合

```
private static final String PROPERTIES = "SampleLogger.properties";
final InputStream inStream = SampleLogger2.class.getClassLoader().
getResourceAsStream(PROPERTIES);
LogManager.getLogManager().readConfiguration(inStream);
```

ここでは、プロパティファイルの名前を定数にしています。定数にするか、直接ファイル名を指定するかはどちらでも問題ありません。

ログファイルの出力

以上を理解できたら、プロパティファイルの設定に基づいて、コンソールとファイルにログを出力してみましょう。

リスト：SampleLogger2.java

```java
package jp.co.bbreak.sokusen._4._5;

import java.io.IOException;
import java.io.InputStream;
import java.util.logging.LogManager;
import java.util.logging.Logger;

public class SampleLogger2 {

  // プロパティファイルのファイル名
  private static final String PROPERTIES = "SampleLogger.properties";

  private static Logger logger = null;

  static {
    try {
      logger = Logger.getLogger(SampleLogger2.class.getName());

      // クラスパスから、プロパティファイルを取得
      logger.info("ログ設定プロパティファイル：" + PROPERTIES + " をもとにログを設定");
      final InputStream InpStm = SampleLogger2.class.getClassLoader()
              .getResourceAsStream(PROPERTIES);

      // プロパティファイルが見つからなかった場合、エラーをスローする
      if (InpStm == null) {
        logger.info("ログ設定：" + PROPERTIES + " はクラスパス上に見つかりませんでした。");
      } else {
        try {
          // プロパティファイルの中身をログマネージャに設定
          LogManager.getLogManager().readConfiguration(InpStm);

          logger.info("ログ設定完了：LogManager を設定しました。");
        } catch (IOException e) {
          logger.warning("ログ設定失敗：LogManager 設定の際に " + "例外が発生しました。:"
              + e.toString());
        } finally {
          try {
            if (InpStm != null)
```

```
            InpStm.close();
        } catch (IOException e) {
            logger.warning(" ログ設定失敗：ログ設定プロパティ " + " ⏎
ファイルクローズ時に例外が "
                + " 発生しました。:" + e.toString());
        }
      }
    }
  } catch (Exception e) {
    e.printStackTrace();
  }
}

public static void main(String[] args) {
  SampleLogger2 saLogger = new SampleLogger2();
  saLogger.outLog();
}

public void outLog() {
  logger.severe("LOGTEST:SEVERE レベル ");
  logger.warning("LOGTEST:WARNING レベル ");
  logger.info("LOGTEST:INFO レベル ");
  logger.config("LOGTEST:CONFIG レベル ");
  logger.fine("LOGTEST:FINE レベル ");
  logger.finer("LOGTEST:FINER レベル ");
  logger.finest("LOGTEST:FINEST レベル ");
  }
}
```

実行結果は、以下の通りです。

リスト：プロパティファイルを使用したログ出力

```
2016-04-09 01:05:58.010 重大 [jp.co.bbreak.sokusen._4._4.SampleLogger2] ⏎
LOGTEST:SEVERE レベル （jp.co.bbreak.sokusen._4._4.SampleLogger2 outLog)
2016-04-09 01:05:58.031 警告 [jp.co.bbreak.sokusen._4._4.SampleLogger2] ⏎
LOGTEST:WARNING レベル （jp.co.bbreak.sokusen._4._4.SampleLogger2 outLog)
2016-04-09 01:05:58.032 情報 [jp.co.bbreak.sokusen._4._4.SampleLogger2] ⏎
LOGTEST:INFO レベル （jp.co.bbreak.sokusen._4._4.SampleLogger2 outLog)
```

java.util.logging パッケージを使いながらログ出力の手順を説明してきましたが、どういうものか理解いただけたでしょうか。ログに関するプログラミングは少々難易度が高い半面、どのようなシステムでも避けては通れないテーマです。ログに関する知識や運用の仕方を習得して、さまざまなプロジェクトで活用できるようにしていきましょう。

CHAPTER 5

スレッド

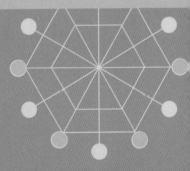

5.1 マルチスレッド処理とは

マルチスレッド処理とは、初めてプログラミングに触れる人にはあまり聞き慣れない言葉かもしれません。

本章ではこれまでの章とは変わって、プログラムをどのように動作させるかについて考えます。これまでは、プログラムがコードの上から下に流れていきました。ここでは並列に物事を処理するための方法を学びます。

ではまず、マルチスレッドの言葉の意味から学んでいきましょう。

5.1.1 スレッドとは

スレッド（thread）を英和辞書で引くと「ひもを構成している糸」という意味があるそうです。プログラミング用語のスレッドもそこから来ており、「より合わせた糸」を束ねることで1つのプログラムを組み立てることができます。

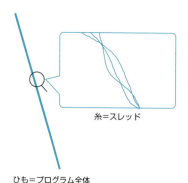

図：スレッドと糸の関係

ただし、あくまで「できる」ということで、スレッドをより合わせたプログラムを作るにはJavaのしくみに則って作成しなければなりません。

今までこの本で勉強してきた内容では、スレッドを束ねるように作っていません。

1つのスレッドだけでプログラムを動かしていることになります。それでも何ら問題にならないでしょう。プログラムは想定通り、正しく動いていますし、どこに問題があるというのでしょうか。

> **NOTE　言葉の意味を調べることも大切**
>
> プログラミングに関する用語の辞書的な意味を調べることはよいことです。プログラミングに限らずコンピュータに関する用語は英語圏から来ているものです。そのため辞書的な意味を知ることで、その言葉が本来指している意味合いが理解でき、正しい理解につながります。

5.1.2　マルチスレッドとは

その疑問を解消するためには、スレッドを束ねるプログラム「マルチスレッド[*]」の存在意義を理解する必要があります。**マルチスレッド**はその名の通り、複数のスレッドを使って1つのプログラムを実行する技術です。

なぜ、複数のスレッドを使うのか。それは処理を高速に行うためです。複数のスレッドを使うこととプログラムを高速に実行することが、どのように関連するか、まずはプログラムの持つ性質が関係しています。

プログラムでは、論理的な操作を行うと同時に、外部とデータをやりとりすることがほとんどです。その外部との連携において、待ち時間が発生することがあります。その間に別のことをしておけばトータルの処理時間が短く済みます。家事に例えれば、洗濯機を回しながら洗い終わる間に掃除機をかけて部屋の掃除をするようなものです。

ただし、マルチスレッドで処理すると何でも速くなる訳ではありません。プログラムを実行するマシンのCPUコア数が少なければ、並行処理のスレッドがそれほど作られないため、思ったほど速くなりません。また、処理するデータの量が少ない場合も同様に、スピードアップは期待できません。

利用状況も考えて、マルチスレッドで作るかどうかを考える必要があります。

---

[*]　マルチスレッドの反対語はシングルスレッドです。

> **NOTE　速く動くことの意義**
>
> なぜ、このように速く動かすためのしくみが必要なのでしょうか。
> 　プログラムを構成するものの見方に、機能要件と非機能要件という分類があります。機能要件とはこのように動いてほしいという振る舞いの要件です。それに対して、非機能要件とは「このプログラムは何秒で処理したい」といった機能以外の使い勝手に関わる要件のことを指します。
> 　どちらも、システム開発を進めていく上で考慮しなければならない重要な要件です。マルチスレッドのような機能は、非機能要件を満たすために作られた先人の知恵です。

では、実際にマルチスレッドプログラムの簡単な例を作ってみましょう。

リスト：MultiThreadSample.java

```java
package jp.co.bbreak.sokusen._5._1;

/**
 * マルチスレッドサンプル。
 */
public class MultiThreadSample implements Runnable {

  /** 出力メッセージのテンプレート */
  private static final String MSG_TEMPLATE = "出力中です。[%s][%d回目]";

  /** スレッド名 */
  private final String threadName;

  public MultiThreadSample(String threadName) {
    this.threadName = threadName;
  }

  public void run() {
    for (int i = 1; i < 100; i++) {
      System.out.println(String.format(MSG_TEMPLATE, threadName, i));
    }
  }

  public static void main(String[] args) {
    MultiThreadSample runnable1 = new MultiThreadSample("thread1");
    MultiThreadSample runnable2 = new MultiThreadSample("thread2");
    MultiThreadSample runnable3 = new MultiThreadSample("thread3");

    Thread thread1 = new Thread(runnable1);
    Thread thread2 = new Thread(runnable2);
```

```
    Thread thread3 = new Thread(runnable3);

    thread1.start();
    thread2.start();
    thread3.start();
  }

}
```

実行結果

```
出力中です。[thread1][1回目]
出力中です。[thread3][1回目]
出力中です。[thread1][2回目]
出力中です。[thread2][1回目]
...後略...
```

　何度か動かすと分かりますが、出力の順序は毎回異なります。これは、処理が並行に実行されているためです。

　今回のサンプルでは、マルチスレッドで動かしたい内容を記述したクラスにRunnableというインターフェイスを実装しています。スレッドで処理すべき内容を表しているのは、runメソッドです。

　Runnable実装クラスのインスタンスをもとにThreadインスタンスを生成することで、スレッドを生成できます。あとは、startメソッドでスレッドの実装を開始しています。単にRunnableインターフェイスを実装してrunメソッドを実行しても、マルチスレッドでは実行されないので注意が必要です。

　なお、マルチスレッドに対応したクラスを実装するには、Threadクラスを継承する方法もあります。ただ、クラスの造りをシンプルに保てるので、一般的には、Runnableインターフェイスを実装する方法を採用します。

5.1.3　より高度にマルチスレッド処理を制御する方法

　ここまでで説明したマルチスレッドの作り方は、原始的なものです。まず、マルチスレッドのプログラムがどのようなものであるかを知るには十分ですが、実務で使用するには問題があります。

　先ほどの例では、3個のスレッドを作るだけなので問題ありません。しかし、いくつスレッドが作られるか決まっていないプログラムの場合、大量のスレッドが一

気に実行される可能性があります。結果、動作中のコンピュータのメモリリソースを使い切ってしまい、処理を継続できなくなってしまいます。

そのような場合に、どのようにマルチスレッドのプログラムを作ればよいでしょうか。

スレッドプール

Java には**スレッドプール**というしくみが用意されています。

スレッドプールとは、マルチスレッドで動作するクラスを手元でプールし、一定のルールに従って実行するためのしくみのことです。java.util.concurrent パッケージで提供されています。

java.util.concurrent パッケージに属する代表的なインターフェイスは、以下の通りです。

表：スレッドプール機能を提供するインターフェイス

インターフェイス名	内容
ExecutorService	スレッド数を制限するなど、マルチスレッド処理を一定の制限下で実行するためのインターフェイス
ScheduledExecutorService	一定時間後に起動して、一定の制限下でマルチスレッド処理を実行するためのインターフェイス

これらのインターフェイスを実装したオブジェクトは、同じく java.util.concurrent パッケージで提供されている Executors クラスを介して取得します。代表的なメソッドは、以下の通りです。

表：Executors クラスの主なメソッド

メソッド	内容
newSingleThreadExecutor	シングルスレッドで動作する ExecutorService のインスタンスを返す
newFixedThreadPool	指定された最大同時実行スレッド数で、ExecutorService のインスタンスを返す
newScheduledThreadPool	指定した最大同時実行スレッド数で、ScheduledExecutorService のインスタンスを返す

では早速、先ほどのプログラムをスレッドプールで動かすように修正してみましょう。実行結果に変化はないので、コードのどこが変化したかに注目してください。

リスト：ThreadPoolSample.java

```java
package jp.co.bbreak.sokusen._5._1;

import java.util.concurrent.ExecutorService;
import java.util.concurrent.Executors;
import java.util.concurrent.TimeUnit;

/**
 * スレッドプールサンプル。
 */
public class ThreadPoolSample implements Runnable {

    /** 出力メッセージのテンプレート */
    private static final String MSG_TEMPLATE = "出力中です。[%s][%d 回目 ]";

    /** スレッド名 */
    private final String threadName;

    public ThreadPoolSample(String threadName) {
        this.threadName = threadName;
    }

    public void run() {
        for (int i = 1; i < 100; i++) {
            System.out.println(String.format(MSG_TEMPLATE, threadName, i));
        }
    }

    public static void main(String[] args) {
        ThreadPoolSample runnable1 = new ThreadPoolSample("thread1");
        ThreadPoolSample runnable2 = new ThreadPoolSample("thread2");
        ThreadPoolSample runnable3 = new ThreadPoolSample("thread3");

        // スレッドの同時実行数は 3 スレッド
        ExecutorService executorService = Executors.newFixedThreadPool(3);
        executorService.execute(runnable1);
        executorService.execute(runnable2);
        executorService.execute(runnable3);

        executorService.shutdown();
        try {
            if (!executorService.awaitTermination(5, TimeUnit.MINUTES)) {
                // タイムアウト後もまだ実行が終わっていない
                executorService.shutdownNow();
            }
        } catch (InterruptedException e) {
            // 終了待ちの時に何らかのエラー発生
            e.printStackTrace();
```

```
      executorService.shutdownNow();
    }
  }
}
```

　スレッドプールは、newFixedThreadPool メソッドを使って取得しています。今回は3つのスレッドを同時に実行させているので、引数(同時実行スレッドの最大数)にもこの値を指定します。

　ちなみに、newFixedThreadPool メソッドの引数を1にしてみると、同時実行数が1になるので、最初のスレッドから順に実行されます。この場合は、getSingleThreadExecutor メソッドで ExecuteService のインスタンスを取得するのと同じことになります。

　スレッドは execute メソッドで起動できます。その後、shutdown メソッドを使ってスレッド処理を終了しています。ただし、その場で終了するのではなく、実行中のスレッドが終わって初めて終了状態になります。

　そのため、awateTermination メソッドで、すべてのスレッドが終了するまで待機状態にしています。この例では、第1引数に5を指定して、第2引数にはTimeUnit.MINUTES を指定しているので、5分間経過したらタイムアウト（時間切れ）となります。

　タイムアウトになると、awaitTermination メソッドは false を返します。この例では、タイムアウトになったところで、shutodownNow メソッドが呼ばれ、実行中のスレッドがあっても、スレッド全体を強制終了します。

　ただし、一般的なアプリケーションでは、（単に強制終了するのではなく）どのように対処するか検討した上で、異常時の処理を記述する必要があります。

　なお、InterruptedException が発生した時の処理が例外クラスの printstacktrace メソッドの呼び出しと shutdownNow メソッドの呼び出しになっています。これはエラー情報をコンソールに出力してスレッドを強制終了すると言う意味になります。このような例外処理についてもタイムアウト時と同様に異常時の処理を検討する必要があります。

5.2 スレッドセーフとは

スレッドセーフとは、マルチスレッドで動作するプログラムの中で、複数のスレッドから呼び出されても、想定通りに動作することを指します。

マルチスレッドの説明では、洗濯と掃除の例がありました。掃除と洗濯なら使う機械が違うので同時にしても支障はありません。

しかし、Tシャツとセーターを洗濯する場合を考えてみましょう。セーターは通常、Tシャツの洗濯とは別にして、ドライ運転で洗濯しなければ縮んでしまいます。

スレッドセーフでないプログラムというのは、これを無視して、Tシャツを洗濯している間に、セーターを放り込んでしまうようなものです（家事スキルがある人にはあり得ないことですが）。

このように、同時に何かしようとして期待した結果が返らないプログラムはスレッドセーフではありません。マルチスレッドのプログラムでは、インスタンスを複数のスレッドで共有する可能性があるので、インスタンスがどんな時も期待通りの処理を行ってくれる必要があります。

洗濯の例になぞらえると、洗濯中に何かを放り込もうとしたら洗濯槽に落ちる前に確保して、洗濯が終わり次第、後のものを洗濯する機能があればその洗濯機はスレッドセーフであるといえます（この機能を搭載した洗濯機は高くつくでしょうけど）。

5.2.1 スレッドセーフではない場合の実例

そろそろ、洗濯機の例に飽きたころでしょう。プログラム上はどういうことなのか知りたいところだと思います。

では、実際に以下のプログラムを作成してみましょう。このプログラムはスレッドセーフではありません。スレッドセーフではないプログラムがどのような問題を起こすか、実行結果を見てください。

リスト：UnsafeSample.java

```
package jp.co.bbreak.sokusen._5._2;
```

```java
import java.text.DateFormat;
import java.text.SimpleDateFormat;
import java.util.Calendar;
import java.util.Date;

public class UnsafeSample {
  public static void main(String[] args) {
    // SimpleDateFormat クラスはスレッドセーフではない
    DateFormat unsafeDateFormat = new SimpleDateFormat("yyyy/MM/dd");
    // 日付1は 1989/03/10
    Calendar cal1 = Calendar.getInstance();
    cal1.set(1989, Calendar.MARCH, 10);
    Date date1 = cal1.getTime();
    // 日付2は 2020/06/20
    Calendar cal2 = Calendar.getInstance();
    cal2.set(2020, Calendar.JUNE, 20);
    Date date2 = cal2.getTime();

    Thread thread1 = new Thread(() -> {
      for (int i = 0; i < 100; i++) {
        try {
          String result = unsafeDateFormat.format(date1);
          System.out.println("Thread1: " + result);
        } catch (Exception e) {
          e.printStackTrace();
          break;
        }
      }
    });

    Thread thread2 = new Thread(() -> {
      for (int i = 0; i < 100; i++) {
        try {
          String result = unsafeDateFormat.format(date2);
          System.out.println("Thread2: " + result);
        } catch (Exception e) {
          e.printStackTrace();
          break;
        }
      }
    });

    System.out.println("スレッドセーフでないプログラムの検証を開始します。");
    thread1.start();
    thread2.start();
  }
}
```

このプログラムでは、1 つの SimpleDateFormat クラスを 2 つのスレッドで同時に使用しています。このプログラムではスレッド 1 ではひたすら 1989 年 3 月 10 日を出力しています。スレッド 2 では 2020 年 6 月 20 日を出力しています。プログラムを実行すると、以下のような結果が得られます。

出力結果（例）
```
スレッドセーフでないプログラムの検証を開始します。
Thread2: 2020/06/20
Thread1: 1989/03/10
Thread1: 1989/03/10
... 後略 ...
```

一見、何の問題もないように見えますが、1 つ 1 つ出力結果をよく見ると、予期しない結果が返っている行があります。例えば、以下のような結果も確認できるでしょう。

誤った結果の出力（例）
```
Thread2: 2020/06/10
```

プログラムの見た目では、スレッド 2 では常に「2020/06/20」が出力されるように見えます。しかし、この例では日付データを変えている訳でもないのに、日付が 10 に変わっています。これは、SimpleDateFormat クラスを同時に使おうとした結果、予期しない結果を返しているためです。

5.2.2　スレッドセーフなプログラムにするには

では、このようなプログラムをどのように直せば、正しく動作するマルチスレッドなプログラムを作ることができるのでしょうか。

それには 3 つの方法があります。いずれの方法を使ってもよいのですが、適用するプログラムの内容やそれぞれの方法の特徴を考えて、最適な方法を選んで使うようにしてください。

インスタンスをスレッドごとに持つ方法

使用するクラスがスレッドセーフではない場合、Javadocでは「このクラスは同期化されていません」と記載があります。その場合には、スレッドごとにインスタンスを用意するような作りにしましょう。

先のサンプルであれば、SimpleDateFormatクラスのインスタンスをスレッドごとに作って、共有しないように作ればよいのです。

また、StringBuilderクラスも同期化されていないクラスです。しかし、こちらは、同様の機能を持つ同期化されたStringBufferというクラスがあるので、使用するクラスを変更するという対応も、クラスによっては可能です。ただし、同期化されているものは、そこだけ処理の待ちが発生してしまうので、処理が遅くなってしまいます。

では、対応方法は分かったと思うので、先ほどのUnsafeSampleクラスをコピーして、SafeSamlpleクラスとして、スレッドセーフなプログラムを作りましょう。以下に正解の例を載せるので、分からなかった人はソースを見て説明の内容を理解してください。

リスト：SafeSample.java

```java
package jp.co.bbreak.sokusen._5._2;

import java.text.DateFormat;
import java.text.SimpleDateFormat;
import java.util.Calendar;
import java.util.Date;

public class SafeSample {
  public static void main(String[] args) {

    // 日付1は1989/03/10
    Calendar cal1 = Calendar.getInstance();
    cal1.set(1989, Calendar.MARCH, 10);
    Date date1 = cal1.getTime();
    // 日付2は2020/06/20
    Calendar cal2 = Calendar.getInstance();
    cal2.set(2020, Calendar.JUNE, 20);
    Date date2 = cal2.getTime();

    Thread thread1 = new Thread(() -> {
      // スレッドごとにフォーマッタを用意
      DateFormat dateFormat1 = new SimpleDateFormat("yyyy/MM/dd");
```

```java
      for (int i = 0; i < 100; i++) {
        try {
          String result = dateFormat1.format(date1);
          System.out.println("Thread1: " + result);
        } catch (Exception e) {
          e.printStackTrace();
          break;
        }
      }
    });

    Thread thread2 = new Thread(() -> {
      // スレッドごとにフォーマッタを用意
      DateFormat dateFormat2 = new SimpleDateFormat("yyyy/MM/dd");
      for (int i = 0; i < 100; i++) {
        try {
          String result = dateFormat2.format(date2);
          System.out.println("Thread2: " + result);
        } catch (Exception e) {
          e.printStackTrace();
          break;
        }
      }
    });

    System.out.println(" スレッドセーフになったプログラムの検証を開始します。");
    thread1.start();
    thread2.start();
  }
}
```

プログラムを動かしてみると、正しく2つの日付がそれぞれのスレッドから出力されているのが分かると思います。

synchronized 句を使う方法

synchronized 句を書き加えることで、指定した箇所を排他制御の対象にすることができます。排他制御にするとは、その対象が処理中の場合、他の処理が入り込まないように制限をかけることを指しています。

これを使って、スレッドセーフではない SimpleDateFormat を排他制御し、正しく動作するか確認してください。以下のサンプルのように、最初のスレッドセーフではないプログラムを修正してみましょう。

リスト：Synchronized.java

```java
package jp.co.bbreak.sokusen._5._2;

import java.text.DateFormat;
import java.text.SimpleDateFormat;
import java.util.Calendar;
import java.util.Date;

public class SynchronizedSample {
  public static void main(String[] args) {
    // SimpleDateFormat クラスはスレッドセーフではない
    DateFormat unsafeDateFormat = new SimpleDateFormat("yyyy/MM/dd");
    // 日付1は 1989/03/10
    Calendar cal1 = Calendar.getInstance();
    cal1.set(1989, Calendar.MARCH, 10);
    Date date1 = cal1.getTime();
    // 日付2は 2020/06/20
    Calendar cal2 = Calendar.getInstance();
    cal2.set(2020, Calendar.JUNE, 20);
    Date date2 = cal2.getTime();

    Thread thread1 = new Thread(() -> {
      for (int i = 0; i < 100; i++) {
        try {
          String result;
          synchronized (unsafeDateFormat) {
            result = unsafeDateFormat.format(date1);
          }
          System.out.println("Thread1: " + result);
        } catch (Exception e) {
          e.printStackTrace();
          break;
        }
      }
    });

    Thread thread2 = new Thread(() -> {
      for (int i = 0; i < 100; i++) {
        try {
          String result;
          synchronized (unsafeDateFormat) {
            result = unsafeDateFormat.format(date2);
          }
          System.out.println("Thread2: " + result);
        } catch (Exception e) {
          e.printStackTrace();
          break;
        }
      }
```

```
      }
    });

    System.out.println("スレッドセーフでないプログラムの検証を開始します。");
    thread1.start();
    thread2.start();
  }
}
```

実行してみると、正しく処理されていることが分かります。

synchronized 句には、引数でロックの対象となるオブジェクトを指定します。ここでは、unsafeDateFormat オブジェクトをロックしています。そのため、複数のスレッドが動いているものの、誰かが unsafeDateFormat オブジェクトを使っている時には、次に使いたいスレッドは先に使っているスレッドの処理が終わるまで待つことになります。

そのため、処理のスピードも落ちてしまいます。

先ほどのインスタンスをスレッドごとに持つ方法と、どちらを使うべきかは、プログラムによって異なります。インスタンスをスレッドごとに持つと、それだけメモリを多く使用することになります。そのため、たくさんのスレッドを並行して動かす場合は、メモリが不足してしまうかもしれません。

そうした場合には、今回の synchronized 句を使って1つのインスタンスをうまく共有してスレッドを動かすことを考えてもよいでしょう。多少遅くなりますが、正しく処理を行えないよりはマシです。

なお、synchronized 句はメソッドの修飾子としても記述できます。その場合は、メソッド全体が排他制御の対象になります。記述例は以下の通りです。

リスト：メソッドの修飾子として synchronized を記述する場合
```
public synchronized void methodName() { ...
```

Atomic 〜クラスを使う方法

ここまでの例では使えませんが、java.util.concurrent.atomic パッケージにある AtomicInteger や AtomicLong を使うことで、プログラムをスレッドセーフな作りにすることも可能です。

例えば、複数のスレッドで1つの変数に対して1ずつ足していくようなプログラ

ムを作るとします。何も考えずに作ってしまうと、正しい値が算出されません。

　このような場合には、いつものintなどのプリミティブ型を使うのではなく、AtomicIntegerのようなAtomic系クラスを使うことで、正しい値を維持して変更することが可能です。

　では、ここで新しい例を使って、複数のスレッドで1つの変数を更新するとどうなるか、サンプルを動かしてみましょう。以下のプログラムは、各スレッドで1つの変数を1万回インクリメントします。スレッドを増やせば1万ずつ数値が増えることを想定していますが、実際に動かすとどうなるでしょうか。プログラムを作成して、実行してみてください。

リスト：UnsafeIncrement.java

```java
package jp.co.bbreak.sokusen._5._2;

import java.util.concurrent.ExecutorService;
import java.util.concurrent.Executors;
import java.util.concurrent.TimeUnit;

public class UnsafeIncrement implements Runnable {

  public static int total = 0;

  public void run() {
    for (int i = 0; i < 10000; i++) {
      total++;
    }
  }

  public static String getResult() {
    return String.format("total = [%d]", total);
  }

  public static void main(String[] args) {
    Runnable runnable1 = new UnsafeIncrement();
    Runnable runnable2 = new UnsafeIncrement();

    ExecutorService executorService = Executors.newFixedThreadPool(2);
    executorService.execute(runnable1);
    executorService.execute(runnable2);

    executorService.shutdown();
    try {
      if (!executorService.awaitTermination(5, TimeUnit.MINUTES)) {
        executorService.shutdownNow();
```

```
      }
    } catch (InterruptedException e) {
      e.printStackTrace();
      executorService.shutdownNow();
    }

    System.out.println(getResult());
  }
}
```

実行結果の一例

```
total = [19203]
```

　実行した結果を見ると、想定外の数値になっていると思います。これは、マルチスレッドで同時に1つの数値を変更しようとしたため、正しく値をインクリメントできなかった時が何度かあったことを示しています。

　では、ここで先ほどから説明している AtomicInteger を使ってみましょう。先ほどのプログラムを以下のように修正して実行してみましょう。

リスト：SafeIncrement.java

```java
package jp.co.bbreak.sokusen._5._2;

import java.util.concurrent.ExecutorService;
import java.util.concurrent.Executors;
import java.util.concurrent.TimeUnit;
import java.util.concurrent.atomic.AtomicInteger;

public class SafeIncrement implements Runnable {

  // 宣言は通常のクラスと同じ
  public static AtomicInteger total = new AtomicInteger(0);

  public void run() {
    for (int i = 0; i < 10000; i++) {
      // インクリメントするには独自のメソッドを使う
      total.incrementAndGet();
    }
  }

  public static String getResult() {
    // 出力時は AtomicInteger から int 値を取得して出力する
    return String.format("total = [%d]", total.get());
```

```java
  }
  public static void main(String[] args) {
    Runnable runnable1 = new SafeIncrement();
    Runnable runnable2 = new SafeIncrement();

    ExecutorService executorService = Executors.newFixedThreadPool(2);
    executorService.execute(runnable1);
    executorService.execute(runnable2);

    executorService.shutdown();
    try {
      if (!executorService.awaitTermination(5, TimeUnit.MINUTES)) {
        executorService.shutdownNow();
      }
    } catch (InterruptedException e) {
      e.printStackTrace();
      executorService.shutdownNow();
    }

    System.out.println(getResult());
  }
}
```

　AtomicInteger クラスでは、int 型のように + 演算子は利用できません。そこで、値をインクリメントする場合にも、incrementAndGet メソッドを利用します。演算した後の結果は、get メソッドで int 値を取得できます。

　実行してみると、今度は、意図した結果を得られるはずです。

実行結果

```
total = [20000]
```

　マルチスレッドで1つの変数を変更しようとすると、想定外の値が返るので、そのような場合は Atomic 系のクラスを活用するのもよい解決策の1つになります。

5.3 Stream APIの並列処理

これまでスレッド処理について学んできました。マルチスレッドを正しく動作するためには、値が矛盾を起こさないよう、さまざまな注意点があることが理解できたと思います。

ここで説明するStream APIは、Java 8から導入された新機能です。これを利用することで、より簡単に並列処理を行えるようになり、プログラムの処理速度も改善できます。

5.3.1 Stream APIとは

Stream APIでは、これまたJava 8から追加された関数型インターフェイスという機能を使っています。**関数型インターフェイス**とは、Java上で関数型プログラミングを行うための機能です。

関数型プログラミングとはプログラミングのスタイルの1つで、平たくいうと「何らかの集合に対して一定の処理を適用する」という考え方に基づいたプログラミングの手法です。Javaでは、この関数型プログラムを行うためのクラスがjava.util.functionパッケージとして提供されています。

> **NOTE 関数型プログラミング**
>
> 関数型プログラミングの明確な定義はありませんが、ざっくりいえば宣言型プログラミングの一種で、SQLに近い部類のプログラミングスタイルを指しています。
> 何らかの解法を定義した関数をある集合に適用することで、何らかの結果を得るものです。それに対して、Javaは命令型プログラミングの言語であり、スタイルは異なりますが、相反するものでもなく、同居が可能です。むしろ、同居していることで、お互いのよいところを活かしているようにも感じられます。

ではここで、Stream APIを使った簡単なプログラムを作ってみましょう。今回は商品名と金額を持つ商品クラスを作成し、金額が安い順番に並べ替えて出力します。

リスト：Item.java

```java
package jp.co.bbreak.sokusen._5._3;

/**
 * 商品クラス。
 */
public class Item {
  /** 商品名 */
  private String itemName;
  /** 金額 */
  private int price;

  public Item(String itemName, int price) {
    this.itemName = itemName;
    this.price = price;
  }

  public String getItemName() {
    return itemName;
  }

  public void setItemName(String itemName) {
    this.itemName = itemName;
  }

  public int getPrice() {
    return price;
  }

  public void setPrice(int price) {
    this.price = price;
  }

  public String toString() {
    return String.format("itemName=[%s] price=[%d]", this.itemName, this.price);
  }

}
```

リスト：FirstStreamSample.java

```java
package jp.co.bbreak.sokusen._5._3;

import java.util.ArrayList;
import java.util.Comparator;
import java.util.List;
```

```java
public class FirstStreamSample {
  public static void main(String[] args) {
    // 商品データのリストを作る
    List<Item> itemList = new ArrayList<>();
    itemList.add(new Item("大根", 100));
    itemList.add(new Item("納豆", 40));
    itemList.add(new Item("たまご", 210));

    // リストをStream化
    itemList.parallelStream()
        // 金額の順番にソート
        .sorted(Comparator.comparingInt(item -> item.getPrice()))
        // ソートした結果ごとに出力
        .forEachOrdered(item -> System.out.println(item));
  }
}
```

実行結果
```
itemName=[ 納豆 ] price=[40]
itemName=[ 大根 ] price=[100]
itemName=[ たまご ] price=[210]
```

　今まで勉強してきたJavaの知識であれば、for文を使ってリストを順番に読み込み、Itemクラスの金額を比較して並べ替えて出力していたと思います。

　これが、Stream APIを使うと非常に分かりやすく記述できています。ListオブジェクトからparallelStreamメソッドでStreamを取得します。Streamは「流れ」という意味で、言葉の通り、配列やリストなどデータの塊を流れとして管理するためのオブジェクトです。Streamオブジェクトを取得できたら、あとは、sortedメソッドで並べ替えを実行し、forEachOrderedで1件ずつ出力しています。

　このような説明が要らないくらい、やりたいことが人間の言葉で書かれたようにプログラムで記述できるところがStream APIの良さです。

　Stream APIの処理はStreamの生成から始まり、中間操作を経て終端操作で終わります。実際のプログラムも、Streamに対して終端操作が行われて初めて中間操作も含めたStreamに対する処理全体が動くようになっています。

図：Stream APIの処理の流れ

Stream APIで使用する主なメソッドは、以下の通りです。

表：Stream APIで使用する主なメソッド

種別	メソッド
Streamの生成	Stream.of、Stream.generate、List.stream、List.parallelStream
中間操作	fillter、map、sorted、skip など
終端操作	forEach、forEachOrdered、toArray、min、max、count など

5.3.2 Stream APIとラムダ式

　Stream APIの記述方法は、これまで見てきたJavaのコードと比べて特殊です。1つずつ確認していきたいと思います。

　まず、stream／parallelStreamメソッドはListをもとにStreamを生成するメソッドです。Streamは一度終端操作まで行うと再利用できない点に注意してください。この例のように無名クラスにしておいて、最初からインスタンスを再利用できない記述にしておくとよいでしょう。

　sortedメソッドは、Streamの内容を並べ替える機能を持ちます。どのように並べ替えるかは引数のComparatorインターフェイスによります。ここでは、Comparatorの静的メソッドcomparingIntの引数に商品の金額を渡すことで、「金額順にソートしなさい」という指示を出しています。

　最後に、forEachOrderedメソッドで、sortedメソッドで並べ替えられた順序を保ちながら商品クラスの文字列表現をコンソールに出力します。

　sorted／forEachOrderedメソッドには、「->」という記号の前にitemという宣言もしていない変数が平然と記述されていることに違和感を感じたかもしれません。これは、Streamにある要素をメソッド内で使う時の宣言で、実は型は省略されています。Streamの中にある要素の型はそれまでのプログラムから推測可能なので、省略が可能なのです。

　以下のように、明示的に型を記述することも可能です。

```
(Item item) -> ...
```

> **NOTE　メソッド参照という記述方法**
>
> 　Stream API では、ラムダ式とは異なる記述も可能です。それは**メソッド参照**という記述方法です。先ほどのサンプルで、sorted ／ forEachOrdered メソッドをメソッド参照で記述すると、以下のようになります。
>
> リスト：sorted のメソッド参照での記述方法
> ```
> .sorted(Comparator.comparingInt(Item::getPrice))
> ```
>
> リスト：forEachOrdered のメソッド参照での記述方法
> ```
> .forEachOrdered(System.out::println);
> ```
>
> 　ラムダ式だと分かりやすくなりますが、メソッド参照で記述すると冗長な記述がなくなるので簡潔に書くことができます。どちらがよい書き方か現時点では評価が定まっていないので、一緒に仕事をするメンバーと相談して好きな方を使えばよいと思います。
> 　なお、メソッド参照が使用できるのは以下の場合です。
>
> - static メソッド
> - Stream を実行しているインスタンス自身のメソッド
> - 関数型インターフェイスのメソッド

5.3.3　Stream API を使う時の注意点

　ここまでの解説で、Stream API がどのようなものか分かったと思います。
　記述が直感的になることに加えて、Stream API を利用することで、特に意識せずにマルチスレッド処理になるという特徴があります。そのため、これまでのスレッド処理よりも簡単に並列処理をプログラムに組み込むことができます。しかし、このように便利な Stream API にも利用する時には注意しなければいけないことがあります。

実行順序

Stream API は、何らかの集合体に対して一定の処理を適用する時に使用できるものです。その中には順序が意味を持つものもあるでしょう。先ほどの例では、最初から順序を考慮していたため、forEachOrdered メソッドを使っていました。

では、実行順序を考慮しないで、純粋に並列実行したい場合はどうすればよいのでしょうか。これには、以下のように修正します。

修正前
```
.forEachOrdered(item -> System.out.println(item));
```

修正後
```
.forEach(item -> System.out.println(item));
```

修正後のコードを実行すると、順序が実行するたびに変わるようになります＊。

そして、この例では実感できないと思いますが、修正した方が処理速度は上がります。それは、順序を維持する必要がない分、プログラムが制御する手間が省けているためです。少し記述を変えるだけでプログラムの動きが大きく変わるので、forEach メソッドと forEachOrdered のどちらを使っているかは気を付けた方がよいでしょう。

いずれにせよ、Stream API は通常のプログラムを作るようにコーディングをしながら、並列処理の恩恵にあずかることができます。これは大きなメリットですので、Stream API を使える環境であれば使わない手はないでしょう。

高速化

Stream API であるか通常のマルチスレッド処理であるかに関わらず、動作させるマシンの構成や扱うデータの量などよって、パフォーマンスが向上するかどうかは変わります。

例えば、データ数が少なすぎると高速化の恩恵にあずかったかどうかは分かりません。

そもそも Stream API を使うことでかえって遅くなることもあります。Stream

＊　プログラミングの専門書では、順序が不定なことを「順序が保障されない」と表現します。

APIでは、そのしくみを利用するために、内部的にクラスを生成するなどの準備が必要です。そのため、for文などで作るシンプルなループ処理に処理速度で劣ってしまうことがあるのです*。

パフォーマンスの問題は、そもそも動かしてみないと分からなかったりします。そのため、プログラムを作って思ったほど速くないと思った時には、実際に処理時間を計測して、実装を見直すといった作業が必要になることもあります。

Stream APIを使うことで簡単に並列処理を実装でき、パフォーマンスを向上させることができますが、万能という訳ではありません。特性を理解して使いこなす努力が大切です。

> **NOTE　サンプルソースと業務で作成するソースの違い**
>
> これまでさまざまなサンプルソースを紹介してきました。その中には説明に本来関係しないものについてはあえて簡略化しているものもあります。そのため、そのまま使うと問題がある場合があります。サンプルソースをすべて鵜呑みにするのではなく何をするためにこの行があるのか理解して、血の通ったソースコードを作りましょう。

---

* このような現象をプログラミングの専門書では「オーバーヘッドが大きくて、かえって遅くなる」と表現します。

COLUMN　Webアプリケーション

　Webアプリケーション（以下、Webアプリ）とは、一言でいうならば、Webサーバで動作しているアプリケーションのことです。Internet ExplorerやChrome、FirefoxのようなWebブラウザを使って、アクセスするのが一般的です。具体的なアプリケーションとしては、ショッピングサイト、SNS、掲示板などがあります。

　そもそも、なぜWebページを作成するのに、Webアプリにする必要があるのでしょうか。

　まず、HTMLだけで作成するWebページは**静的Webページ**になります。.htmlファイルに記述したものをWebブラウザが解釈して表示するだけのページです。

　静的Webページでは、状況によって表示を変えることができません。例えば、ログイン画面があるWebページでAさんがログインした後に表示されるページに「ようこそ、Aさん」、Bさんがログインした後に表示されるページに「ようこそ、Bさん」と表示されるとします。静的ページでは表示が固定されてしまうので、Aさんでログインした時と、Bさんでログインした時の表示を分けることはできません。

　ログインした人によって、ログイン後の画面の表示を変えるには**動的Webページ**を使用する必要があります。この動的な処理が含まれるWebページを作成するために、Webアプリ技術が必要になるのです。

　Webアプリでは、(1) Webブラウザからデータを受け取り、(2) サーバで処理をし、(3) その結果をWebブラウザに出力します。ログインした人によってログイン後の表示を変えるには、(1) でログイン情報をブラウザから受け取り、(2) でログイン情報を埋め込んだWebページを生成し、(3) で動的に生成されたページをWebブラウザに出力します。

　もちろん、WebアプリはJavaでしか構築できない訳ではありません。PHP／Ruby／Perl／Scalaなど他のプログラム言語でも構築できます。ただJavaは、Webアプリ開発の歴史が長いため安定しています。他にもEclipseを代表とする優秀なIDE（統合開発環境）が揃っており、言語自体がバージョンアップした時の上位互換性も、他の言語に比べて優秀です。このようなメリットがあるため、WebアプリにおけるJavaの需要は、まだまだ高い状況にあります。

　みなさんがJava技術者となるのであれば、JavaでWebアプリを作成する実務に従事することも多いはずです。

CHAPTER **6**

テスト

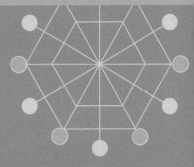

6.1 テストの基礎知識

本章では、ソフトウェア開発の中でも、後半の工程にあたるテスト工程について解説します。

6.1.1 テスト工程とは

ソフトウェア開発工程は、大きく以下の4つの工程に分けることができます。

- 要件定義：ソフトウェアに要求する機能や性能を定義する
- 設計：要件定義で定義した機能や性能を満たすソフトウェアの仕様を定義する
- 製造：設計で定義した仕様をもとにプログラムを作成する
- テスト：製造したプログラムが要件定義、設計の仕様を満たしているかを確認する

図：ソフトウェア開発工程

開発におけるテスト工程の位置付け

テスト工程は、リリース前の重要なプロセスです。

製品として顧客に引き渡す際には、各種テストを実施し、不具合が含まれていないことを証明しなければなりません。多くのプロジェクトでは、テスト対象となるプログラムの個数／環境によって、テスト工程を更に細分化して、テストを実施していきます。

テストの種類

一般的な現場で扱うソフトウェアにおいて、そのクラス数／ステップ数は個人で

作成するものとは比べ物にならないほどの大きさとなります。プログラムの中に1つでも不具合（バグともいいます）が含まれていた場合、膨大なクラス群の中から、その原因を特定しなければなりません。限られた期間と人で開発しなければならないプロジェクトでは、そんな時間はかけられません。

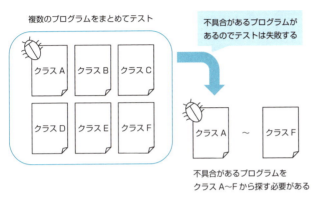

図：まとめてテストする場合

そこで、すべてのクラスを使ってテストするのではなく、まずは、クラス1つ1つをテストするようにします。これなら不具合が発生しても、テスト対象のクラスを確認すればよいので、原因の特定は早くなります。

次に、単体のテストが完了したクラス同士を結合し、テストを実施するようにします。このように、小さな規模からコツコツと検証を進めることによって、すべてのクラスを結合した際のテストにかかる時間を減らします。

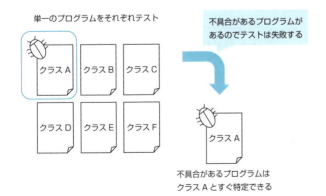

図：1つずつテストする場合

このように、テストと一口に言っても、実施方法によってさまざまな種類のテストが存在します。具体的には、クラス1つを検証する単体テスト、検証が終わったクラス同士をつなげて検証する結合テスト、すべてのクラスをつなげて検証する統合テスト（システムテストとも呼びます）があります。

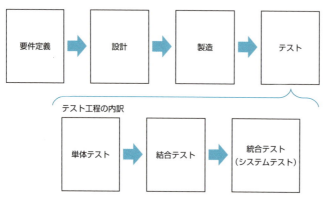

図：テスト工程の細分化

6.1.2　単体テスト

単体テストは、クラスを作成した後、最初に実施するテストです。1つのクラスを命令単位に動作確認します。

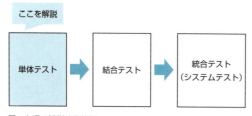

図：本項で解説する範囲

単体テストでは1つのクラスを検証する

単体テストでは、1つのクラスを対象として検証を実施します。クラス内に定義されているメソッドを実行し、その結果が想定通りであるかを確認します。

どんな動作が想定通りであるかは、設計工程で定義されます。このようなテスト工程と設計工程の関係は、次の図のように表せます。

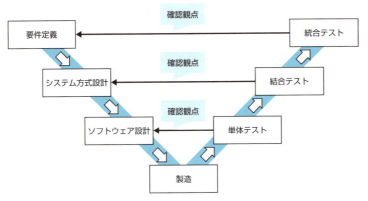

図：V字モデル

この図を **V字モデル** と呼びます。この図に注目すると、単体テストではソフトウェア設計（詳細設計とも呼びます）の内容を確認観点とするとあります。

ソフトウェア設計とは、クラスの動作の流れをメソッド単位で詳細に記載したものです。この設計には、分岐の条件や繰り返しなど、実際のプログラムに近い内容が記載されています。単体テストでは、設計の記載通りにプログラムが動くかを確認することになります。

テストに使う入力値の選び方

実際のクラスを単体テストで検証する場合は、クラスが持つメソッドの動作を確認することがほとんどです。メソッドには常に同じ値を出力するものもあれば、入力する値によって出力が変わるものもあります。このような出力が変わるメソッドをテストする場合には、無数にある入力の候補から適切な値を選んでテストをする必要があります。

入力値の選び方は大きく分けて2つあり、それぞれブラックボックステストとホワイトボックステストと呼ばれます。

ブラックボックステスト

ブラックボックステストでは、メソッドの入力と出力のみに着目してテストケースを作成します。具体的なソフトウェア設計とプログラムを例に解説します。

リスト：うるう年判定メソッド

```java
public boolean isLeapYear(int year) {
  // 判定結果
  boolean result;

  // 紀元前の時はコンソールに出力
  if (year < 0) {
    System.out.println("紀元前です！");
  }

  // うるう年判定
  if (year % 400 == 0) {
    // 400 で割り切れたのでうるう年
    result = true;
  } else if (year % 100 == 0) {
    // 400 では割り切れない、しかし、100 で割り切れたので、うるう年ではない
    result = false;
  } else if (year % 4 == 0) {
    // 400、100 では割り切れない、しかし、4 で割り切れたのでうるう年
    result = true;
  } else {
    // うるう年ではない
    result = false;
  }

  return result;
}
```

以下が、うるう年判定メソッドのソフトウェア設計書です。

表：うるう年判定メソッドのソフトウェア設計書

No.	入力仕様	出力仕様
1	0 以下	紀元前と表示
2	400 で割り切れる	うるう年
3	No.2 に該当しない ＆ 100 で割り切れる	うるう年ではない
4	No.3 に該当しない ＆ 4 で割り切れる	うるう年
5	No.4 に該当しない	うるう年ではない

このような設計書とプログラムがあった場合に、ブラックボックステストの観点では、以下のような仕様を満たしているのかを確認できる値を入力値として選びます。

- 400 で割り切れる場合はうるう年
- 100 で割り切れる場合はうるう年ではない、など

入力値を選ぶ際には、限界値分析と同値分割の2つの方式がよく使われます。

- 限界値分析：出力が変わる境界の両側の値を入力値として選ぶ
- 同値分割：その値が出力される代表的な値を入力値として選ぶ

No.1 の仕様を限界値分析でテストする場合は、0以下の境界である、0と1を入力値とします。No.1 の仕様を同値分割でテストする場合は、0以下の値 -100 と 0以上の値 200 を入力値として選びます。

ホワイトボックステスト

　ホワイトボックステストでは、処理の内部構造に着目してテストケースを作成します。

　先ほどのブラックボックステストの例と同じメソッドを使って、解説をしていきます。ホワイトボックステストの観点では、プログラムのどの部分が実行されたのかを意識して入力値を選びます。入力値の選び方には、以下の方式がよく使われます。

- 命令網羅：メソッド内の命令をすべて実行するように入力値を選ぶ
- 判定条件網羅：メソッド内の条件分岐の分岐のすべてが実行されるように入力値を選ぶ
- 条件網羅：メソッド内の条件分岐の分岐の組み合わせのすべてが実行されるように入力値を選ぶ

判定条件網羅／条件網羅は、文章で書くと違いが分かりづらいかもしれません。

しかし、図で書くと違いが分かりやすくなります。以下は、うるう年を求めるメソッドの動作の流れを図示したものです。

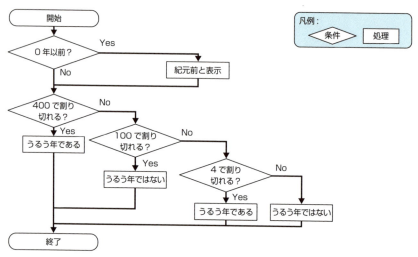

図：うるう年判定メソッドの動作の流れ

　判定条件網羅のテストをする場合、-1、2000、1900、2004、2003 の 5 通りの入力値を選びます。すべての値を 1 つ 1 つ図に当てはめてみると、条件のひし形から出ている矢印をすべて一度は通ることが分かります。

　条件網羅のテストをする場合、2000、1900、2004、2003、-2000、-1900、-2004、-2003 の 8 通りの入力値を選びます。値を図に当てはめてみると、開始から終了までの矢印の辿り方のすべてのパターンが網羅されていることが分かります。

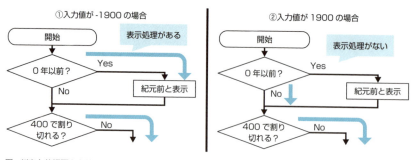

図：判定条件網羅と条件網羅の違い

1つの条件にフォーカスを当てて分岐を網羅するのが判定条件網羅、開始から終了までの動作を網羅するのが条件網羅です。

正常系／異常系

テストには、

- 想定された正常な使い方をした場合
- 想定していない例外的な使い方をした場合

のケースがそれぞれ存在します。前者を**正常系**、後者を**異常系**と呼びます。

正常系では、入力が正常に行われた場合の動作を扱います。先ほどのうるう年判定の例では「1」や「300」などの数字が入力された場合のテストのことを指します。

異常系では、想定していない入力が行われた場合の動作を扱います。先ほどのうるう年判定の例では、「あいうえお」や「0.2」など、整数値以外の入力があった場合のテストのことを指します。

異常系のテストをする理由は、想定外の入力があった場合の動作を把握する必要があるためです。もし、うるう年判定のメソッドに文字列の入力があった場合に、誤って「うるう年である」と判定を返してしまったらメソッドの動作としては問題です。このように想定外の入力に対しても、本来の機能に対して影響を及ぼさず、適切な動作をすることを、異常系では確認します。

6.1.3 結合テスト

結合テストでは、単体テストが完了したモジュール同士を組み合わせた時に、想定通りに動作するかを検証します。プロジェクトによって検証する内容は変わりますが、一般的には、クラス間の連携や画面のレイアウト、遷移の動作などを確認します。他の開発者が開発したモジュールと組み合わせる必要があるため、結合テスト専用の環境が用意され、複数のテスト実施者で共有します。

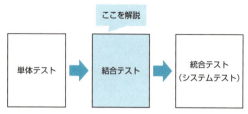

図：本項で解説する範囲

6.1.4 統合テスト（システムテスト）

統合テストでは、すべてのモジュールを結合して、想定通りに動作するかを検証します。プロジェクトによって検証する内容は変わりますが、実際の業務の流れに沿った操作の検証やパフォーマンステスト、キャパシティテストを実施します。

他のシステムと組み合わせる必要もあるため、統合テスト専用の環境が用意されます。多くの場合、本番リリースへの最後の検証となるため、本番相当の性能を持った環境が用意されます。

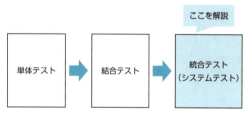

図：本項で解説する範囲

6.1.5 その他のテスト

これまでに紹介したテストを実施すれば、作成したクラスの動きが正常に動作していることを確認できます。ここからは動作速度やマシンにかかる負荷など、作成したクラスの動き以外に着目するテストについて紹介します。

パフォーマンステスト

パフォーマンステストでは、製造したアプリケーションが要求された性能を満た

すことができるかを検証します。Webシステムでは、画面の遷移を始めてから次の画面が表示されるまでの時間、バッチ処理では処理の終了時間までの時間を測定します。

画面遷移を伴う確認が必要であることから、結合テスト以降のタイミングで実施されます。

キャパシティテスト

キャパシティテストでは、実運用を想定した時の平常時／ピーク時の負荷をシステムにかけ、挙動を検証します。平常時にどの程度、資源（CPU使用率／メモリ使用率など）に余裕があるのか、ピーク時にシステムがダウンしないか、レスポンスが大幅に劣化しないかを確認します。

実運用を想定していることから、システムの動作がほぼ確認できる結合テスト以降のタイミングで実施されます。

退行テスト（回帰テスト）

退行テスト（回帰テストとも呼びます）では、既存のモジュールに改定を加えた際、既存部分の機能に対して影響を与えていないかを確認します。単体テストや結合テストのテストケース内で実施する場合や、1つの独立したテスト工程として実施される場合などがあります。

6.1.6　単体テストの手法

実際にJavaのクラスを使って、単体テストを実施する方法を2つ紹介します。1つは自作クラスから呼び出す方法。もう1つはJUnitというツールを使う方法です。

自作クラスから呼び出す方法

単体テストとして、1つのクラスをテストする場合にもっとも単純な方法は、そのクラスのmainメソッドを実行することです。mainメソッドを持つクラスを単体で動作させ、その挙動が想定通りであるかをコンソール、またはログから検証します。

リスト：main メソッドがあるクラス

```
package jp.co.bbreak.sokusen._6._1;

public class Greeting1 {

  public static void main(String[] args) {
    System.out.println(" こんにちは ");
  }
}
```

実行結果

```
こんにちは
```

実行結果から、main メソッドの動作が確認できました。

しかし、一般的なソフトウェアは、多数のクラスの組み合わせで作成されています。その場合、実行の起点となる main メソッドは、個々のクラスでは実装されていないため、クラス単体で実行するだけでは動作を確認できません。

このようなケースでは、別にクラスを作成し、そのクラス内の main メソッドから対象のクラスのメソッドを呼び出します。

次の例では、main メソッドが実装されていないクラスを、別のクラスの main メソッドで呼び出し、動作を確認しています。

リスト：main メソッドがないクラス

```
package jp.co.bbreak.sokusen._6._1;

public class Greeting2 {

  public void greet() {
    System.out.println(" こんにちは ");

  }
}
```

リスト：main メソッドから他のクラスのメソッドを実行

```
package jp.co.bbreak.sokusen._6._1;

public class GreetTest {

  public static void main(String[] args) {
```

```
    // Greet クラスをテスト実行する
    Greeting2 g = new Greeting2();
    g.greet();
  }
}
```

実行結果
```
こんにちは
```

自作クラスから呼び出す場合、

- テスト用のクラスの作成
- テストの実行
- 挙動の検証

をテスト対象のクラスごとに実施する必要があり、手間がかかります。この一連の流れをサポートするツールとして、**テスティングフレームワーク**と呼ばれるものがあります。

6.2 JUnit

テスティングフレームワークの1つとして、本書ではJUnitを紹介します。

JUnitとは、Javaで製造されたプログラムのテストをJavaのコードを使って実施するフレームワークです。ここまでは手作業で実行用のクラスの作成から実行結果の確認までを行ってきましたが、JUnitを使うことで、多くの工程を自動化できます。

JUnitは、フレームワークとして以下のような機能を提供します。

- テストの記述フォーマット
- テストの自動実行
- 統合開発環境との連携
- テスト結果の検証

本節では、JUnitを使った単体テスト方法について解説していきます。

6.2.1 環境構築

Eclipseでは標準でJUnitが導入されているため、Eclipseがインストール済みの場合はあらためて準備は必要ありません。

執筆時点での最新版Eclipse MarsにはJUnit 4が導入されています。以下に記載されるプログラムは、Eclipse Mars + JUnit 4を使用していることを前提にしています。

6.2.2 テスト対象クラスの作成

JUnitの解説を始める前に、まずは、実際にJUnitによるテストを体験してみましょう。簡単なクラスに対して、JUnitを使ってテストコードを記述します。JUnitでは、以下の順序で作業していきます。

- テスト対象となるクラスを作成
- そのクラスに合わせてテストクラスを作成
- テストを実行して結果を確認

では、テスト対象クラスを作成します。今回は、2つの値を足し算して、答えを返すメソッドを作成します。

プロジェクトの作成

まずは、新規にプロジェクトを作成します。メニューバーの[File]→[New]→[Java Project]を選択します。

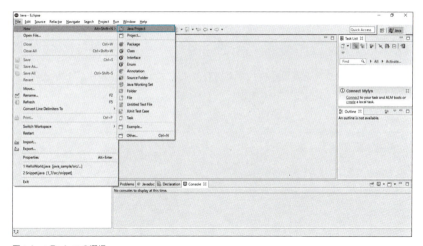

図：Java Project の選択

[New Java Project] ウィンドウが開くので、図のように、[Project name] に「Tutorial」と入力し、[Finish] ボタンを押します。これで、Tutorial プロジェクトが作成できました。

図：プロジェクトの作成

クラスの作成

次に、足し算クラスを新規作成します。Tutorial プロジェクトを選択した状態で、[File] → [New] → [Class] を選択します。

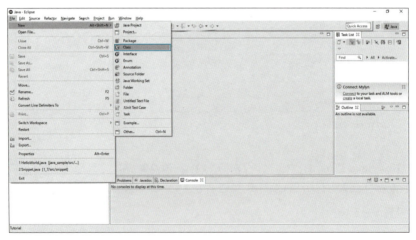

図：Class の選択

[New Java Class] ウィンドウが開くので、[Package] 欄に「jp.co.bbreak.

sokusen._6._2」、[Name] 欄に「Adder」と入力し、[Finish] ボタンを押します。

図：Adder クラスの作成

これで、Adder クラスファイルが作成できました。

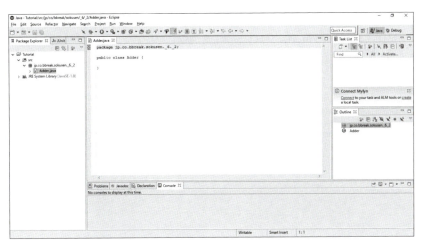

図：クラス作成後の画面

作成した Adder クラスを開いて、足し算をするメソッドを実装します。

リスト：足し算メソッドの実装

```
package jp.co.bbreak.sokusen._6._2;

public class Adder {
  public int add(int a, int b) {
    return a + b;
  }
}
```

6.2.3　テストクラスの作成

作成した Adder クラスをテストするためのクラスを作成します。テストクラスの作成方法にはいくつかパターンがありますが、今回はテスト対象クラスと同じプロジェクト内にテストクラスを作成します。

テストクラス格納用のフォルダを作成

ソフトウェア本体に使うクラスとテスト用のクラスを区別しやすいように、ソースファイルのフォルダを分けます。Tutorial プロジェクトにテストクラス格納用のフォルダを作成します。Tutorial プロジェクトを選択した状態で、［File］→［New］→［Source Folder］を選択します。

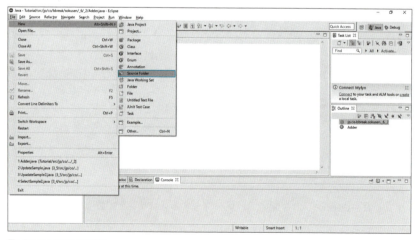

図：Source Folder の選択

［New Source Folder］ウィンドウが開きます。

図：フォルダの作成

図のように［Folder name］欄に「test」と入力し、［Finish］ボタンを押します。これで、テストクラス格納用のフォルダが作成されました。

図：フォルダ作成後

テストクラスの作成

testフォルダを選択した状態で、［File］→［New］→［JUnit Test Case］を選択します。

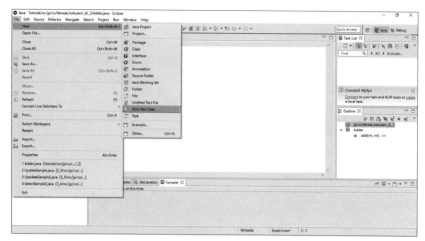

図：JUnit Test Case の選択

[New JUnit Test Case] ウィンドウが開きます。

図：テストクラスの作成

　図のように、[Package] 欄に「jp.co.bbreak.sokusen._6._2」、[Name] 欄に「Adder Test」、と入力し、[Finish] ボタンを押します。この時、ポップアップで次のようなウィンドウが開きます。

図:JUnit4をビルドパスへ追加

　テスト実行に必要なJUnit 4をビルドパスに追加するかどうかを聞いています。ここで「Perform the following action」を選択し、下のリストに「Add JUnit 4 〜」が表示されていることを確認して、[OK]ボタンを押します。すると、テストクラスの新規作成と同時に、プロジェクトのビルドパスにJUnitのライブラリが追加されます。

図:テストクラス作成後の画面

　作成したAdderTestクラスを開いて、テストメソッドを実装します。

リスト:テストメソッド

```
package jp.co.bbreak.sokusen._6._2;

import static org.junit.Assert.*;

import org.junit.Test;
```

```java
public class AdderTest {

  @Test
  public void testCase() {
    Adder adder = new Adder();
    int result = adder.add(1, 2);

    // 計算結果の比較
    assertEquals(result, 3);
  }
}
```

プログラムの各処理は、後ほど解説するので、早速、テストを実行してみましょう。

6.2.4　テストの実行と結果の読み方

ここからは、テストを実行して、出力されるテスト結果の読み方を解説します。

テスト実行

AddTestクラスを選択した状態で、メニューバーから[Run]→[Run]を選択します。

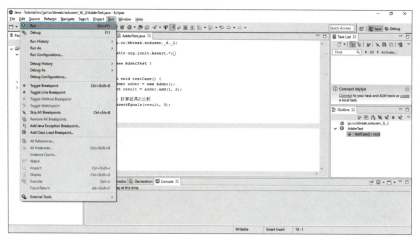

図：Runの選択

実行後、次のような画面が表示されたら、テストは正しく実行できています。

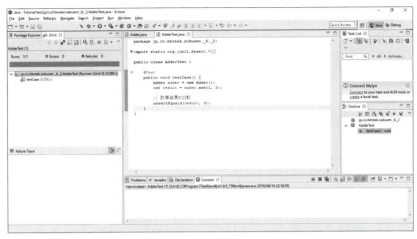

図：テスト実行結果の表示

結果の読み方

表示された画面の各部の意味は、以下の通りです。

図：テスト実行結果

テストクラスでは、「Adder クラスの add メソッドに 1 と 2 を渡した時の戻り値

が 3 である」ことを確認しています。add メソッドは足し算をするメソッドなので、1 と 2 を渡すと 3 が戻り値として得られるのは正しい結果です。よって、テストも成功し、チェックマークが付いたアイコンが表示されています。

Errors（エラー数）と Failures（失敗数）と似た名前の結果がありますが、意図したテスト実行の失敗を Failures、意図しないテスト実行の失敗を Errors と区別しています。

コードの解説

結果を確認できたところで、テストコードの中身についても解説しておきます。

リスト：インポート
```
import static org.junit.Assert.*;
```

まず、上のインポート文は、次の assertEquals メソッドを使用するために必要です。JUnit でのテストでは、余計な記述をなくし、テストコードを簡潔な記載にするため、static としてインポートします。

リスト：テストの実行
```
@Test
public void testCase() {
  Adder adder = new Adder();
  int result = adder.add(1, 2);

  // 計算結果の比較
  assertEquals(result, 3);
}
```

テストメソッドの名前は慣習的に先頭に test〜で書かれます。JUnit 4 ではそのような仕様はありませんが、JUnit 3 以前では「テストメソッド名は test から始まらなければならない」という決まりがあった名残りです。

JUnit 4 では、@Test アノテーションによってテストメソッドであることを宣言します。@Test アノテーションを付与されたメソッドは、テスト実行時に自動的に呼び出されます。

「int result = adder.add(1, 2);」で Adder クラスの add メソッドを実行し、結果

を取得します。ここで、変数 result には 1 と 2 の和である 3 が格納されているはずです。

「assertEquals(result, 3);」で、add メソッドの戻り値が 3 と等しいかを確認します。

6.2.5 デバッグの方法

先ほどのテスト実行ではテストが成功しましたが、プログラムのバグなどによって、実行結果が失敗となることがあります。失敗した時に、どのような情報が出力されるか確認してみましょう。

テストメソッドの追加

まず、AddTest クラスにテストメソッドを追加します。2 つ目のメソッドが今回追加したテストメソッドです。

リスト：失敗するテストメソッド

```java
package jp.co.bbreak.sokusen._6._2;

import static org.junit.Assert.*;

import org.junit.Test;

public class AdderTest {

  @Test
  public void testCase() {
    Adder adder = new Adder();
    int result = adder.add(1, 2);

    // 計算結果の比較
    assertEquals(result, 3);
  }

  @Test
  public void testCaseFail() {
    Adder adder = new Adder();
    int result = adder.add(1, 2);

    // 計算結果の比較
    assertEquals(result, 2);
  }
}
```

テストの再実行

　AddTestクラスを選択した状態で、[Run] → [Run] を選択します。実行後、次のような画面が表示されたと思います。

図：テスト失敗時の画面表示

　追加した2つ目のメソッドのテストが失敗し、[Failure Trace] に失敗した際の情報が表示されました。

テスト結果の読み方

　テスト結果の意味は、以下の通りです。

図：失敗原因の表示

　テストメソッド testCaseFail では、add メソッドに1と2を渡した結果の戻り値が2であることを検証します。add メソッドの戻り値は1と2の足し算の結果なので3です。事前に予測していた値（2）と本来の結果（3）が異なるため、テストは失敗します。

　以上で、JUnit のチュートリアルは完了です。次の項からは JUnit で使うアノテーションやメソッドについて詳しく解説していきます。

6.2.6　アノテーション

　JUnit で使用するアノテーションには多くの種類があります。以下では、その中でもよく使うものを抜粋して紹介します。

アノテーションのおさらい

　JUnit におけるアノテーションの使い方を解説する前に、アノテーションについておさらいをしましょう。アノテーションとは注記／注釈といった意味があります。先頭に @ を付けて記述します。

　JUnit で提供されるアノテーションは、JUnit に対して、テストメソッドに関する付随的な情報を提供します。

@Test アノテーション

@Test アノテーションは、そのメソッドがテスト実行対象のメソッド（＝テストメソッド）であることを宣言します。テスト実行時には、テストメソッドが自動的に呼び出されます。

リスト：@Test アノテーション

```
@Test
public void testCase() {
  Adder adder = new Adder();
  int result = adder.add(1, 2);

  // 計算結果の比較
  assertEquals(result, 3);
}
```

@Before アノテーション

@Before アノテーションは、そのメソッドが各テストメソッドの実行前に呼び出されることを宣言します。テストメソッド実行前の初期化処理を表すために利用します。

前バージョンの JUnit 3 では、メソッド名を setup とすることで同様の機能が使えました。そのため、JUnit 4 でも @Before アノテーションを付けるメソッドの名前は、setup とすることがほとんどです。

リスト：@Before アノテーション

```
@Before
public void setup() {
  // テスト初期処理を実施
  init();
}
```

@After アノテーション

@After アノテーションは、そのメソッドが各テストメソッドの実行後に呼び出されることを宣言します。テストメソッド実行後の後処理を表すために利用します。

前バージョンの JUnit 3 では、メソッド名を tearDown とすることで同様の機能

が使えました。そのため、JUnit 4 でも @After アノテーションを付けるメソッドの名前は、tearDown とすることがほとんどです。

リスト：@After アノテーション

```
@After
public void tearDown() {
  // テスト終了後の処理を実施
  refresh();
}
```

@BeforeClass アノテーション

@BeforeClass アノテーションは、そのメソッドがすべてのテストメソッドの実行に先立って一度だけ呼び出されることを宣言します。テストメソッドが実行されるたびに呼び出される @Before アノテーションと混同しないようにしてください。

なお、このアノテーションを付けるメソッドは static として宣言しなければなりません。

リスト：@BeforeClass アノテーション

```
@BeforeClass
public static void setupClass() {
  // テストクラス起動時の初期処理を実施
  init();
}
```

@AfterClass アノテーション

@AfterClass アノテーションは、そのメソッドがすべてのテストメソッドが実行された後に一度だけ呼び出されることを宣言します。テストメソッドが実行されるたびに呼び出される @After アノテーションと混同しないようにしてください。

なお、このアノテーションを付けるメソッドは static として宣言しなければなりません。

リスト：@AfterClass アノテーション

```
@AfterClass
public static void tearDownClass() {
```

```
  // テストクラス終了時の処理を実施
  refresh();
}
```

@Ignore アノテーション

@Ignore アノテーションを付与したテストメソッドは、実行の対象外となります。テストクラスを作成中に、一時的にテストメソッドの実行をスキップしたい場合に使用します。

リスト：@Ignore アノテーション

```
@Ignore
@Test
public void testCaseTemp() {
  Adder adder = new Adder();
  int result = adder.add(1, 2);

  // 計算結果の比較
  assertEquals(result, 2);
}
```

6.2.7　Assert クラス

検証対象の値と予想値を比較して結果を評価する機能が、Assert クラスには実装されています。本項では、Assert クラスに定義されているメソッドの中でも、よく使うものを抜粋して解説します。

Assert とは

Assert クラスは、org.junit.Assert をインポートすることで使用できます。

以下のように static インポートを利用することで、Assert クラスの各メソッドを簡潔に記述できます。

```
import static org.junit.Assert.*;
```

assertEquals メソッド

assertEquals メソッドは、検証対象の値と予想値が等価であるかを評価します。第1引数に検証対象の値を、第2引数には予想値を指定します。第1引数と第2引数が等価である場合はテスト成功とします。

リスト：assertEquals メソッド

```
@Test
public void testCaseEquals() {
  Adder adder = new Adder();
  int result = adder.add(1, 2);

  // 計算結果の比較（第1引数：検証値、第2引数：予想値）
  assertEquals(result, 3);
}
```

fail メソッド

fail メソッドが呼び出されると、テストは必ず失敗となります。

テスト実行中に例外が発生した場合に、このメソッドを呼び出すことで、テストを強制的に失敗させることができます。

リスト：fail メソッド

```
@Test
public void testCaseFail() {
  try {
    // テスト処理
  } catch(Exception e) {
    fail(" テスト失敗 ");
  }
}
```

assertThat メソッド

JUnit 4.4 から実装されたメソッドです。次項で解説する Matcher と組み合わせることで、より柔軟に検証値を評価できます。第1引数に検証対象の値を、第2引数には予想値を指定します。第2引数に Matcher を使って評価方法を決定します。

リスト：assertThat メソッド

```
@Test
public void testCaseThat() {
  Adder adder = new Adder();
  int result = adder.add(1, 2);

  // 計算結果の比較（第1引数：検証値、第2引数：予想値）
  assertThat(result, is(3));
}
```

上のコードは assertEquals と同じ動作をします。is( ) で「検証値と予想値が等価であるかどうかを評価しなさい」という意味になります。is( ) の部分が Matcher です。この Matcher を変更することで、評価方法を変更できます。

6.2.8　Matcher クラス

Matcher クラスのメソッドは、assertThat メソッドで利用するためのものです。従来の Assert から比較の処理を分離したものが Matcher となります。

Matcher とは

Matcher クラスは、org.hamcrest.CoreMatchers をインポートすることで使用できます。

以下のように static インポートすることで、Matcher を簡潔に呼び出せるようになります。

```
import static org.hamcrest.CoreMatchers.*;
```

is メソッド

検証対象の値と予想値が等価であるかを検証するために使用します。

リスト：is メソッド

```
// 計算結果の比較（第1引数：検証値、第2引数：予想値）
assertThat(result, is(3));
```

6.3 よく使うテストツール

本節では、JUnit の他によく使うテストツールを紹介します。JUnit にモック機能を付与したり、データベースを使ったテストを簡単にしたりするライブラリ、ソースファイルの構文をチェックするツールなどを、実際に使いながら解説していきます。

6.3.1 モックライブラリ（JMockit）

JMockit とは JUnit でモックを利用するためのライブラリです。JUnit にはモックを扱うしくみは実装されていないため、別のライブラリを追加する必要があります。Java 用のモックフレームワークには、Mockito ／ jMock などがありますが、本書では JMockit を解説します。

テストにおけるモックとは

モックとは、テスト対象から呼び出されるクラスを代用するクラスです。テスト対象のクラスは完成しているが、そこから呼び出されるクラスはまだ未完成な場合、もしくは呼び出したクラスからの引数を一定にしたい場合などにモックを使用します。

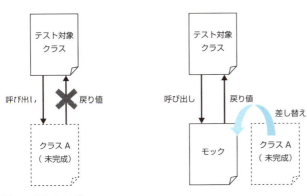

図：モックのイメージ

同じようなしくみで**スタブ**という言葉がありますが、スタブには呼び出し先のモジュールの代用品という以上の機能がありません。モックでは、モックとして呼び出されたモジュールがどのように利用されたかということを取得できます。

具体的には、

- モックが呼び出された回数
- 実行された順番
- 引数の値など

を取得でき、それが想定通りであったかをテストできます。これによって、より詳細にクラス内部の動作を検証できます。

Maven プロジェクトの作成

JMockit を使うため、環境を構築します。

まずはプロジェクトを新規作成しましょう。プロジェクトの作成には、Eclipse のメニューバーから［New］→［Other...］を選択します。

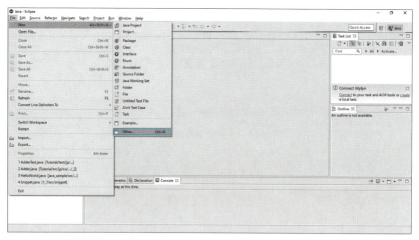

図：Other の選択

すると、下記のような［New］ウィンドウが表示されます。

図：新規作成ダイアログ

このウィンドウで、[Maven] → [Maven Project] を選択します。

図：Maven Project の作成

[New Maven Project] ウィンドウが開くので、[Create a simple project (skip archetype selection)] にチェックを付けて、[Next] ボタンを押します。

> **NOTE　Create a simple project（skip archetype selection）とは**
>
> [Create a simple project (skip archetype selection)] をチェックすることで、アーキタイプの選択という設定をスキップしています。アーキタイプとは Maven2 で使われるプロジェクトのひな形のことです。
> アーキタイプを省略せずに設定することで、Web アプリケーションなどでよく使うライブラリを pom.xml にあらかじめ設定した状態で、プロジェクトを開始できます。

図：Create a simple project(skip archetype selection)にチェック

次に[Group Id]に「tutorial」、[Artifact Id]に「JMockitTest」と入力して[Finish]ボタンを押します。

図：名称の設定

pom.xml の編集

pom.xml を編集して、JMockit を追加します。プロジェクトの pom.xml の記載例を下記に示します。実際に JMockit の追加に必要なのは <dependency> ～ </dependency> の記述です。

リスト：pom.xml

```
<project xmlns="http://maven.apache.org/POM/4.0.0" xmlns:xsi="http://www.w3.org/
2001/XMLSchema-instance" xsi:schemaLocation="http://maven.apache.org/POM/4.0.0
```

```xml
    http://maven.apache.org/xsd/maven-4.0.0.xsd">
  <modelVersion>4.0.0</modelVersion>
  <groupId>tutorial</groupId>
  <artifactId>JMockitTest</artifactId>
  <version>0.0.1-SNAPSHOT</version>
  <properties>
    <maven.compiler.source>1.8</maven.compiler.source>
    <maven.compiler.target>1.8</maven.compiler.target>
  </properties>
  <dependencies>
    <dependency>
      <groupId>org.jmockit</groupId>
      <artifactId>jmockit</artifactId>
      <version>1.19</version>
      <scope>test</scope>
    </dependency>
    <dependency>
      <groupId>junit</groupId>
      <artifactId>junit</artifactId>
      <version>4.12</version>
      <scope>test</scope>
    </dependency>
  </dependencies>
</project>
```

　プロジェクトに追加するライブラリを設定するには、<dependencies> 〜 </dependencies> 要素の中に <dependency> 要素を追加する必要があります。今回は JMockit と JUnit をライブラリに追加するため、2 つの <dependency> 要素を pom.xml に追加しています。

　実行上の制約から、JUnit よりも JMockit を先に定義するようにしてください。追加後、JMockit がセントラルリポジトリからダウンロードされます。

動作確認

　環境を構築できたところで、動作確認を兼ねて、JMockit を使った簡単なテストを作成します。まずはテスト対象クラスとテストクラスを作成し、次にテスト対象クラスから呼び出される別クラスをモックに差し替えて動作を検証します。

テスト対象クラスとテストクラスの作成

テスト対象クラスとして、以下のようなクラスを作成します。src/main/java ソースフォルダの下に tutorial パッケージを新規作成して、クラスを追加します。

リスト：乱数値を足し算するクラス

```java
package tutorial;

public class RandomAdder {
  public int add() {
    RandomNumber rand = new RandomNumber();
    int a = rand.getRandomNumber();
    int b = rand.getRandomNumber();

    // 2つの乱数値の和を返す
    return a + b;
  }
}
```

リスト：ランダムな整数を返すクラス

```java
package tutorial;

import java.util.Random;

public class RandomNumber {
  public int getRandomNumber() {
    Random rand = new Random();

    // 10 以下の整数をランダムで返す
    return rand.nextInt(10);
  }
}
```

RandomAdder クラスの add メソッドでは、RandomNumber クラスで生成された2つのランダムな整数値の和を返します。このクラスをテストするテストクラスを、以下のように作成します。src/test/java ソースフォルダに tutorial パッケージを新規作成して、テストクラスを追加します。

リスト：テストクラス

```java
package tutorial;
```

```java
import static org.junit.Assert.*;
import static org.hamcrest.CoreMatchers.*;

import org.junit.Test;

public class RandomAdderTest {
  @Test
  public void testCase() {
    RandomAdder rand = new RandomAdder();

    // 結果は乱数なので予想値が一定とならない
    assertThat(rand.add(), is(4));
  }
}
```

　このテストを実行しようとした時に1つ問題があります。add メソッドは、2つの乱数の和を戻り値として返しています。そのため、実行するたびに値が変化し、予想値と偶然一致しない限り、テストが失敗してしまいます。

図：テストの失敗

　このような実行するたびに結果が変化するテストを、不安定なテストと呼びます。不安定なテストは単体テストとしては不適です。この問題を解決するため、モックを使って RandomNumber クラスをモック化し、戻り値に毎回同じ値を返すようにしましょう。

モックオブジェクトの作成

クラスをモック化するために、テストクラスを以下のように変更します。

リスト：テストクラス

```java
package tutorial;

import static org.junit.Assert.*;
import static org.hamcrest.CoreMatchers.*;

import org.junit.Test;
import mockit.Mocked;
import mockit.NonStrictExpectations;

public class RandomAdderTest {
  // モックオブジェクトの生成
  @Mocked private RandomNumber mockRandNumber;

  @Test
  public void test() {
    RandomAdder rand = new RandomAdder();

    // getRandomNumber メソッドの戻り値を 2 と定義する
    new NonStrictExpectations() {{
      mockRandNumber.getRandomNumber(); result = 2;
    }};

    assertThat(rand.add(), is(4));
  }
}
```

今回、テストクラスの test メソッドでは、getRandomNumber メソッドの戻り値が 2 と固定されるように定義しているため、検証値は必ず 2+2 で 4 となります。この状態でテストを実行すると、テストが成功します。

図：テストの成功

プログラムの解説

モック化したテストクラスについて解説していきます。

リスト：モックオブジェクトの生成

```
@Mocked private RandomNumber mockRandNumber;
```

@Mockedアノテーションをクラスの宣言に付与することで、RandomNumberクラスをモックとして宣言できます。

リスト：getRandomNumberメソッドの戻り値を2と定義する

```
new NonStrictExpectations() {{
  mockRandNumber.getRandomNumber(); result = 2;
}};
```

NonStrictExpectationsの配下で、getRandomNumberメソッドの戻り値を再定義します。対象となるメソッド名の後方に、「result = 戻り値;」の形式で戻り値を指定できます。この例の場合だと「mockRandNumber.getRandomNumber()」の戻り値を「2」に指定しています。

今回のように、戻り値を定義するだけの場合には、NonStrictExpectationsクラスでモックの動作を定義します。

モックの実行回数を検証する

以下のようにすることで、getRandomNumber メソッドが何回実行されたのかを検証することもできます。

リスト：テストクラス
```
@Test
public void testCount() {
  RandomAdder rand = new RandomAdder();
  rand.add();

  new Verifications() {{
    mockRandNumber.getRandomNumber(); times = 2;
  }};
}
```

Verifications の配下で、メソッドの期待する実行回数を設定します。実行回数は、「times = 回数;」で指定できます。

この例では「2」としているので、getRandomNumber メソッドが 2 回実行されると、テストが成功します。

6.3.2 データベース関連の拡張ライブラリ (DbUnit)

JUnit を単独で使用している場合、データベースを利用しているクラスをテストするには、前準備／後始末など面倒な手続きが必要です。そのような面倒さを軽減するために、JUnit では、データベース関連の拡張ライブラリがさまざまに提供されています。その中でも、本書では DBUnit というライブラリを紹介します。

DBUnit とは

DBUnit とは、JUnit でデータベースを扱うテストクラスを作成する際に使用するライブラリです。データベースを利用するテストでは、さまざまな課題がありました。

- テストのためにデータを準備する必要がある
- データを更新するテストの場合、テスト後にデータを投入しなおす必要がある

DBUnit には、これらの課題を解決するしくみが実装されています。以下では、具体的な利用の手順と共に、DBUnit の機能を確認していきます。

Maven の設定

Maven を使って、DBUnit とデータベース利用のためのライブラリを追加します。プロジェクト配下の pom.xml を開き、<dependencies> タグの間に以下のコードを追加します。

リスト：pom.xml

```xml
<dependency>
  <groupId>org.dbunit</groupId>
  <artifactId>dbunit</artifactId>
  <version>2.4.3</version>
</dependency>
<dependency>
  <groupId>org.slf4j</groupId>
  <artifactId>slf4j-api</artifactId>
  <version>1.5.6</version>
</dependency>
<dependency>
  <groupId>org.slf4j</groupId>
  <artifactId>slf4j-nop</artifactId>
  <version>1.5.6</version>
</dependency>
<dependency>
  <groupId>com.h2database</groupId>
  <artifactId>h2</artifactId>
  <version>1.4.190</version>
</dependency>
```

追加後、DBUnit ／ SLF4J ／ H2 Database Engine というライブラリがセントラルリポジトリからダウンロードされます。SLF4J は DBUnit がロガーとして使用しているため、必要です。H2 Database Engine はテスト用のデータベースとして使用します。

単体テストにおけるデータベースについて

単体テストでデータベースを使用する場合、結合／統合テスト環境のものを使う

こともできますが、一般的には、ローカル環境に自分だけで占有できる環境を構築します。複数人の開発者が多くのテストを同時に実行するため、結合／統合テスト環境では互いのデータや設定に対して影響を及ぼす可能性があるからです。

ローカル環境に構築する単体テスト用のデータベースには、H2 Database Engine（以下、H2DB）のような無償で利用できる軽量データベースをお勧めします。本書でも、H2DBを使用して、テストを実行します。

テストに使用する環境の構築

実際にテストクラスを作成する前に、テスト対象のデータベースやテーブルを作成する必要があります。テスト環境の構築を通して、同時にH2DBの簡単な使用方法を解説します。

まずは、H2DB管理コンソールの使い方からです。H2DBでは、ブラウザからアクセスできる管理コンソールを使って、データベースの設定やSQLの発行を行います。

管理コンソールは、H2DBのJARファイルから起動します。先ほどMavenでダウンロードしたJARファイルをコマンドプロンプトから起動します。デフォルトでは「C:¥Users¥［ユーザ名］¥.m2¥repository¥com¥h2database¥h2¥1.4.190」の配下にh2-1.4.190.jarというファイルがあります。コマンドプロンプトを起動してJARファイルの格納されているフォルダまで移動し、javaコマンドでJARを実行します。

今回の例だと、以下のようなコマンドで、管理コンソールを起動できます。

リスト：管理コンソールの起動

```
> cd C:¥Users¥[ ユーザ名 ]¥.m2¥repository¥com¥h2database¥h2¥1.4.190
> java -jar h2-1.4.190.jar
```

正常に実行できた場合、Webブラウザが立ち上がり、管理コンソールが表示されます。

図：管理コンソール

パスワードをデフォルトから変更していなければ、そのまま［接続］ボタンを押して管理画面に移動できます。

テーブルの作成

テストで使用するテーブルを作成します。USER テーブルという名前で、人の情報を格納するテーブルを定義します。

表：USER テーブルの定義

項目名	型
USERID	VARCHAR(4)
NAME	VARCHAR(100)
AGE	INT(3)

USER テーブルを作成するための SQL は、以下の通りです。

リスト：テーブル作成 SQL

```
CREATE TABLE USER(
  USERID varchar(4) PRIMARY KEY,
  NAME varchar(100),
  AGE  int(3)
)
```

この SQL を管理コンソール画面中央のテキストエリアに入力して、テキストエリアの上の［実行］ボタンを押すと、左側のペインに USER という項目が追加されま

す。これで、テーブルを作成できました。

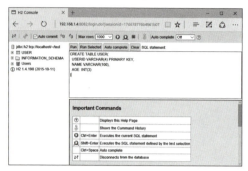

図：テーブルが追加された状態

同じ方法で、SELECT 文や INSERT 文なども実行できます。

テストデータの作成

DBUnit では、XML 形式またはエクセルファイルでテストデータを定義します。今回は XML 形式を使用します。以下のようなフォーマットでデータを記載します。

リスト：テストデータのフォーマット

```
<dataset>
    <テーブル名 カラム名="値"/>
    <テーブル名 カラム名="値"/>
</dataset>
```

テストデータをファイルに定義することで、テーブルデータを投入する作業を自動化できます。今回の解説で使うテストデータを、以下のように定義します。

リスト：解説で使うデータ

```
<?xml version="1.0" encoding="UTF-8"?>
<dataset>
  <user userid="0001" name="テスト太郎" age="25"/>
  <user userid="0002" name="テスト次郎" age="20"/>
  <user userid="0003" name="テスト三郎" age="15"/>
</dataset>
```

テスト対象クラスの作成

USERID カラムをキーに、USER テーブルの 1 レコードを取得し、各カラムを変数に格納する DAO クラスを作成します。データベースは、デフォルトで作成されている test データベースを使用します。

リスト：テスト対象の DAO クラス

```java
package tutorial;

import java.sql.*;

public class UserDAO {
  public User findByUserid(String userid) {
    try {
      Class.forName("org.h2.Driver");

    } catch (ClassNotFoundException e) {
      e.printStackTrace();

    }

    User user = new User();

    // test データベースに sa ユーザ（パスワードなし）で H2DB へ接続
    try(Connection con = DriverManager.getConnection("jdbc:h2:tcp://localhost/~/test", "sa", "");) {
      // USERID をキーに USER テーブルを検索
      PreparedStatement pstmt = con.prepareStatement("SELECT * FROM USER WHERE USERID = ?");
      pstmt.setString(1, userid);
      ResultSet rs = pstmt.executeQuery();

      while (rs.next()) {
        user.setUserid(rs.getString("USERID"));
        user.setName(rs.getString("NAME"));
        user.setAge(rs.getInt("AGE"));
      }

      rs.close();
      pstmt.close();

    } catch (SQLException e) {
      e.printStackTrace();

    }
```

```
      return user;
   }
}
```

　getConnection メソッドの第 1 引数は、データベース URL を表します。この例であれば、サーバモードで test データベースに接続します。テスト実行でのコネクション数を考慮すると、組み込みモードではなく、サーバモードでの接続をお勧めします。組み込みモードではコネクション数が限られるため、テスト実行の際にエラーが発生することがあります。

　以下は、データベースから取り出したレコードを格納するためのクラスです。

リスト：レコード格納クラス

```
package tutorial;

public class User {
   private String userid;
   private String name;
   private int age;

   public String getUserid() {
      return this.userid;
   }

   public String getName() {
      return this.name;
   }

   public int getAge() {
      return this.age;
   }

   public void setUserid(String userid){
      this.userid = userid;
   }

   public void setName(String name){
      this.name = name;
   }

   public void setAge(int age){
      this.age = age;
   }
}
```

テストクラスの作成

テストクラスは、以下のような順番で処理を実行します。

1. データベースへの接続
2. テーブルの初期化
3. テストデータの登録
4. テストの実行
5. テスト実行結果の検証

リスト：テストクラス

```java
package tutorial;

import static org.hamcrest.CoreMatchers.*;
import static org.junit.Assert.*;

import java.io.FileInputStream;
import java.sql.Connection;
import java.sql.DriverManager;

import org.dbunit.database.DatabaseConnection;
import org.dbunit.database.IDatabaseConnection;
import org.dbunit.dataset.IDataSet;
import org.dbunit.dataset.xml.FlatXmlDataSet;
import org.dbunit.operation.DatabaseOperation;
import org.junit.*;
import junit.framework.TestCase;

public class UserDAOTest extends TestCase {
  @Before
  public void setUp() throws Exception {
    // DbUnit用のデータベース接続
    IDatabaseConnection dbConnection = null;
    Class.forName("org.h2.Driver");

    // testデータベースにsaユーザ（パスワードなし）でH2DBへ接続
    try(Connection con = DriverManager.getConnection("jdbc:h2:tcp://localhost/~/test", "sa", "");) {
        dbConnection = new DatabaseConnection(con);

        // テスト用データを読み込む
        IDataSet dataSet = new FlatXmlDataSet(
            new FileInputStream("src/test/resources/user_data.xml"));
        // テスト用データをテーブルに挿入する
```

```
      DatabaseOperation.CLEAN_INSERT.execute(dbConnection, dataSet);
    }
  }

  @Test
  public void testFindByUserid() {
    UserDAO userDao = new UserDAO();
    User user = userDao.findByUserid("0001");

    // テスト結果の検証
    assertThat(user.getName(), is("テスト太郎"));
  }
}
```

テストを実行すると、無事に成功するはずです。テストデータがテーブルに挿入され、DAO クラスでデータが取得できたようです。それでは、テストメソッドの中身について解説していきます。

setUp メソッドの宣言

まず、setUp メソッドの宣言部分で、@Before アノテーションを付与します。

リスト：データベース接続とテストデータの投入

```
@Before
public void setUp() throws Exception {
```

@Before アノテーションを付与したメソッドは、テスト実行前に実行されます。今回は、setUp メソッドでデータベースに接続し、テストデータを投入します。

2 つのコネクションの宣言

テストクラスでは、データベースへのコネクション（接続）を 2 つ宣言しています。

リスト：コネクションの宣言

```
// DbUnit 用のデータベース接続
IDatabaseConnection dbConnection = null;
... 中略 ...
// test データベースに sa ユーザ（パスワードなし）で H2DB へ接続
```

```
try(Connection con = DriverManager.getConnection("jdbc:h2:tcp://localhost/~/↵
test", "sa", "");) {
```

1つは java.sql.Connection で、通常のデータベース接続に使うクラスです。もう1つは org.dbunit.database.IDatabaseConnection で、DBUnit で準備された機能を使うためのコネクションクラスです。

コネクションの取得

DbUnit で利用するための接続を取得します。

リスト：コネクションの取得
```
// DbUnit 用のデータベース接続
dbConnection = new DatabaseConnection(conn);
```

org.dbunit.database.IDatabaseConnection はインターフェイスなので、実装クラスの DatabaseConnection でインスタンスを作成します。引数には、あらかじめ取得しておいた java.sql.Connection を指定します。

テストデータの登録

ここからは、XML ファイルに登録したテスト用のデータをデータベースに投入していきます。

リスト：テストデータの読み込み
```
// テスト用データを読み込む
IDataSet dataSet = new FlatXmlDataSet(
  new FileInputStream("src/test/resources/user_data.xml"));
```

user_data.xml はテストデータを定義したファイルです。ファイルパスは Eclipse で Maven プロジェクトを作成した際に自動作成される「src/test/resources」を指定しています。

リスト：テストデータの登録

```
// テスト用データをテーブルに挿入する
DatabaseOperation.CLEAN_INSERT.execute(dbConnection, dataSet);
```

　先ほど読み込んだテストデータをテーブルに挿入します。テストデータの投入方法にはいくつかの種類があり、今回はテーブルのレコードを削除してから挿入する「CLEAN_INSERT」を指定しています。
　テストでよく使う投入方法は、今回利用した「CLEAN_INSERT」と、重複データは挿入せず、存在しないデータのみを挿入する「REFRESH」の2つです。

テストの実行

テストメソッドについても見ていきます。

リスト：テストの実行

```
@Test
public void testFindByUserid() {
  UserDAO userDao = new UserDAO();
  User user = userDao.findByUserid("0001");

  // テスト結果の検証
  assertThat(user.getName(), is("テスト太郎"));
}
```

　テスト対象クラス UserDAO の findByUserid メソッドを実行します。投入したテストデータから USERID カラムが 0001 のレコードを取得し、NAME カラムに格納されているデータを検証値と比較しています。

6.3.3　静的テスト

　ここからは JUnit によるテストから離れて、**静的テスト**という新しいテスト手法について解説します。静的テストを実施するためのツールはいくつかありますが、その中でも本書では FindBugs を紹介します。
　静的テストとはプログラムを実行せず、プログラムの内容を検査するテストです。開発者によるコードレビューや、コンピュータによるプログラムの構造を自動に解

析する機能などが静的テストです。

コンピュータによる静的テストがなぜ必要なのか

人によるコードレビューは必要ですが、コード量/チェックする観点が多くなると、レビューに費やす時間が比例して多くなり、生産性が低下してしまいます。また、人の目によるチェックには限界があり、見落としが発生する可能性があります。

そこで、コンピュータによる静的テストを実施することで、人の目でチェックすべき観点を絞ると同時に、見落としを防ぎます

FindBugsの環境構築

本項では、Eclipseのプラグインとして提供されている静的テストツールFindBugsを紹介します。**FindBugs**とは、ソースコードを解析してバグになる可能性がある箇所を指摘してくれます。コンパイラでは発見しきれない危険なコードを、コーディング時に発見できるという利点があります。

インストールするには、メニューバーから［Help］→［Eclipse Marketplace...］を選択します。

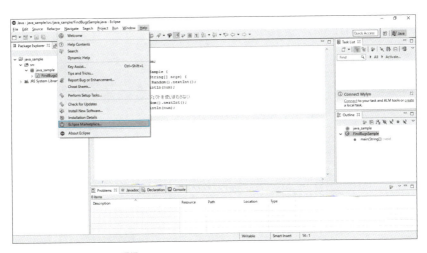

図：Eclipse Marketplaceの選択

[Eclipse Marketplace] ウィンドウが開くので、検索窓に「FindBugs」と入力し、検索を実行します。FindBugs が表示されるので、項目右下の [Install] ボタンを押してインストールを開始します

図：検索結果

　次の画面では、FindBugs Eclipse Plugin がチェックされていることを確認した上で、[Confirm] ボタンを押します。

図：インストール対象の選択

表示されている内容を確認して、[I accept 〜] ラジオボタンを選択し [Finish] ボタンを押します。

図：ライセンスの確認

　インストールが開始します。インストール後に、Eclipse を再起動すれば、環境構築は完了です。

FindBugs の実行

　プロジェクトを選択&右クリックし、コンテキストメニューから [Find Bugs] → [Find Bugs] で静的テストを実行します。

　静的テストの結果を確認するには、[Window] → [Show View] ウィンドウを表示した上で、[Other] → [FindBugs] → [Bug Explorer] を選択してビューを追加します。

図：Bug Explorer ビューの追加

すると、FindBugs による静的テスト結果が表示されます。

図：テスト結果

　テストの結果は先ほど追加した、Bug Explorer ビューに表示されています。今回は Random オブジェクトを使いまわしていないことを指摘されています（Random オブジェクトは毎回生成せずに使いまわす方がよいとされています）。

CHAPTER 7

チーム開発

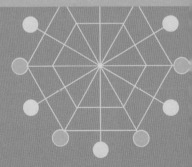

7.1 チーム開発とは

　本章では、チーム開発に焦点を当てて、チーム開発に必要な基礎知識を解説します。

　チーム開発はどこでも行われていますが、1つとして同じチーム開発は存在しません。成果物や開発ルール、メンバー構成、開発に使うツールなど、同じものを探す方が大変なほどです。

　そこで本章では、特定の開発ルールを対象にしたり、開発ツールの詳細な使い方を説明したりするのではなく、幹となる考え方を説明するようにしています。この考え方を理解しておけば、多種多様な開発現場で、いろいろな場面に遭遇したとしても、即戦力として立ち振る舞えることでしょう。

7.1.1　チーム開発とは「複数人が共同で成果物を作り上げること」

　さて、「チーム開発」とはなんでしょうか。

　「うちの現場はアジャイルじゃないから、チーム開発は関係ない」とか、「自分1人で1つのモジュール（もしかしたら、1つのシステムもあるかもしれません）を担当するから、チーム開発は関係ない」と考え、この本を閉じようとしている読者もいらっしゃるかもしれません。

　ちょっと待ってください、もう少し読み進めてみてください。

　本書では、チームで開発すること、複数人が共同で成果物を作り上げることを「チーム開発」と呼んでいます。この意味では、基本的に「業務アプリケーションの開発を含め、何らかのシステム開発は、すべてチーム開発である」といえるでしょう。今や、複数人が関わらないシステムは存在しないからです。

　では、「自分1人で1つのシステムを担当している」場合はどうでしょう。1つの考え方としては、過去の自分は他人、将来の自分も他人です。更にいうと、未来永劫、そのシステムに自分1人しか関与しないということは、趣味で書くようなプログラムでない限りは、現実的にあり得ません。要するに、1人で開発していようが、「チーム開発」を意識するのがベターなのです。

> **NOTE　著者の経験から**
>
> 　以前、実装作業中にプログラムソースを読んでいて、「なんと気の利いたコメントが残っているのか」と、感心したことがありました。
> 　変更履歴から、コメントを書いた人を辿ってみたら、自分だったことがあります。自分で書いたコメントを覚えていませんでした。もちろん、その逆もあります（なんでこんなに汚いコードを書くんだろうか、と憤ったり）。

7.1.2　チーム開発のポイント

では、チーム開発に必要な基礎知識とはなんでしょうか。

それは、チーム開発で押さえておかなければならないポイントを理解することです。具体的には、以下の点です。

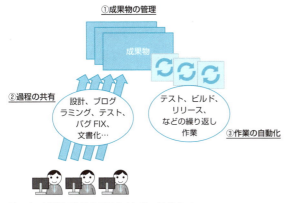

図：チーム開発で押さえておくべき3つのポイント

以下では、この3つについて説明していきます。

成果物の管理

ほとんどのチーム開発は、何らかの成果物を作成することを目的としています。代表的な成果物は、プログラムソースや仕様書などのドキュメント類です。

成果物は、複数人が同時に編集しなければならない場面もありますし、バージョ

ンアップによって内容が変更されることもあるでしょう。このような同時編集や変更差分などを含め、成果物を管理できなければなりません。

過程の共有

　開発を進めるためには、成果物が完成するまでのタスクを明確にして、1つ1つのタスクを確実に進めていく必要があります。一般的には、これらのタスクは WBS (Work Breakdown Structure)としてまとめられ、それぞれのタスクが担当者によって実行されます。チーム開発においては、タスクの進捗状況だけでなく、「いつ誰の手によってどのように進められたのか」を共有することが重要となります。

　また、開発を進めていくと、先ほど述べたようなもともと計画化されていたタスクの他、解決すべき課題、障害となる問題などが発生し、もともと計画化されていなかったタスクも出てきます。これらのタスクについても、

- どのような優先度で進めるのか
- 個々のタスクがそれぞれどのような状況なのか
- 進めた結果どうなったのか

といったように、過程を管理し、共有することが重要です。

作業の自動化

　開発を進める上で、繰り返し実施する作業が発生することは多いと思います。例えば「プログラムソースをビルドして、テスト環境にリリースする」というのは、ほとんどの開発現場で発生する作業ではないでしょうか。

　これらの作業を行う上で重要なのは、より効率的に作業を実施できるようにすることです。当然、作業品質を維持したまま効率化すべきなのは、いうまでもありません。

　そのためには、属人性を排除した形で作業手順をまとめておき、その手順が常に最新化されていることが必要です。そして、効率化の究極の形が自動化となります。

7.2 成果物の管理 ——バージョン管理

　ここでは、成果物の管理について説明します。そもそも、成果物の管理とは、何をすればよいのでしょうか。何ができれば、「成果物が管理されている」ということになるのでしょうか。それは、次の3点ができているかどうか、で決まります。

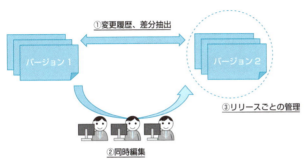

図：成果物管理でやるべき3点

変更履歴、差分抽出

　成果物を作り上げる過程では、成果物にいろいろと手を加えます。そのため、いつ誰がどのように手を加えたか、という情報を正確に、かつ、機械処理可能な形で残しておくことが重要になってきます。特に重要なのが、「どのように手を加えたか、を正確に、かつ、機械処理可能な形で残す」という点です。

　このことは、大きなメリットをもたらします。それは、差分を自動で抽出できることです[*]。最新バージョンと1つ前のバージョンとの差分はもちろんのこと、1年前のバージョンとの差分やフェーズ1の納品物とフェーズ2の納品物の差分、なども簡単に見ることができます。更に、変更履歴や差分が機械処理可能な形式であれば、プログラムソースに差分を自動で反映させることもできます。

　最近では、どの開発現場でも、**バージョン管理システム**を導入することにより、変更履歴や差分を正確に、かつ、機械処理可能な形で残せるようになっています。

---

[*] 言い方の違いではありますが、実際には、差分として抽出した形式で変更履歴を残している、というように処理されていることが多いでしょう。

同時編集

チーム開発では、複数人で1つのシステムの開発を進めていきます。

もちろん、UI部分やデータアクセス部分、というようなレイヤごとに担当を割り当てることもありますし、1つのシステムとはいえ、パッケージやクラスが分かれているので、まったく同じクラス（＝ファイル、ですね）を、複数人で同時に編集することは多くはないかもしれません。

しかし、だからと言って、1つのファイルを複数人で同時に編集することができなければ、開発の待ちが発生したり、同時に編集してしまったことで手戻りが発生したりして、開発効率の低下を余儀なくされます。

最悪のケースでは、同時編集が原因で、成果物の内容を壊してしまうこともあります。チームの規模やシステムの規模が増えると、影響度合いは更に大きくなります。

そこで開発現場では、同じクラスやファイルを複数人で同時に編集できるよう、バージョン管理システムを導入して成果物を管理しています。

リリースごとの管理

現在のPCは、ファイル単位でデータを管理するしくみになっていますし、私たちもそれに慣れているのではないでしょうか。例えば、変更履歴をファイル単位で残したり、ファイル名にバージョン番号を付与したり、いずれにせよファイルごとに管理するのが一般的です。

しかし、システム開発においては、重要なのはファイルではなくリリース物です。例えば、開発現場においては、ファイルごとに変更履歴や差分を見たいのではなく、先週のリリース物と今週のリリース物との差分を管理したいのです。

また、システム開発においては、複数バージョンを同時並行で開発するケースも少なくありません。例えば、既に稼働しているバージョンのバグフィックスと、次バージョンの機能拡張を同時期に開発する、というようなケースです。このような場合にも、稼働している版と機能拡張版、といった複数バージョンの整合性を保ち、成果物の内容を適切に管理できなければなりません。

バージョン管理システムを使えば、複数のファイル群をまとめて管理することで、成果物をファイルごとではなく、リリースごとに管理できますし、複数バージョンの管理を容易にするための機能も備えています。そのため、多くの開発現場では、バージョン管理システムを導入し、リリースごとの管理を実現しているのです。

7.2.1 バージョン管理システム=成果物を管理するための手段

それでは、バージョン管理システムでどのように成果物を管理するのかを、具体的に見ていきましょう。その前にまず、バージョン管理システムで使われる一般的な用語を説明します。

リポジトリ

「貯蔵庫」という意味です。バージョン管理システムでは、プログラムソースなどのデータを溜めておく場所や領域を意味します。**リポジトリ**には、ファイル自体はもちろんのこと、過去の変更履歴がすべて蓄積されています。

バージョン管理システムは、中央集権型リポジトリと分散型リポジトリに分類できます。

Subversion[*]に代表されるような、サーバ上に1つのリポジトリを持ち、開発者がそのリポジトリを操作するのが中央集権型です。一方、最近急速に普及が進んでいるGit[**]は、分散型です。分散型は、各開発者が自分のリポジトリを持ち、自分のリポジトリを操作することで開発を進めます

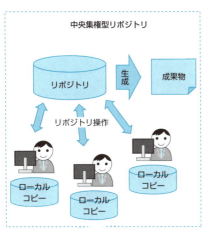
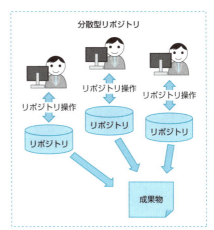

図：中央集権型リポジトリと分散型リポジトリ

---

[*]　https://subversion.apache.org/
[**]　https://git-scm.com/

チェックアウト／コミット／アップデート

どれも、subversion におけるリポジトリの操作です。

チェックアウトは、リポジトリの内容を、ローカル PC にダウンロードすることです。チェックアウトされたローカル PC のデータは、**ローカルコピー**と呼ばれます。

コミットは、ローカルコピーの内容を、リポジトリに反映させることです。

アップデートは、リポジトリの内容をローカルコピーに反映させることです。

一連の流れを図にまとめておきます。

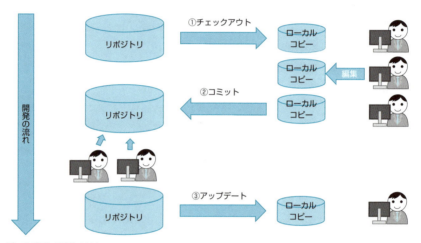

図：リポジトリ操作の流れ

さて、同一ファイルに対して、複数人がローカルコピーに変更を加えてコミットした場合には、どうなるのでしょうか。どの人のコミットもきちんとコミットすることができます。

これは、バージョン管理システムがマージモデルを採用しているからです。**マージモデル**では、ローカルコピーとリポジトリの情報の差分を抽出し、ローカルコピーの変更分だけを、リポジトリに反映させることができるのです。

対して、**ロックモデル**の場合は、同一ファイルに対して、複数人での同時編集はできません。この場合、ローカルコピーに変更を加える前に、あらかじめロックを取得してから編集し、コミットしたと同時にロックを外す、という操作が必要となります。

図：マージモデル

図：ロックモデル

リビジョン

コミットなどで、リポジトリが変更されるたびに、変更後の状態について履歴番号がつきます。この履歴番号を**リビジョン**と呼びます。

トランク／ブランチ／タグ

トランク（trunk）は、本流のブランチです。本流とは、メインの開発が進んで

いるブランチとか、最新版のブランチ、といった意味合いです。

ブランチ（branches）は、「枝」という意味です。トランクとは別に、開発を進めたい場合に、トランクからブランチを作成します。

タグ（tags）は、ある時点のブランチの状態をスナップショット的に取っておくための印です。例えば、バージョン1をリリースした場合には、リリースしたブランチに対してタグを切っておく、というような使い方をします。

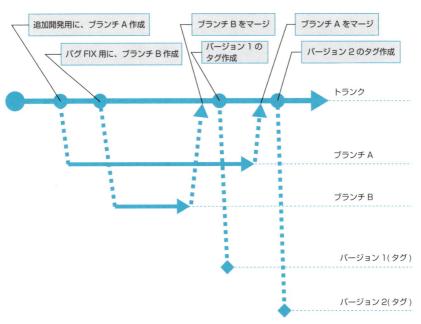

図：ブランチとタグの使い方

7.2.2 Subversionの操作例

次に、Subversionをサンプルとして、操作の具体例を見ていきましょう。上でも述べたように、Subversionは、中央集権型リポジトリのデファクトスタンダードであり、多くの開発現場で採用されています。

中央集権型リポジトリは、分散型リポジトリに比べると、自由度が低いですが、最低限の運用ルールで手軽に成果物を管理でき、その割に享受できるメリットが大きいため、開発現場では重宝されています。

サンプルでは、Subversion のクライアントとして、TortoiseSVN[*] を使います。開発環境においては、Subversive[**] のような、Eclipse 上で動作する Subversion クライアントも多く使われます。

まず、リポジトリを参照して見ましょう。TortoiseSVN のリポジトリブラウザという機能を使えば、リポジトリ内のファイルを直接参照できます。

図：リポジトリの参照

リポジトリ内の sample というフォルダをチェックアウトすると、sample フォルダ配下の内容を、ローカルファイルとして参照できるようになります。リポジトリ上のファイル履歴を見ると、ファイルが作成され、1 回更新されていることが分かります。

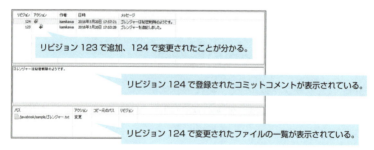

図：ファイルの履歴（変更前の状態）

---

[*]　https://tortoisesvn.net/
[**]　http://www.eclipse.org/subversive/

その更新では、1つのファイルしか更新されていないようです（同時にいくつかの更新がコミットされている場合は、同時に変更されたファイルも把握できるようになっています）。また、変更があった各ファイルで、どのような変更が行われたか、という差分を参照することもできます。

図：ファイルの変更差分

　ローカルファイルでの編集作業が終わったら、リポジトリにコミットします。その際には、コミットコメントの入力を求められます。

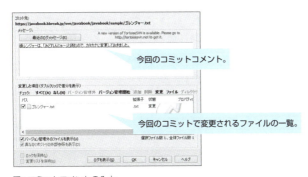

図：コミットコメントの入力

　今回の変更についてコメントを記載すれば、リポジトリに反映され、履歴として蓄積されていきます。

図：ファイルの履歴（変更後の状態）

このように、バージョン管理システムでは、ファイルの変更をすべて記録し、管理できるようなしくみを備えています。

7.2.3　バージョン管理システム利用の注意点

バージョン管理システムを使う上での注意点について説明します。

開発現場のルールに従うこと

本書を含めたさまざまな媒体で、バージョン管理に関して多くの情報に触れることができます。ただし、それらは一般論です。開発の現場では、バージョン管理に関する運用ルールが決まっていることと思います。

例えば、運用ルールとしては以下のようなものが決まっているはずです。

- ブランチやタグの役割、命名規則
- コミット時のルール、コミットログの書き方
- バイナリファイルの扱い

その場合は、それらを理解し、現場のルールに従ってください。

コミット先は適切か

一般的には、トランクの他、複数のブランチやタグが管理されているはずです。自分の担当外のブランチにコミットしないようにしましょう。

変更したファイルを漏れなくコミットしているか

例えば、バグフィックスをしているのであれば、そのバグフィックスに該当する変更分は、1回で全ファイルをコミットすべきです。

コミットすべきファイル以外をコミットしようとしていないか

開発環境においては、自動生成されるファイルや開発環境用の設定ファイルなど、バージョン管理システムでは管理しないファイルも含まれます。これらのファイルは、通常、コミットしない運用になっているはずです。コミットすべきファイルだけを、コミットするようにしましょう。

コミットログの書き方

バージョン管理システムがあれば、5W1H（いつ、誰が、何を、どこで、なぜ、どのように）でいうところの「いつ」「誰が」「何を」「どのように」という点については、自動で変更履歴が残ります。

「どこで」というのは、システム開発では意味がない情報なので無視するとすれば、コミットログに書くべき内容としては、「なぜ」ということになります[*]。また、「どのように」も、バージョン管理システムで残る履歴は、具体的なテキストの差分でしかないので、例えば、修正方針のようなテキストの差分に表れてこない情報を書いておくと、非常に意味のあるものになります。

逆にいうと、以下のようなコミットログは意味がありません。このようなコミットログを残さないよう、注意してください。

```
2016/3/1：上川：計算式のマイナスをプラスに変更しました。：変更点＝ jp.bbreak.
Calculate.java
```

---

[*] 「なぜ」については、例えば、チケット管理システムと連携することで、チケット管理システム側に詳細な情報を残すことができるようになります。

コミット結果が周囲に迷惑をかけないか

　例えば、コンパイルエラーが起きないこと、テストを実施しバグを潰した状態になっていること、などのルールが決まっていると思います。

　コミットした内容は他の開発者にも影響を及ぼしますし、例えば、CI（継続的インテグレーション）で、定期的に自動ビルドするようになっているような場合は、影響が大きくなるので、注意してください。

バイナリファイルのロックを取っているか

　これまで、マージモデルを前提に説明を進めてきました。現時点では、マージを手軽に行えるのは、プログラムソースのようなテキストファイルだけです。

　逆にいうと、バイナリファイルのようなマージを手軽に行えないファイルは、ロックモデルを前提として運用することになります。つまり、ファイルを編集する場合は、事前にロックを取得し、コミット時にロックを外すことになります。

　もし、ロックを取得せずに編集し、コミットしようとしたタイミングで、競合が発生していたら大変です。自分が編集した内容を、最新版のファイルに対して、1から編集し直さなければなりません。

7.2.4　バージョン管理システムがない場合

　ここでは、バージョン管理システムを使わずに成果物を管理すると、どの程度大変なのか、というのを説明します。これによって、バージョン管理システムのメリットを明らかにします。バージョン管理システムが普及する前は、どの開発現場でも、ここで書くような内容と大差ない方法で成果物を管理していたのではないでしょうか。

変更履歴／差分抽出

変更履歴は、プログラムソース内に手動で書きます。

```
〜省略〜
public static int add(int x, int y) {
    int ansewr = x - y;
    return ansewr;
}
〜省略〜
```

```
〜省略〜
public static int add(int x, int y) {
    // 2016/3/1：上川：変更ここから：TYPOを修正。
    // int ansewr = x - y;
    // return ansewr;
    int answer = x - y;
    return answer;
    // 2016/3/1：上川：変更ここまで：TYPOを修正。
}
〜省略〜
```

```
〜省略〜
public static int add(int x, int y) {
    // 2016/3/1：上川：変更ここから：TYPOを修正。
    // int ansewr = x - y;
    // return ansewr;
    // 2016/3/2：上川：変更ここから：バグFIX。
    // int answer = x - y;
    int answer = x + y;
    // 2016/3/2：上川：変更ここまで：バグFIX。
    return answer;
    // 2016/3/1：上川：変更ここまで：TYPOを修正。
}
〜省略〜
```

図：変更履歴をプログラムソース内に手動で書く場合

バージョンが進めば進むほど、変更量も多くなるので、プログラムソースが変更履歴だらけで見づらくなるのはいうまでもありません。また、あくまでも手動で残すものですから、間違いも発生しますし、機械処理もできません。例えば、最新バージョンと1つ前のバージョンとの差分を一覧化することすら、簡単ではありません。

同時編集

変更履歴を機械処理できない形式で残すことになるので、マージモデルではなく、ロックモデルが前提となります。ロックモデルをシステム機能で実現できない環境の場合は、人間系の運用で実現するしかありません。

この場合、他人の編集部分を誤って上書きしてしまう事故も起きやすくなります。別途、ファイルの比較アプリケーションを使うことで、事故が発生していないかどうかをチェックするような運用も行われていました。

> **NOTE　人間系の運用**
>
> 　システム化されることなく人間系の運用で実現することは、よく「ドアを閉めること」に例えられます。
> 　システム化されているのが自動ドアです。故障しない限り、必ずドアは閉まります。一方、人間系の運用は、「開けたら必ず閉めること」という貼り紙が貼られた、手で開け閉めするドアです。自動ドアでない限り、ドアを閉まった状態に保つのが困難だということは、多くの人が経験することなので、「人間系の運用だと抜け漏れが発生する」ということを実感できる例えですね。

リリースごとの管理

　単純に、バージョンの数だけ、ファイル群をコピーして取っておきます。この場合、例えば、バージョン1で埋め込まれたバグがバージョン3で発見された場合、バージョン3だけではなく、バージョン1、バージョン2と、コピーされたバージョンの数だけ、ファイルを手で編集してバグを修正しなければなりません。

　そう、大変なのです。

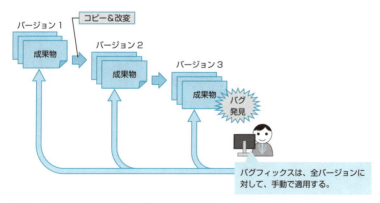

図：バージョンごとにファイル群をコピーする運用の場合

7.3 過程の共有 ——チケット管理

過程とは、「物事が進行して、ある結果に達するまでの道筋」です。つまり、過程を共有するためには、まず、次の3点を管理できる必要があります。

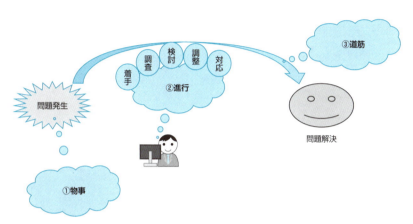

図：過程共有に必要な3点

物事

おのおのが管理すべき対象です。

例えば、バグの過程を管理するのであれば、物事＝バグそのもの、となりますし、WBSの各タスクを管理するのであれば、物事＝タスク、となります。

進行

誰が担当で、どのような進行状況なのか、を表す情報です。

バグの過程管理でいうと、担当が誰で、ステータスが調査中なのか、修正中なのか、テスト中なのか、です。タスクを管理する場合でも同様に、着手しているのか、終わっているのか、といったステータスを管理することとなります。

> **道筋**

物事の発生から終了まで、どのような経緯があったかの全記録です。

バグでいうと、バグがいつ発生し、誰がどのように修正し、どのバージョンでリリースされたか、などです。タスクについても、いつ着手し、どのようなレビューを受けたのか、何か課題が発生したのであれば、その課題はどのように解決されたのかなど、記録として残すべき情報は多岐にわたります。

こう読むと、「過程の共有」とは、なんと普通のことなのでしょうか。このようなことはどの現場でも当たり前にやっているではないか、そう思った読者の方も多いでしょう。

しかし同時に、こうも思ったのではないでしょうか。

「進行状況は、週に一回、管理者に促されて回答する程度で、いわれないとやらない」
「担当者が忙しくて、道筋なんて担当者の頭の中にしか残ってない」

先ほど説明した「成果物の管理」と違い、「過程の共有」は、やらなくても何とかなる、という類のものです。

成果物は、チーム開発の目的そのものであることが多く、絶対に作り上げなければなりません。それに対して過程は、極論をいうと、形として残っていなくても問題ない、というものです。そういう意味では、形式的には管理されている体を装っているが実体が伴っていない、開発担当者にとっては負担でしかないので必要最低限の管理に留まっている、という現場も少なくないようです。

7.3.1 「過程の共有」のためのモチベーション

チーム開発という観点でいうと、「過程の共有」は重要です。形として残っていなくてもよい、というものではありません。

メンバ間での情報共有を促進し、各メンバのタスクを同時並行的にこなしていくために必要不可欠だと言えます。ただし、各担当者は、開発を進める上でいろいろなタスクを進めるだけでも忙しいので、タスクを進めた道筋を残し、情報を共有するには、次のようなしかけで、各担当者側に情報を共有するモチベーションを上げ

ることが重要です。

記録した内容が参照し易いこと（検索性／一覧性）

　自分を含め、プロジェクトメンバが登録した情報は、参照されないと活きてきません。登録した内容を、いろいろな条件で検索して一覧化できたり、一覧から詳細情報に簡単にアクセスできたり、というしくみがないと、なかなか参照されるものではありません。

　参照されない情報は、更新しようというモチベーションも起きにくく、情報が古くなってしまいます。当然、新規に登録しようという気も起きなくなります。

　逆に、情報が参照されるのであれば、常に更新しようというモチベーションが湧きますし、いろいろな情報を登録しようという気になります。結果、たくさんの情報が集まってきて、更に参照されるようになる、という好循環が生まれます。

即時性／並列実行性があること

　登録した情報がすぐに参照できるのはもちろん、複数のメンバが同時に情報を更新できる、というのも重要です。

　例えば、他のメンバが登録した情報に対して、補足情報を追加したり、自らのノウハウを共有したくなることもあるでしょう。その時に、ファイルの編集制御（＝他のメンバが更新中）によって情報を更新できないとなると、情報を更新しようというモチベーションは一気に萎えてしまいます。

変更に気付けるしくみがあること

　バグの一覧でもタスクの一覧でも、管理すべき物事の量が増えてくると、すべてを参照し、内容をチェックするのが大変になってきます。

　「最初のうちは、定期的に参照していたが、情報が更新されないので、参照しなくなった」とか「たまに参照してみたら、前に参照した頃からどこがどう更新されているのか分からず、状況を把握するのに時間がかかった（または、把握するのをあきらめた）」という声は、開発現場でよく聞きます。

　このようなことを防ぐため、自分が注目している物事が更新されたらメールが来るなど、「情報が更新されたことを気付ける」とか、「いつ何がどう更新されたのか」

を簡単に参照できるしくみがあることが重要です。

バージョン管理システムと連携できること

　物事を進める上では、大概、成果物の変更を伴います。その過程において、成果物をどう変更したか、ということを管理する必要があります。

　バージョン管理システムの説明において、コミットログに書くべき内容として「なぜ」が重要だということを説明しましたが、この「なぜ」に当たる情報が、まさに「過程」だということです。

7.3.2　チケット管理システム=過程を共有するための手段

　ここでは、チケット管理システムで使われる用語や使い方について説明していきます。チケット管理システムは、もともと、バグを管理するためのしくみを起源としています。よって、イメージが湧かない方は、バグの管理を念頭に置いて読み進めると、イメージが湧くかもしれません。

チケット

　チケット管理システムでは、物事を**チケット**として管理します。

　バグを管理する場合は、1つのバグを1つのチケットとして登録します。チケットを他のチケットと関連付けることもできます。

　開発現場においては、チケットの粒度、チケットに登録する内容などについて、ルール化されていることが多いでしょう。通常、チケット管理システムは、豊富な検索機能を持ち、チケットを参照しやすくなっています。

ステータス/進捗率

　チケットには、ステータスや進捗率といった項目があり、チケットごとに状況を管理できます。

　ステータスには、「新規」「着手」「確認中」「解決」「終了」などの段階があります。このステータスは、例えば、実装が終了したら「確認中」、レビューが終わったら「解決」、リリースしたら「終了」にする、というように、開発現場で具体的な運用

ルールを決めます。

優先度／担当者／カテゴリ／日付（期日、開始日、終了日、更新日）

　チケットでは、ステータスや進捗率の他にも、優先度／担当者／カテゴリ／日付（期日、開始日、終了日、更新日）といった項目を管理できます。最近では、管理する項目を独自に増やせるチケット管理システムも多いので、必要に応じて項目を追加し、独自の管理を実現している開発現場も多いでしょう。

ファイル添付／ Wiki ／ファイル共有

　チケット管理システムでは、チケットを管理するだけではなく、いろいろな付帯機能がついています。ファイルを添付できますし、Wiki に情報をまとめることもできます。これらの付帯機能を利用することで、過程をより深く共有できます。

7.3.3　Redmine の操作例

　次に、Redmine[*] をサンプルとして、チケット管理のポイントを見ていきます。Redmine は、項目の追加やステータス遷移の制御など、カスタマイズ性が高く、さまざまな開発現場の運用要件を満たすことができます。

　まず、チケットを登録する画面です。

---

[*]　https://www.redmine.org/

図：チケットの登録

　サンプルでは、デフォルトで用意されている程度の、必要最小限の項目しかありませんが、通常、登録しておきたい項目をすべて登録できるようにしておきます。足りない項目があったら、簡単に項目を追加できます。

図：登録画面への項目追加

この画面で登録されたデータが、チケットとして管理されます。
次に、一覧画面です。

図：チケットの一覧

　この画面では、先ほどの登録画面で登録されたチケットを、さまざまな検索条件で一覧表示できます。登録画面で表示される項目であれば、検索条件に使ったり、一覧の表示項目として使うことができます。図からも、先ほど登録画面で追加した項目「追加した項目」も、検索条件として使われており、一覧表示もされていることが見て取れるでしょう。

　検索条件は保存し、他人とも共有できます。

　上の一覧画面では、チケットの特定の項目に対してフィルタしているだけですが、チケット管理システムによっては、サイト全文検索のようなしくみを備えているものもあります。Redmineでは、検索条件を入力して検索を実行すると、チケット以外も検索対象として検索結果を表示するようになっています。

図：サイト内の全文検索

　最後に、メール機能について説明します。

　Redmineでは、Redmineがユーザ自身にメールを送るかどうかを設定できます。「自分が担当者に設定されているチケットが更新されたら」「自分が参加しているプロジェクトのチケットが更新されたら」などの設定が可能です。

　これによって、Redmineへアクセスしなくとも、チケットが更新されたことを知ることができます。リアルタイムで、チケットの状況、プロジェクト全体の状況を把握できるのです。

　このように、チケット管理システムでは、管理すべき項目をすべて登録できます。また、登録された情報が埋もれないよう、あらゆる面から共有し、参照できるようなしくみを備えています。

7.3.4　チケット管理システムがない場合

　ここでは、チケット管理システムを使わない場合について説明します。

　ここでは、管理表を作成する際によく使われる表計算ソフトでの管理を想定し、前項で説明した情報共有のモチベーションを上げるためのしくみがどうなっている

のか、見ていきましょう。

記録した内容が参照し易いこと（検索性／一覧性）

管理すべき項目を一覧表として用意しておき、その一覧表に物事を登録することになります。普通に使うと、参照するためのビューと、登録するためのビューが同じになるので、自ずと、どちらかの機能性が損なわれる形での運用になります。

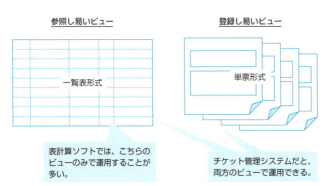

図：参照性と登録性との対立

登録する内容はテキストですので、表現力にも限りがあります。補足情報として、添付ファイルなどの別資料を参照する場合は、シートを分けて記載する、パスやURL を記載しておく、という形となり、参照にもひと手間かかるのではないでしょうか。

即時性／並列実行性があること

ある程度の同時編集は可能です。ただし、使い方が悪いのか、環境が悪いのか、ファイルが破損した、というような話はよく聞きます。また、変更履歴をどう残すか、などの運用ルールは、別途決めておく必要があります。

変更に気付けるしくみがあること

ファイル自体の更新日付、運用ルールとしての更新履歴の残し方、などを手がかりにすれば、いつどこが変更されたかを追うことはできます。しかし、表計算ソフ

トからメールは飛んでこないでしょう。

バージョン管理システムと連携できること

　バージョン管理システムのリビジョン番号を、一覧表の各行に記載すれば、各行とバージョン管理システムとを紐付けて管理することができます。実運用に際しては、記載漏れをどれだけ防げるかが課題になるかと思います。

　また、バージョン管理システム側のコミットログにも表計算ソフト側の管理番号を入力するのがベターですが、表計算ソフト側の採番の運用が適切でないと、運用が破綻してしまいます*。

> **NOTE　表計算ソフトによる管理の最大のデメリット**
>
> 　表計算ソフトで一覧表を作り、その一覧表で何かを管理することは、表計算ソフトの使い勝手の良さから、広く行われています。
>
> 　一覧表の管理という側面で見ると、このやりかたの最大のデメリットは、誰でもファイルをコピーできることだといえます。これが原因で、「いつの間にか、複数バージョンの管理表が存在するようになり、最新版がどれだか分からなくなってしまった」というような事態に陥ってしまうことが多々あるからです。
>
> 　ただし、データの活用という別の側面で見ると、手軽にコピーして加工できることは、非常に大きなメリットとなります。そのため、一般的なチケット管理システムでは、表計算ソフトでの加工を想定し、CSV形式でデータを出力できるようなしくみも備えています。

---

*　表計算ソフトの一覧表で、各行ごとに振る管理番号がダブってしまった、という経験は、誰にでもあるのではないでしょうか。

7.4 作業の自動化——CI（継続的インテグレーション）

　一般的なアプリケーション開発では、開発者が決められた言語でプログラミングしますが、プログラミングして作成されたソースコードは、そのまま実行できる形式だとは限りません。外部のライブラリを必要とする場合もあるでしょう。実行するには、コンパイルやビルドといった処理が必要になります。

　実行形式のファイルを作成できたとしても、その後、実行形式のファイルを実行環境に転送してデプロイする、といったリリース作業が発生します。リリース作業では、本番環境／テスト環境など、環境によって設定を書き換える必要があるかもしれません。

　これら一連の作業を**インテグレーション**と呼びます。

　それに加えて、例えば、バージョン管理システムを使っているような場合には、実行環境にリリースしたプログラムソースを明確に管理するために、リリースバージョンのタグを切っておきたくなるのではないでしょうか。このような管理上必要な作業も発生します。

　これらのインテグレーション作業は、開発を進める上では、繰り返し行われるものです。繰り返し行われる作業は、職人技という扱いではなく、ルーチンワーク化しておかないと大変です。

　ルーチンワーク化されていない場合、職人（いつもその作業を担当している人、を指します）が不在の際に、その作業をする必要が出てきたら、どうなるでしょうか。職人に匹敵するスキルを持ち合わせる人を呼んできて、いつも職人がやってる作業を、見よう見まねでやってみることになるのではないでしょうか。そんなことでは、作業結果の品質には何の確証も持てませんし、作業時間もいつもより長くかかってしまいます。

7.4.1　自動化のメリット

それでは、作業を自動化したらどんなメリットがあるのか、見ていきましょう。

誰もが同じ処理を実施できること

正確にいうと、処理をするのは人ではないのですが、自動化された作業のトリガとなるのは、誰でもできます。また、採用するツールに依存する部分もありますが、誰がやっても、同じ作業履歴／処理結果を正確に残すことができます。

常に最新の状態を保ちやすい

作業を自動化しておけば、「知らない間に」実行させることができます。もちろん、実行結果は参照できるので、実行した結果、正常終了したのか、エラーが発生したのか、をすぐに確認できます。エラーが発生したら、そのエラー箇所を直せばよいのです。

変化への追従が容易

例えば、作業の自動化の一歩手前、作業の効率化を実現するには、「完璧な作業手順書を作成しておく」という手段があります。この場合、「作業手順書の作成コスト、確認コストが高い」という問題点があります。そのため、一度作ったら、作業手順書を変えないのがよい、という考え方が生まれてきます。

こうなると、インテグレーションの手順や実行環境の設定などを変更したくても、おいそれとは変更できないような状況に陥ります。しかし、例えばセキュリティリスクへの対応を実施せざるを得ない場面などを想定すると、そうも言っていられません。作業を自動化しておけば、「実行してみる」のに必要なコストが低いので、変化への追随が容易です。

最近では、いつでもインテグレーション作業を行えるようにした上で、高い頻度でインテグレーション作業を行いながら、開発を進める現場が増えてきました。その場合、当然、インテグレーション作業は自動化されています。

このように、「高い頻度でインテグレーション作業を行う」ことを、**CI（Continuous Integration）**、**継続的インテグレーション**と呼んでいます。

CIを実現するために進化してきたCIツールではありますが、CIツールで自動化できる範囲は、インテグレーション作業に限った話ではありません。開発現場で行われるさまざまな手作業を自動化できます。

7.4.2　CIツール=作業を自動化するための手段

ここでは、CIツールのJenkins[*]をサンプルとして、自動化された作業の動作イメージを見ていきましょう。サンプルとしては、以下の作業を自動化する流れを説明します。

1. Jenkins上にあるローカルコピーを最新化する。
2. 最新化されたファイル群を各サーバにコピーする。

まず、Jenkinsで、実行する作業の内容を設定するための画面を見てみましょう。

---

[*]　https://jenkins-ci.org/

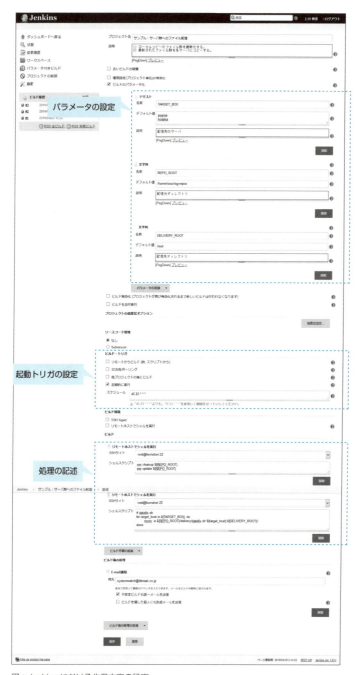

図：Jenkins における作業内容の設定

サンプルでは、以下の設定を行っています。

1. パラメータの設定
「3. 処理の記述」部分で利用するパラメータをここで定義しています。

2. 起動トリガの設定
「3. 処理の記述」部分に記載した処理を実行するタイミングを設定します。サンプルでは、毎日 23:45 に処理を実行するように設定しています。

3. 処理の記述
実行する処理を記載します。サンプルでは、1 つ目の「リモートホストでシェルを実行」という部分に「ローカルコピーを最新化する」という処理を記載し、次の「リモートホストでシェルを実行」という部分に「最新化されたファイル群を各サーバにコピーする」という処理を記載しています。

次に、実行してみましょう。この処理は、毎日 23:45 に自動的に処理が実行されるように設定されていますが、その設定に関わらず、画面上からいつでも実行できます。左側のメニューから「パラメータ付きビルド」を選択すると、パラメータの入力画面が表示されるので、それぞれ入力した後、[ビルド] ボタンを押します。

図：Jenkins の実行

実行が完了すると、左側のメニューの「ビルド履歴」に、今回の実行結果が表示されるようになります。

図：Jenkins の実行履歴

　これをクリックし、次の表示されたメニューから「コンソール出力」を選択すると、作業の実行結果を参照できます。

図：Jenkins の実行結果

　いかがでしょうか。
　Jenkins に代表される CI ツールを使えば、「誰もが同じ処理を実施」でき、「常

に最新化された状態に保ち」やすく、「変化への追随が容易」であることが分かっていただけたと思います。CIツールには、サンプルで説明した以外にも、作業を自動化するための「痒い所に手が届くしくみ」がいろいろと用意されています。これらを利用することで、開発現場で行われている手作業の多くを、自動化できるのではないでしょうか。

7.4.3　CIを実現するためのシステムがない場合

　JenkinsのようなCIツールがない場合は、どのような運用となるか見ていきましょう。

　よくある運用が、半自動化（一部の自動化）です。例えば、ant[*]のような作業の自動化ツールは、CIツールが普及する前から使われていました。自動化できる作業をantで自動化し、それ以外の作業については、作業手順書を作成することで、作業の効率化を図っていたのです。

　このやりかたの問題点は、全自動ではないため、効率化に限界があることです。例えば、100の作業負荷だった作業を半自動化すると、20程度まで作業負荷を減らせたとしましょう。半自動化することによって、作業負荷が1/5に減ったので、作業効率を5倍に高めることができたといえます。

　しかし、5倍程度の作業効率化だと、antの設定や作業手順書の作成コスト／維持コストと天秤にかけた場合に、antの設定や作業手順書の作成にコストをかけない、という判断に到ることも少なくありません。結果として、特定の環境でしか動作しないantの設定、作業者によって実施内容が変わってしまうような作業手順書が多く作られることになりました。

　昨今、JenkinsのようなCIツールの普及が進んでいる現実も、このような状況に対して問題意識を持った現場が多かったことを示していると言ってよいでしょう。作業を自動化すると、100の作業負荷だった作業をゼロに近付けることができます（知らない間に実行されているのですから）。ということは、作業負荷をゼロに減らせるので、作業効率の改善幅は無限大です。少し大げさかもしれませんが、半自動化（作業効率5倍）とは、効率化できるレベルが違います。そのため、CIツールを使うコストをかけてでも、作業を全自動化しようとする開発現場が多いのです。

---

[*]　https://ant.apache.org/

COLUMN 自動化の歴史

開発の現場では、CI という言葉が生まれる前から、作業の自動化は行われてきました。作業自動化の歴史をざっと見てみましょう。

コンパイル

30年以上も前の話になりますが[*]、CPU（コンパイルするためのハードですね）が高価な時代がありました。その時代には、プログラムソースをコンパイルするのが、今の結合テストや疎通テストのように、一大事でした。

複数プロジェクトで CPU を共有しているので、コンパイルする CPU を予約する必要がありましたし、コンパイル自体に数時間かかることもありましたので、コンパイルエラーが起きたら悲惨です。

次の予約時まで、コンパイルをすることはできませんし、運よく CPU が空いていたとしても、更に数時間かかってしまいます。そのような事情があったため、ソースレビューでコンパイルエラーを潰すことが、非常に重要だったのです。つまり、CPU でできることを、人がやっていたのです。今では考えられませんね。

今では、各開発者の端末で随時コンパイルを行っていますし、通常は、コンパイル自体に数時間もかかるようなことはないので、以前のようなコンパイルエラーを潰すようなソースレビューは不要（自動化と言ってよいでしょう）になっています。

静的テスト

コンパイルエラーの次の敵は、バグです。コンパイルエラーを潰すソースレビューは不要になりましたが、ソースレビュー自体はなくなりませんでした。その目的は、バグをなくすことです。

「静的テスト＝プログラムを動作させずにテストを行う」という位置付けで、ソースレビューが行われています。その目的のすべてを網羅できている訳ではありませんが、例えば、FindBugs[**] のような、バグになりそうなコードを検出するツールがあります。その意味では、静的テストもある程度、自動化できると言ってよいでしょう。

動的テスト

バグは、なくなりません。

---

[*] 筆者も経験した訳ではなく、話を聞いただけですが…。
[**] http://findbugs.sourceforge.net/

どれだけ、単体テスト／結合テストをやったとしても、バグを完全に取り去るのは困難です。システムの品質を向上させるために、テスト量を増やす選択肢もありますが、テスト工数もバカになりません。

そこで、JUnit[*]のように「テストを自動化してしまえ」という発想が生まれました。テストを自動化できることの影響は大きく、「テストファースト」というような、これまでとは違う開発プロセスが提唱されるようになるほどでした。

ビルドやリリース

まさに、CIの範疇といえます。

サーバ調達／構築

これまで、サーバ調達や構築といえば、「機器を購入して、線をつないで、ソフトウェアをセットアップして…」という作業でしたので、当然、自動化することはできませんでした。

しかし、仮想環境が普及するにつれ、事情が変わってきています。例えば、KVM[**]やOpenVZ[***]といった、仮想サーバを動かす環境が既にあるのであれば、サーバ調達を自動化できます。そして、そのサーバ上にソフトウェアをセットアップする作業は、Ansible[****]のような構成管理ツールを使って自動化するのです。

---

[*] http://junit.org/
[**] http://www.linux-kvm.org/
[***] https://openvz.org/
[****] https://www.ansible.com/

7.4.4 まとめ

いかがでしたでしょうか。

本章では、チーム開発で重要な3要素「成果物の管理」「過程の共有」「作業の自動化」について説明してきました。現在、これらを実現するためのさまざまなツールが開発され、たくさんの開発現場で使われています。今後、知らないツールが使われている現場に入ったとしても、本章で説明したような幹となる考え方を持っていれば、素早くツールに慣れることができると思います。

それでは、よいチーム開発を！

索引

記号・数字

!	70
!=	64
$	39
%（剰余算）	47
&&	70
*（乗算）	47
++	47
+=	47
+（加算）	47
+（文字列演算子）	49, 129
--	47
-（減算）	47
...（可変長引数）	29
.（ドット）	32
/* ～ */	41
/** ～ */	41
//	40
/（除算）	47
<	64, 236
<=	64, 236
<>	236
=	26, 236
==	64
>	64, 236
>=	64, 236
@	42
@After	404
@AfterClass	405
@Before	404
@BeforeClass	405
@Ignore	406
@param	42
@Test	404
_（アンダースコア）	39
||	70
10進数	52
1行コメント	40
2進数	52

A

abstract	105
add	52, 143, 163, 168
after	147
ALTER TABLE	226
AND	69, 236
Ansible	469
ant	467
Apache-Commons	177
append	342
applyPattern	145
ArrayList	161

AS	234
Assert	406
assertEquals	407
assertThat	407
AtomicInteger	365
AtomicLong	365
avg	233

B

before	147
begin	303
BETWEEN	238
BigDecimal	52
Boolean	62
boolean	56
branches	443
break	77, 84
Breakpoint	273
BufferedReader	308
BufferedWriter	317
Byte	62
byte	56

C

Calendar	140
case	77
CEILING	53
char	56
character	26
Character	62
CHECK 制約	195, 224
CI	448, 463

class	25
clear	163, 168, 172
close	306, 315, 317
Commit	204
commit	272, 303
compareTo	65, 147
Connection	257
ConsoleHandler	339
contains	168
containsKey	173
containsValue	173
continue	84
Continuous Integration	463
count	233, 341
Create a simple project	411
CREATE DATABASE	218
CREATE INDEX	227
CREATE ROLE	229
CREATE TABLE	224
CSV	321

D

DAO	280
Data Access Object	280
Data Control Language	204
Data Definition Language	204
Data Manipulation Language	204
Data Transfer Object	280
Date-Time API	148
DataBase Management System	187
DATE	143
Date	140

DAY_OF_MONTH	143
DBUnit	418
DCL	204
DDL	204
DecimalFormat	136
DELETE	241
DI	302
divide	52
DML	204
do-while	82
DocumentBuilder	331
DOM	330
Double	62
double	51, 56
DOWN	53
DriverManager	257
DROP DATABASE	221
DROP INDEX	228
DROP TABLE	226
DTD	330
DTO	280
Duration	151

E

E-R 図	200
Eclipse	6, 10, 444
EclipseLink	293
encoding	342
Entity	285
EntityTransaction	302
enum	25
equals	65, 147
ExecutorService	356
extends	98

F

fail	407
FileHandler	339
FileReader	306
Files	313, 320
FileWriter	315
filter	342
final	63, 101
FindBugs	429
Float	62
float	51, 56
FLOOR	53
for	79, 166
forEachOrdered	373
format	134
formatter	341
FROM	231

G

get	144, 163, 313
getChildNodes	333
getFirstChild	333
getLastChild	333
getLength	333
getLogger	344
getNextSibling	333
getNodeName	333
getNodeType	333
getNodeValue	333

getTransaction	303	isEmpty	168, 172
Git	439	isReadable	313
GoF	142	isWritable	320
GRANT	230	item	333
GROUP BY	233		

H

H2 Database Engine	420
HALF_UP	53
HashMap	172
HashSet	168
hasNext	167
hasNextLine	311
HAVING	238
HOUR	143
HOUR_OF_DAY	143

J

Java	2
Java DataBase Connectivity	248
Java Development Kit	6
Java Persistence API	285
Java Runtime Environment	7
Java Virtual Machine	2
java.sql	257
java.time	148
java.util.concurrent	356
java.util.Date	35
java.util.function	369
java.util.logging	337
Javadoc	40
JAXP	331
JDBC	248
JDK	6
Jenkins	463
JMockit	409
JPA	285
JRE	6
JUnit	390
JVM	2

I

IDE	6
if	72
import	35
IN	237
Index	196
index	158
INNER JOIN	242
INSERT	239
instanceof	68
int	56
Integer	57, 62
interface	25, 109
is	408
IS NULL	236

K

Key-Value Store	190
keySet	172

473

KVM 469

L

LEFT OUTER JOIN 244
level 342
limit 341
lines 309, 313
LinkedHashMap 172
LinkedHashSet 168
LinkedList 162
List 160
Local 148
LocalDateTime 149
Logger 344
Long 57, 62
long 56

M

main 19
Map 161
Matcher 408
Math 55
Maven 177, 410
max 233
MemoryHandler 339
MILLISECOND 143
min 233
MINUTE 143
MONTH 143
multiply 52

N

new 30
newBufferedWriter 320
newFixedThreadPool 356
newLine 317
newScheduledThreadPool 356
newSingleThreadExecutor 356
next 167, 311
nextLine 311
Node 332
NodeList 333
NoSQL 188
NOT 69
NOT NULL 195, 224

O

Object 117
Object-relational mapping 279
Offset 148
OffsetDateTime 149
OpenVZ 469
OR 69, 236
ORDER BY 232
ORM 279
out 29
OUTER JOIN 244

P

package 34
parallelStream 372
parse 331
Paths 313

pattern	341
Period	151
persist	303
pom.xml	177
PostgreSQL	206
PreparedStatement	257
println	29
private	36
protected	36
psql	213, 217
public	36
put	172

R

RDBMS	192
read	306
readAllBytes	313
readAllLines	313
readLine	309
Redmine	455
relational database	188
Relational DataBase Management System	192
remainder	52
remove	163, 168, 172
ResultSet	257
return	28, 90
REVOKE	230
RIGHT OUTER JOIN	244
Rollback	204
rollback	272, 303
RoundingMode	53
Runnable	355

S

SAX	331
Scanner	311
ScheduledExecutorService	356
SECOND	143
SELECT	231
Set	160
set	163
setAutoCommit	271
setLevel	344
setUp	426
Short	62
short	56
Simple API for XML	331
SimpleDateFormat	140, 145
SimpleFormatter	340
size	168, 173
skip archetype selection	411
SocketHandler	339
sorted	373
SQL	192, 216
Statement	257
static	42
static 変数	43
static メソッド	44
stream	372
Stream API	369
StreamHandler	339
StrictMath	55
String	67, 128
StringBuilder	131
StringJoiner	131

475

StringUtils	183
Structured Query Language	192
subtract	52
Subversion	439, 443
Subversive	444
sum	233
super	101
switch	76
synchronized	363
System	29

T

tags	443
Thread	355
toCharArray	81
TortoiseSVN	444
TRUNCATE	242
trunk	442
try-with-resources	261

U

UNIQUE 制約	195, 224
UP	53
UPDATE	240
useDelimiter	311

V

void	28
V 字モデル	381

W

WHERE	234

while	81
write	315, 317, 320

X

XML	328
XMLFormatter	340

Y

YEAR	143

Z

Zoned	148
ZonedDateTime	149

あ

アクセス修飾子	36
アップデート	440
アドレス	59
アノテーション	403

い

委譲	111
異常系	385
依存性の注入	302
一意	194
一意制約	195, 224
イテレータ	167
イミュータブル	129
インスタンス	30, 61
インターフェイス	25, 109
インテグレーション	461
インデックス	157, 196, 227

インヘリタンス ... 93
インポート文 ... 35

え

演算 ... 46
演算子 ... 23
エンティティ ... 200, 285

お

オートコミット ... 271
大文字 ... 39
オブジェクト ... 91
オブジェクト関係マッピング ... 279
オブジェクト指向 ... 3, 91
親クラス ... 100

か

回帰テスト ... 387
改行 ... 40
外部キー ... 195
外部結合 ... 244
拡張 for 文 ... 80, 166
加算 ... 47
仮想マシン ... 2
型 ... 56
型安全 ... 119
型推論 ... 124
過程 ... 451
過程の共有 ... 436
カプセル化 ... 92
ガベージコレクション ... 131
可変長 ... 223

可変長引数 ... 29
カラム ... 193
カラム指向データベース ... 191
仮型引数 ... 120
環境変数 ... 215
関係データベース ... 188
関数型インターフェイス ... 369
関数型プログラミング ... 369
関数従属性 ... 202

き

キー ... 161, 193
キーバリューストア ... 190
キーワード ... 37
木構造 ... 328
基本データ型 ... 56
キャパシティテスト ... 387
共有ロック ... 265

く

空白 ... 40
クラス ... 18, 25
クラスパス ... 251
クラスファイル ... 4
繰り返し命令 ... 79

け

継承 ... 93, 98
継続的インテグレーション ... 448, 463
結合 ... 242
結合テスト ... 385
限界値分析 ... 383

権限	196, 230
検索条件	234
減算	47

こ

更新	240
子クラス	100
固定長	223
コマンドプロンプト	9, 219
コマンドライン引数	74
コミット	204, 264, 440
コミットコメント	445
コミットログ	447
コメント	40
小文字	39
コレクション	159
コレクションフレームワーク	159
コンストラクタ	30, 102
コンソール	342
コンパイラ	5
コンパイル	4, 468

さ

最大値	57
作業の自動化	436
削除	241
サブクラス	100
算術演算	46
参照型	56, 59

し

| ジェネリクス | 116 |

式	28
識別子	22, 38
システムテスト	386
四則演算	46
車輪の再発明	184
集計関数	233
集合	233
集合体	156
終端操作	371
主キー制約	195, 224
条件指定	234
条件分岐	72
条件網羅	383
詳細設計	381
乗算	47
小数型	193, 222
剰余算	47
除算	47
シングルトン	142

す

スーパークラス	100
スタック領域	60
スタブ	410
スレッド	352
スレッドセーフ	359
スレッドプール	356

せ

成果物の管理	435
正規化	202
制御	46

せ（続き）

- 正常系 ... 385
- 整数値型 ... 193, 222
- 製造 ... 378
- 静的 SQL ... 257
- 静的テスト ... 428, 468
- 制約 ... 195, 223
- 設計 ... 378
- 接続 ... 217
- 切断 ... 217
- 宣言 ... 24
- 全削除 ... 242
- 選択 ... 231
- 占有ロック ... 265

そ

- 総称型 ... 116
- 挿入 ... 239
- 添字 ... 158
- ソースファイル ... 4
- 属性 ... 92
- ソフトウェア設計 ... 381

た

- 退行テスト ... 387
- 代替キー ... 194
- 代入 ... 26
- タグ ... 42, 443
- 多重継承 ... 112
- 多態性 ... 94
- タブ文字 ... 40
- 多様性 ... 94
- 単体テスト ... 380

ち

- チーム開発 ... 434
- チェックアウト ... 440
- チケット ... 454
- チケット管理 ... 451
- 中央集権型リポジトリ ... 439
- 中間操作 ... 371
- 抽出条件 ... 236
- 抽象クラス ... 105
- 抽象メソッド ... 105

つ

- ツリー構造 ... 328

て

- 定義域 ... 193
- 定数 ... 63
- データ型 ... 222
- データベース ... 186, 192
- データベース管理システム ... 187
- テーブル ... 193
- デザインパターン ... 142
- テスティングフレームワーク ... 389
- テスト ... 378
- テスト工程 ... 378
- デッドロック ... 265
- デバッグモード ... 273

と

- 統合開発環境 ... 6
- 統合テスト ... 386
- 同時実行制御 ... 205

同値分割	383
動的SQL	257
動的テスト	468
ドキュメント指向データベース	191
ドキュメント用コメント	41
匿名クラス	122
ドメイン	193
トランク	442
トランザクション	204, 263

な

内部結合	242
名前空間	33
並べ替え	232

に

日時	140
日時型	193, 222

ね

根	333

の

ノード	332
ノードツリー	332

は

パーサ	332
バージョン管理	437
パース	332
バイトコード	5
配列	156

バインド変数	277
バグ	379, 451
端数処理	53
パッケージ	16, 32
パフォーマンステスト	386
パラメータ	277
判定条件網羅	383

ひ

ヒープ領域	60
比較演算子	64, 235
引数	28
左外部結合	244
ビット型	193, 222
表	193

ふ

フィールド	28
フォーマット	133
複数行コメント	41
副問い合わせ	246
物理設計	203
浮動小数点	51
ブラックボックステスト	382
ブランチ	443
プリペアードステートメント	275
プリミティブ型	128
振る舞い	92
ブレークポイント	273
プロジェクト	15
ブロック	23
プロパティファイル	346

ふ

文 23
分散型リポジトリ 439

へ

別名 234
変数 26, 63

ほ

ポリモーフィズム 94
ホワイトボックステスト 383

ま

マージモデル 440
マルチスレッド 353
丸め処理 53

み

右外部結合 244

め

命令網羅 383
メソッド 28
メソッド参照 373
メモリ領域 59

も

文字 26
文字列 26, 128
文字列型 193, 222
モック 409
モックライブラリ 409
戻り値 28

ゆ

ユニーク 194

よ

要件定義 378
要素 163, 332
予約語 22, 37

ら

ラッパークラス 62, 117
ラムダ式 121, 124

り

リビジョン 442
リポジトリ 439
リレーショナルデータベース 186, 188
リレーションシップ 194

る

ルート 333

れ

レコード 193
列挙型 25
列指向データベース 191

ろ

ローカルコピー 440
ロール 196, 228
ロールバック 204, 264
ロガー 337
ロギング 337

ログ	337
ログファイル	349
ログレベル	338
ロック	205, 265
ロックモデル	440
論理演算	236
論理演算子	69
論理設計	200

わ

ワークスペース	11

■著者略歴

竹田　晴樹（たけだ　はるき）　1章、3章、6章担当
ビーブレイクシステムズに 2014 年入社。今日も現場で頑張るプログラマ。Java に限らず、電子工作などハードよりの記事も執筆。最近は JavaFX を勉強中。

渡邉　裕史（わたなべ　ゆうじ）　2章担当
ビーブレイクシステムズに 2015 年入社。この業種に入ってから Java 一筋。料理が趣味で休日はもっぱら燻製作り。

佐藤　大地（さとう　だいち）　4章担当
山形県出身。ビーブレイクシステムズに 2011 年入社。システムアーキテクトを目指して勉強中のプログラマ。好きなものはラーメン。

多田　丈晃（ただ　たけあき）　5章担当
大阪府出身。ビーブレイクシステムズに 2008 年入社。著書に「みんなの Android アプリケーション制作 App Inventor ではじめの一歩からアプリケーション配信まで」がある。プログラマ兼ライターとして幅広く活動中。ビーブレイクシステムズ執筆チームを取りまとめ、後進の発掘と育成にも取り組む。

上川　伸彦（かみかわ　のぶひこ）　7章担当
千葉県出身。1997 年、上智大学大学院を修了後、日立製作所に入社。
2002 年にビーブレイクシステムズの設立に参画。以降、Java によるシステム開発を中心に何件もの案件を手がける。同時に、社内研修や社内インフラ運用も担当。
最近、ビーブレイクシステムズ設立と同時期に生まれた息子が、Java に興味を示している。ちょっと嬉しい。

装丁	轟木亜紀子（株式会社トップスタジオ）	
本文デザイン・DTP	株式会社 トップスタジオ	

即戦力にならないといけない人のためのJava入門 （Java 8対応）
エンタープライズシステム開発ファーストステップガイド

2016年 7月 4日　初版第1刷発行
2019年 6月20日　初版第2刷発行

著　　者	竹田 晴樹（たけだ　はるき）	
	渡邊 裕史（わたなべ　ゆうじ）	
	佐藤 大地（さとう　だいち）	
	多田 丈晃（ただ　たけあき）	
	上川 伸彦（かみかわ　のぶひこ）	
発 行 人	佐々木 幹夫	
発 行 所	株式会社 翔泳社（https://www.shoeisha.co.jp）	
印刷・製本	株式会社 加藤文明社印刷所	

© 2016 Haruki Takeda, Yuji Watanabe, Daichi Sato, Takeaki Tada, Nobuhiko Kamikawa

＊本書は著作権法上の保護を受けています。本書の一部または全部について（ソフトウェアおよびプログラムを含む）、株式会社翔泳社から文書による許諾を得ずに、いかなる方法においても無断で複写、複製することは禁じられています。

＊本書内容のお問い合わせについては、ii ページをご覧ください。

＊造本には細心の注意を払っておりますが、万一、乱丁（ページの順序違い）や落丁（ページ抜け）がございましたら、お取り替えいたします。03-5362-3705までご連絡ください。

ISBN978-4-7981-4407-8　　　　　　　　　　　　　　　Printed in Japan